计算机科学与技术丛书

# MATLAB
# 程序设计与工程应用

向军 李万春◎编著

清华大学出版社
北京

## 内容简介

本书面向高等学校理工科专业学生和行业工程技术人员,旨在帮助理工科专业低年级学生和相关行业还没有编程基础的工程技术人员了解计算机程序设计的基本思想和方法,熟练掌握 MATLAB 工具,引导他们从计算机程序设计的基本概念逐渐过渡到工程实践应用。全书共分为三篇:第一篇 MATLAB 程序设计基础(第 1~5 章),主要介绍计算机程序设计的基本概念、MATLAB R2022b 的工作环境及基本操作、基本数据类型及运算、MATLAB 基本结构程序设计、函数和排序、索引与搜索;第二篇 MATLAB 高级程序设计(第 6~8 章),主要介绍 MATLAB 中的高级数据类型、文件及文件操作和数据的可视化;第三篇 MATLAB 程序设计的工程应用(第 9~12 章),主要介绍 MATLAB 在线性代数与矩阵、数值微积分与符号运算、复变函数与积分变换、随机变量与噪声分析及工程问题求解中的应用。

为便于读者高效学习,快速掌握 MATLAB 程序设计的基本方法及其在工程中的典型应用,本书作者精心制作了完整的案例源码和同步练习题代码(12 章共两万多行),并对重难点内容录制了详细的讲解视频和实战案例操作视频(约 520 分钟)。

本书适合作为高等院校理工科专业和相关培训机构的教材,也适用于其他专业和行业的工程技术人员作为计算机程序设计、工程数学、数学建模和系统仿真、计算机辅助设计等工程应用的参考书。

**图书在版编目(CIP)数据**

MATLAB 程序设计与工程应用/向军,李万春编著. —北京:清华大学出版社,2023.6
(计算机科学与技术丛书)
ISBN 978-7-302-63556-7

Ⅰ.①M… Ⅱ.①向… ②李… Ⅲ.①Matlab 软件－程序设计 Ⅳ.①TP317

中国国家版本馆 CIP 数据核字(2023)第 087757 号

策划编辑:盛东亮
责任编辑:钟志芳
封面设计:李召霞
责任校对:李建庄
责任印制:刘海龙

出版发行:清华大学出版社
     网       址:http://www.tup.com.cn,http://www.wqbook.com
     地       址:北京清华大学学研大厦 A 座     邮    编:100084
     社 总 机:010-83470000          邮    购:010-62786544
     投稿与读者服务:010-62776969,c-service@tup.tsinghua.edu.cn
     质量反馈:010-62772015,zhiliang@tup.tsinghua.edu.cn
     课件下载:http://www.tup.com.cn,010-83470236

印 装 者:三河市天利华印刷装订有限公司
经    销:全国新华书店
开    本:186mm×240mm    印    张:21.75        字    数:487 千字
版    次:2023 年 7 月第 1 版         印    次:2023 年 7 月第 1 次印刷
印    数:1~1500
定    价:79.00 元

产品编号:100074-01

# 知识结构
## CONTENT STRUCTURE

MATLAB程序设计与工程应用

---

**第一篇 MATLAB程序设计基础**

第1章 MATLAB与程序设计
第2章 基本数据类型及其运算
第3章 MATLAB基本结构程序设计
第4章 函数
第5章 排序、索引与搜索

- 算法和程序
- MATLAB入门
- MATLAB的内置函数
- MATLAB的帮助系统

- 基本数据类型
- 变量及其属性
- 数组
- 数据的基本运算
- 字符串与字符串运算
- 数据的输入和输出

- 面向过程程序设计简介
- 逻辑数据类型及其运算
- 分支结构程序设计
- 循环结构程序设计

- 函数的基本概念
- 函数的创建与调用
- 局部函数、嵌套函数和匿名函数
- 函数之间的数据共享
- 函数的参数验证

- 排序
- 索引
- 搜索

---

**第二篇 MATLAB高级程序设计**

第6章 MATLAB中的高级数据类型
第7章 文件及文件操作
第8章 数据的可视化

- 元胞数组
- 结构体数组
- 表

- MATLAB中常用的文件格式
- MAT文件
- 文本文件和电子表格文件
- 低级文件操作

- 图形窗口
- 二维线图及属性设置
- 图形的交互
- 图形的导出和保存

---

**第三篇 MATLAB程序设计的工程应用**

第9章 线性代数与矩阵
第10章 数值微积分与符号运算
第11章 复变函数与积分变换
第12章 随机变量与噪声

- 矩阵的概念与创建
- 矩阵的基本运算
- 矩阵的变换与分解
- 线性方程组的求解
- 线性代数的应用

- 数值微积分
- 微分方程的数值求解
- 符号运算及符号方程的求解
- 动态系统分析

- 复数与复变函数
- 傅里叶变换
- 拉普拉斯变换

- 随机事件及其概率
- 随机变量及其分布
- 随机变量的数字特征
- 随机过程与噪声

# 前言
## FOREWORD

MATLAB 是一个功能十分强大的开发平台,具有极其丰富的功能,在计算机程序设计、科学计算和数据分析、系统建模仿真与辅助设计和绝大多数行业(通信、自动控制、大数据、人工智能和机器学习、金融等)的工程实践中都得到了广泛的应用。

与传统的计算机编程语言相比,MATLAB 在解决技术问题方面具有许多优势。其中主要包括如下几方面。

(1) 使用方便。

MATLAB 是一种解释型程序设计语言,可以用脚本命令的形式实现程序算法中的各种操作,也可以执行大型的程序。使用内置的 MATLAB 集成开发环境,用户可以轻松地编写、修改和调试程序。

(2) 平台独立性。

MATLAB 支持许多不同的计算机系统,如 Windows、Linux 和 macOS。在任何平台上编写的程序和数据都可以在其他平台上运行和访问。因此,用 MATLAB 编写的程序可以在用户需要时迁移到新的平台。

(3) 单独的 MATLAB 编译器。

MATLAB 的灵活性和独立性是通过将 MATLAB 程序编译成独立于设备的中间代码,并在运行时解释该中间代码实现的。MATLAB 提供了一个单独的编译器,可以将 MATLAB 程序编译成真正的可执行文件,其运行速度超过以解释方式运行的中间代码。

(4) 丰富的预定义函数库。

MATLAB 提供了大量的预定义函数库,为许多基本技术任务提供了经过测试和预打包的诸多解决方案。除了内置的大型函数库外,还有许多特殊用途的工具箱可用于帮助解决特定工程领域的复杂问题。例如,利用附加工具箱可以解决信号处理、控制系统、通信、图像处理、人工智能、深度学习和神经网络等方面的工程问题。

(5) 设备独立的绘图功能。

与大多数其他计算机语言不同,MATLAB 有许多完整的绘图命令,以实现科学计算数据的可视化和图形、图像的处理,图像和图形可以显示在计算机所支持的任何图形输出设备上。这些功能使 MATLAB 成为一个用于计算数据可视化的优秀工具,在各种工程领域得到大量应用。

（6）图形化的用户界面。

MATLAB系统包括允许程序员为其程序交互式构建图形用户界面的工具。有了这种功能，程序员可以设计出复杂的数据分析程序，由相对没有经验的用户操作。

本书主要面向具有计算机基础，但还没有编程基础的工程技术人员、高等院校学生，从基础的程序设计开始，紧扣理工科专业的人才培养方案和必备专业知识结构，涵盖了高等数学和线性代数、复变函数、概率论与数理统计等工程数学理论，逐步引导读者进入专业基础课和专业课的学习。

本书分为三篇，第一篇为MATLAB程序设计基础，主要内容包括MATLAB与程序设计，基本数据类型及运算，MATLAB基本结构程序设计，函数，排序、索引与搜索；第二篇为MATLAB高级程序设计，主要内容包括MATLAB中的高级数据类型（元胞数组、结构体数组和表）、文件及文件操作、数据的可视化；第三篇为MATLAB程序设计的工程应用，主要内容包括线性代数与矩阵、数值微积分与符号运算、复变函数与积分变换、随机变量与噪声。

本书的主要特色如下：

（1）内容浅显易懂。

本书主要面向还没有任何计算机编程基础的读者，充分利用MATLAB在编程方面的高效便捷性，引导读者打开程序设计的大门，快速掌握计算机程序设计的基本概念和方法。本书内容循序渐进、浅显易懂，语言表述严谨、逻辑性强。

（2）讲练同步融合。

在各章节相关内容讲授之后，立即安排适量的实例和同步练习。所有实例代码都在MATLAB R2022b版本上调试通过，同步练习可以帮助读者自我检查内容的掌握情况，以便及时跟进。

（3）面向工程应用。

MATLAB本身并不是纯粹为计算机程序设计提出来的，而是主要面向工程应用，是各行各业在计算机辅助设计、信号和系统性能分析等工程应用中的一个重要工具。本书专门用了一篇的篇幅，介绍MATLAB程序设计在工程中的实际应用，特别针对理工科专业学生必备的工程数学知识（微积分、线性代数、复变函数与积分变换、概率论与随机信号），介绍如何利用MATLAB实现问题求解和辅助分析，引导读者逐步过渡到相关专业知识的学习，为MATLAB在实际工程中的应用夯实基础。

由于时间仓促，书中可能会有疏漏，恳请读者批评指正。

编　者

2023 年 6 月

# 目 录
## CONTENTS

第一篇　MATLAB 程序设计基础

## 第二篇　MATLAB 高级程序设计

第三篇　MATLAB 程序设计的工程应用

# 实例目录
## EXAMPLE CONTENTS

# 视频目录
## VIDEO CONTENTS

| 序　号 | 视 频 名 称 | 时长/分钟 | 视频二维码插入书的位置 |
|---|---|---|---|
| 1 | MATLAB 的工作环境 | 16 | 1.2.1 节首 |
| 2 | 脚本和程序 | 17 | 1.2.2 节首 |
| 3 | 基本数据类型 | 20 | 2.1 节首 |
| 4 | 变量及其属性 | 11 | 2.2 节首 |
| 5 | 数组的创建方法 | 17 | 2.3.2 节首 |
| 6 | 数组元素的访问 | 15 | 2.3.3 节首 |
| 7 | 数组大小的获取 | 9 | 2.3.4 节首 |
| 8 | 数据的基本运算 | 14 | 2.4 节首 |
| 9 | 数据的输出显示 | 9 | 2.6.2 节首 |
| 10 | 数据的格式化输出 | 20 | 2.6.2 节中"3. 数据的格式化输出" |
| 11 | 逻辑数据类型与关系运算 | 16 | 3.2.1 节首 |
| 12 | 逻辑运算符与逻辑表达式 | 14 | 3.2.2 节中"2. 逻辑运算符与逻辑表达式" |
| 13 | 分支结构程序设计 | 9 | 3.3.1 节首 |
| 14 | 分支结构程序设计举例 | 11 | 实例 3-1 |
| 15 | if 语句的嵌套 | 13 | 实例 3-3 |
| 16 | for 循环 | 18 | 3.4.1 节首 |
| 17 | while 循环 | 14 | 3.4.1 节中"2. while 语句" |
| 18 | break 和 continue 语句 | 10 | 3.4.3 节首 |
| 19 | 函数的基本概念 | 27 | 4.1 节首 |
| 20 | 函数的创建与调用 | 30 | 4.2 节首 |
| 21 | 局部函数、嵌套函数和匿名函数 | 23 | 4.3 节首 |
| 22 | 元胞数组 | 25 | 6.1 节首 |
| 23 | 结构体数组 | 21 | 6.2 节首 |
| 24 | 文本文件的写操作 | 24 | 7.4.2 节中"1. 文本文件的写操作" |
| 25 | 二进制模式文件的访问 | 20 | 7.4.3 节首 |
| 26 | 图形窗口的创建和关闭 | 17 | 8.1.1 节首 |
| 27 | 图形区的划分 | 29 | 8.1.3 节首 |
| 28 | 二维线图的绘制 | 20 | 8.2.1 节首 |
| 29 | 图形属性设置 | 13 | 8.2.2 节首 |
| 30 | 坐标区属性设置 | 19 | 8.2.3 节首 |

# 第一篇　MATLAB程序设计基础

本篇主要介绍程序设计的基本概念,并以 MATLAB R2022b 版本为平台,介绍 MATLAB 程序设计的基础知识。与 C 语言类似,MATLAB 程序设计的基本内容包括程序中的基本数据类型、变量及其基本运算、典型应用程序的基本结构,以及函数(子程序)的创建和使用方法。本篇将对这些内容进行详细介绍,具体包括:

第 1 章　MATLAB 与程序设计

第 2 章　基本数据类型及运算

第 3 章　MATLAB 基本结构程序设计

第 4 章　函数

第 5 章　排序、索引与搜索

# 第 1 章

# MATLAB 与程序设计

MATLAB 的全称是矩阵实验室(Matrix Laboratory),是美国 MathWorks 公司发布的主要面向科学计算、可视化以及交互式程序设计的科学计算系统,也是一种用于算法开发、数据可视化、数据分析以及数值计算的科学计算语言和集成编程环境。MATLAB 将数值分析、矩阵计算、科学数据可视化以及动态系统的建模和仿真等诸多强大功能集成在一个易于使用的窗口环境中,为科学研究、工程设计以及应用大量数值计算的众多科学领域提供了一种全面的解决方案。

本章在程序设计相关概念的基础上,重点介绍 MATLAB 集成窗口环境的基本使用方法。主要知识点如下:

1.1　算法和程序

了解计算机系统的基本组成,以及计算机系统中算法和程序的基本概念、典型程序设计语言的基本特点,掌握程序处理的两种基本方式(编译和解释)及其特点。

1.2　MATLAB 入门

了解 MATLAB 的工作环境及基本操作,熟悉脚本命令和程序的基本概念,掌握创建、编辑、保存和运行脚本程序的基本操作方法。

1.3　MATLAB 的内置函数

了解内置函数的概念,以及 MATLAB 中提供的初等数学内置函数及其用法。

1.4　MATLAB 的帮助系统

了解 MATLAB 的帮助系统,熟悉进入帮助系统、获取帮助的各种常用操作方法。

## 1.1　算法和程序

计算机系统由硬件和软件两大部分组成,其中硬件(Hardware)是计算机内部所有的组件,例如中央处理器(CPU)、主板、内存条、硬盘、显示器和键盘等;软件(Software)是与计算机系统操作有关的程序和文档。程序(Program)通常指的是完成特定功能的一组命令序列以及所处理的数据,文档(Documentation)通常指的是与软件开发、维护和使用有关的文字材料。

程序可以认为是能够被计算机识别、理解、处理和执行,为求解某一特定问题而提出的算法。程序设计又称为编程(Programming),就是针对需要求解的问题,提出高效合理的算法,并选用一种合适的程序设计语言实现该算法。其中算法(Algorithm)是描述求解问题方法的操作步骤的集合,而程序设计语言(Programming Language)规定了书写程序时允许使用的一组记号和一套语法规则。

### 1.1.1　算法

算法是描述求解问题方法的操作步骤。在描述一个算法时,所采用的基本元素主要有变量、赋值、分支、循环和过程等。其中,变量(Variable)代表算法需要处理的数据,一般用若干英文字符表示,例如 x、y1、TotalNum 等。赋值是将期望的数据作为变量的值保存到变量中,或者对变量中原来保存的数据值进行修改。

在求解不同的问题时,算法的具体操作步骤和执行流程各不相同,但大多可以归纳为三种典型情况,即顺序、分支和循环,称为程序的基本结构。任何复杂的算法问题,都可以通过设置适当的变量,利用顺序、分支和循环三种基本的执行流程及其组合来描述。

图 1-1 给出了分支算法和循环算法的执行流程。在图 1-1(a)所示分支算法的执行流程中,首先判断给定条件是否满足,再据此执行两种不同的操作,实现两路分支处理。在图 1-1(b)所示循环算法的执行流程中,首先进行循环的初始化,之后执行特定的操作。每执行一次该操作后,立即判断给定条件是否满足;若是,则重复执行上述操作,否则,退出循环,并继续往下运行。

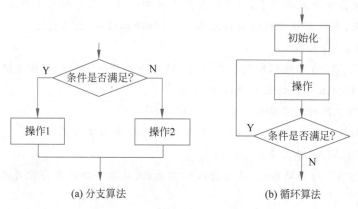

(a) 分支算法　　　　　(b) 循环算法

图 1-1　分支算法和循环算法的执行流程

一个算法可以在另一个算法中使用,称为调用(Call)。为正确调用指定的算法,需要规定一种固定的格式,称为过程(Procedure)。过程是从解决复杂问题的大算法中抽取出来的,能够实现相对独立功能的小步骤。过程又称为子程序(Subroutine)或函数(Function),而调用子程序的程序通常称为主程序或主函数(Main Function)。在主程序中调用子程序时,通常需要向子程序传递期望的参数,从而使子程序具有一定的通用性,能够在同一个或多个算法中多次调用以实现相同或类似的功能。

## 1.1.2　程序设计语言

程序设计语言发展到现在,共经历了三代,依次是机器语言、汇编语言和高级程序设计语言时代。其中机器语言和汇编语言称为低级程序设计语言。

### 1. 低级程序设计语言

机器语言(Machine Language)是面向计算机的底层硬件,能直接被计算机识别和执行的程序设计语言。利用机器语言编写的程序称为机器语言程序,这种程序由一系列指令构成,其中指令(Instruction)指的是计算机硬件能够直接识别、存储、处理和执行的命令。在机器语言中,所有指令都采用二进制代码 0 和 1 的编码组成,因此记忆困难,不便于书写和编制程序。

汇编语言(Assembly Language)又称为符号语言(Symbolic Language),也是一种面向计算机底层硬件的语言。在汇编语言中,用便于人工阅读和记忆的符号(助记符,Mnemonic)代替机器语言中用抽象的二进制代码表示的指令。例如,用助记符 MOV 表示数据的移动操作,用 ADD 表示加法操作等。

由于计算机硬件结构的差异,因此不同的计算机(例如家用计算机、单片机和不同型号的嵌入式微处理器)能够执行的指令也有区别。也就是说,机器语言程序和汇编语言程序都不具有移植性,程序编写需要对计算机的底层硬件有所了解,难度较大,一般用于编制计算机硬件驱动程序和操作系统程序等。

### 2. 高级程序设计语言

与汇编语言相比,高级程序设计语言(简称高级语言)更接近自然语言,因而抽象度高,与具体计算机的相关度更低,求解问题的方法描述更为直观。因此,用高级语言设计程序的难度大大降低。

根据设计要求,可以将所有的高级语言分为过程式语言和非过程式语言。在过程式语言中,通过用一系列可以顺序执行的运算步骤描述相应的求解过程;而非过程式语言无法表示出求解过程顺序执行的运算步骤。

根据描述问题的方式,又可将所有的程序设计语言分为命令型语言、函数型语言、描述型语言和面向对象的程序设计语言。

命令型语言是出现最早和曾经使用最多的高级语言,其特点是计算机按照该语言描述的操作步骤执行。例如,BASIC、FORTRAN、COBOL、C 和 PASCAL 语言等。

函数型语言将问题求解过程表示成模块结构,每个模块称为一个函数,每个函数都有输入数据和经过加工处理后的输出数据。

在描述型语言中,设计者给出的是对问题的描述,计算机根据对问题描述的逻辑进行处理。由于这类高级语言是基于逻辑的,所以也称为逻辑型语言。

在面向对象的程序设计语言中,将对象的属性和行为结合为一体进行程序设计。现实世界中的事物都视为对象,每个对象都由一组属性和一组行为组成。如"人"这个对象的属性有姓名、年龄、性别等,行为可以有工作、学习、吃饭、跑步等。目前广泛使用的面向对象程序设计语言有 C++、Java 等。

### 1.1.3　程序的编译和解释

高级语言和汇编语言程序都需要翻译为计算机能识别的目标程序(机器语言),才能被计算机硬件识别、处理和执行。这一翻译过程一般由专门的语言处理程序实现,例如汇编程序、编译程序、解释程序和相应的操作程序等。

在各种语言处理程序中,编译(Compile)和解释(Interpret)是语言处理的两种基本方式。在编译方式下,首先根据算法编制相应的高级语言或汇编语言程序(称为源程序),然后用专门的语言处理程序(编译程序、汇编程序)翻译为等价的目标程序,再由计算机硬件进行识别、存储、处理和执行,源程序、编译程序和汇编程序不参与目标程序的运行过程。在解释方式下,利用解释程序对源程序进行翻译,翻译过程中不产生独立的目标程序。解释程序一般包括解释和运行两个主要模块,解释模块的作用是按源程序的执行流程,逐个读入各条语句,并进行分析和解释,运行模块的作用是运行语句的翻译代码,并输出中间结果或最终结果。

解释程序的工作方式非常适于通过终端设备实现人机对话,如通过键盘输入一条命令或语句,解释程序将其解释为一条或几条指令,立即提交硬件执行,并将执行结果立即在屏幕上显示出来。

## 1.2　MATLAB 入门

视频讲解

### 1.2.1　MATLAB 的工作环境

这里以 MATLAB R2022b 版本为例,介绍 MATLAB 的工作环境。

安装好 MATLAB 后,将在 Windows 桌面上生成 **MATLAB R2022b** 图标。单击该图标,即可启动 MATLAB。默认情况下,刚启动时,MATLAB 的主窗口如图 1-2 所示。

与普通的 Windows 应用程序窗口不同,MATLAB 取消了菜单栏。刚启动后,还没有打开任何文件时,主窗口顶部是主页、绘图和 **APP** 3 个标签。单击不同的标签,将在下面显示对应的选项卡。其中,"主页"选项卡提供了文件和环境管理等功能,"绘图"选项卡提供了数据的绘图功能,APP 选项卡提供了各种应用程序的入口。

在上述每个选项卡中,有很多工具按钮以分组的形式构成工具栏。工具栏下面是 3 个子窗口,分别是当前文件夹、命令行窗口和工作区/命令历史记录。通过"主页"选项卡"环境"选项组中的"布局"按钮,可以设置显示或者关闭其中的某个子窗口,改变各子窗口的排列方式等。

　1. 选项组工具栏

这里首先简要介绍"主页"选项卡中的选项组工具栏。该工具栏中从左向右依次为文件、变量、代码、**SIMULINK**、环境和资源,如图 1-3 所示。

(1)"文件"选项组:提供的按钮分别用于新建脚本、新建实时脚本、新建和打开各种类

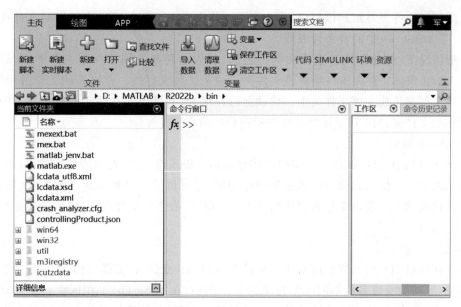

图 1-2　MATLAB 主窗口

图 1-3　"主页"选项卡中的选项组工具栏

型的文件等。

（2）"变量"选项组：用于新建和打开变量，以及清除工作区中的变量等。

（3）"代码"选项组：用于分析当前文件夹中的程序代码文件、清除命令行窗口和命令历史记录窗口中的命令。

（4）SIMULINK 选项组：该组中只有一个 Simulink 按钮，单击该按钮可以进入 Simulink 工作环境。

（5）"环境"选项组：用于设置窗口中需要显示的工具栏、子窗口的布局及工作文件夹等。

（6）"资源"选项组：该组中主要是"帮助"按钮，单击该按钮可以进入 MATLAB 的帮助系统。

2．子窗口

默认启动时，MATLAB 的主窗口中有 3 个并排的子窗口，从左向右分别是当前文件夹、命令行和工作区/命令历史记录窗口。

1）当前文件夹窗口

当前文件夹窗口用于显示当前工作文件夹中的所有文件和子文件夹，默认显示为 MATLAB 安装文件夹下的 bin 文件夹。通过选择该窗口顶部的"浏览文件夹"按钮，可以将硬盘上的任意文件夹显示到该窗口,作为当前工作文件夹。在该窗口中可以对文件进行管理,类似于 Windows 中的资源管理器。

一般情况下,在进行程序设计和调试之前,首先在硬盘上创建一个文件夹,然后进入 MATLAB,在当前文件夹窗口中将该文件夹设置为工作文件夹。在以后的工作过程中,所有的程序文件都将放在该文件夹中。启动运行程序时,如果当前文件夹窗口中显示的不是程序所在的文件夹,MATLAB 会自动提示进行切换。

2)命令行窗口

启动 MATLAB 后,在命令行窗口中将显示命令提示符"＞＞",此时即可在该提示符后面输入简单的命令。输入的命令可以实现指定功能,也可以实现某种运算的数据、变量、函数和数学表达式等。一条命令输入完毕后按 Enter 键,该命令将立即得到执行,并在命令下面显示执行结果。

3)工作区窗口

工作区窗口用于显示当前内存中所有的 MATLAB 变量名、数据结构、字节数及数据类型等信息,不同的变量名用不同的图标来区分。例如,在图 1-4(b)工作区窗口中共有 3 个变量 $a$、$b$ 和 $t$。其中同时显示了变量 $a$ 和 $b$ 的值,而变量 $t$ 的值显示为"$1 \times 11$ double",表示该变量是一个 1 行 11 列的矩阵,其中的每个数据为 double(双精度)类型。

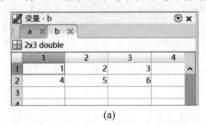

(a)　　　　　　　　　　　(b)

图 1-4　工作区窗口

在工作区窗口中选中某个变量后,右击,通过弹出的快捷菜单可以对该变量进行各种操作,例如变量的复制、删除、重命名和变量值的修改等。如果双击某个变量,将在主窗口中打开变量观察窗口,如图 1-4(a)所示,其中用表格的形式直观显示了变量 $b$ 中的各数据值,也可以在该表格中对数据进行修改。

## 1.2.2　脚本和程序

视频讲解

在 MATLAB 的命令行窗口可以直接输入简单的命令或者数学表达式,实现简单的运算和操作。这些命令称为脚本(Script)命令。如果需要实现复杂的运算功能,可以将脚本命令集中放到一个文件中,称为脚本程序(Script Program)。

1. 脚本命令

在命令行窗口中的命令提示符"＞＞"后,输入的各种命令和数据、变量、数学表达式和数学函数等,统称为脚本命令。每条命令输入完毕后按 Enter 键,命令将立即得到执行,并在命令行的下面显示执行结果,同时在工作区窗口中显示脚本命令创建的变量及变量的值或属性等。因此说 MATLAB 是一种解释型程序设计语言。

例如，在命令行窗口依次输入如下命令：

```
>> t = 0.1;
>> y = sin(2 * pi * 10 * t + pi/2)
```

其中第一条命令将常数 0.1 赋值给变量 $t$。由于该命令行末尾有分号，因此按 Enter 键后不会显示执行结果。第二条命令将内部表达式的结果作为自变量，调用 MATLAB 内置的 **sin** 函数，并将函数值赋给变量 $y$。按 Enter 键后，立即在命令行窗口显示如下运行结果：

```
y = 1
```

**注意**：为了节省篇幅，在显示格式上进行了适当的编辑。

如果在上述命令中没有指定变量名，则 MATLAB 将结果保存到默认变量 **ans**（单词 answer 的缩写）中。例如，如下命令：

```
>> sin(pi/2)
```

执行后将在命令行窗口显示如下结果：

```
ans = 1
```

在命令行窗口中，常用的通用脚本命令有如下 3 个。

(1) **clc**：清除命令行窗口。

(2) **clear**：清除工作区窗口中的所有变量。

(3) **close all**：关闭运行程序所创建和打开的所有图形窗口。

2. 脚本程序的创建和保存

将多个脚本命令集中放到一个文件中，即可得到脚本程序。MATLAB 的脚本程序文件名默认以 .m 为后缀。

在 MATLAB 中，可以通过如下几种方法创建脚本程序。

(1) 单击"主页"选项卡上的"新建脚本"按钮。此时将在主窗口中间自动打开"编辑器"窗口，同时在主窗口的顶部出现编辑器、发布、视图等标签。在"编辑器"窗口顶部有一个标签 untitled，这就是新创建的脚本程序文件。

通过重复单击"主页"选项卡上的"新建脚本"按钮，可以创建更多新的脚本程序文件，各新建的程序文件依次自动命名为 untitled.m、untitled2.m 等。每个程序文件对应一个标签，并显示在"编辑器"窗口的顶部，如图 1-5 所示。单击某个程序文件的标签，即可在"编辑器"窗口中编辑录入程序。

(2) 如果已经打开"编辑器"窗口，通过依次单击主窗口中"编辑器"选项卡上的"新建"→"脚本"命令，也可以创建脚本程序文件。每创建一个程序文件，都将在"编辑器"窗口的顶部增加一个对应的选项卡标签。

通过以上两种方法创建的脚本程序，只是显示在"编辑器"窗口中，并可以在其中编辑录

图 1-5　"编辑器"窗口

入程序。程序一旦做了修改或编辑,窗口顶部的标签后面将出现一个星号,表示程序文件还没有保存到硬盘上。单击主窗口中"编辑器"选项卡上的"保存"按钮,即可实现程序文件的保存。默认将文件保存到"当前文件夹"窗口中设置的当前文件夹中,也可以指定保存到其他位置,同时注意为程序文件起一个合适的文件名。

（3）在"当前文件夹"窗口中右击,在弹出的快捷菜单中依次单击"新建"→"脚本"菜单命令。创建的程序文件仍然依次自动命名为 untitled. m、untitled2. m 等,并同时保存在当前文件夹中,此时可以为程序文件起一个合适的文件名,如图 1-6 所示。

在当前文件夹中双击所创建的程序文件名,即可在"编辑器"窗口中打开文件并编辑录入程序。

（4）在命令行窗口输入 edit 命令创建脚本程序。例如,输入如下命令:

```
>> edit myprog
```

将自动打开"编辑器"窗口,其中程序文件名为 myprog. m。如果未指定文件名,将打开一个名为 untitled$i$. m 的新程序文件,

图 1-6　在当前文件夹中创建程序文件

其中的 $i$ 可以为 2,3,4,…,取决于在当前"编辑器"窗口中原来已经创建的程序文件个数。

需要注意的是,在"编辑器"窗口中编辑录入程序时,程序文件中输入的脚本命令前面不加">>"符号。

3. 脚本程序的运行

创建脚本程序并编辑完程序代码后,利用"编辑器"选项卡上"运行"选项组中的工具按钮可以实现程序的运行控制等,如图 1-7 所示。单击"运行"按钮,直接启动程序运行,也可以利用"运行"按钮的下拉菜单命令实现断点的设置和清除,以实现断点运行和程序调试等。

图 1-7 "编辑器"选项卡上的选项组工具栏

除上述方法外,在命令行窗口中输入脚本程序的文件名(不需要输入文件名后缀.m)并按 Enter 键,也可运行程序。

需要注意的是,在启动程序运行时,可能会出现如图 1-8 所示的警告对话框。如果在命令行窗口直接输入程序文件名启动运行,还可能出现如图 1-9 所示的错误提示。此时,在图 1-8 所示对话框中,根据提示单击"更改文件夹"或"添加到路径"按钮,重新启动 MATLAB 即可。

图 1-8 启动程序运行时出现的警告对话框

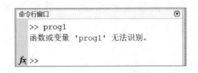

图 1-9 命令行窗口中启动程序运行时出现的错误提示

程序运行完毕后,程序中所有的变量都将出现在"工作区"窗口,某些变量的运行结果也将同步显示在命令行窗口。例如,新建脚本程序,并将其保存为 prog1.m。在"编辑器"窗口中打开该文件,并在其中输入如图 1-10 所示的程序。运行程序后,在工作区有 3 个变量 $a$、

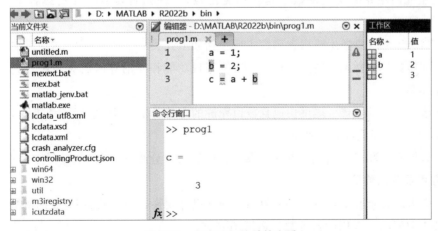

图 1-10 程序运行结果的查看

$b$ 和 $c$,同时在命令行窗口显示运行结果。由于第 1 条和第 2 条命令后面有分号,因此在命令行窗口只显示变量 $c$ 的值,而不显示 $a$ 和 $b$ 变量的值。

同步练习

1-1　启动 MATLAB,在命令行窗口中依次输入如下脚本命令,观察每条命令执行后命令行和工作区窗口的显示。

```
>> a = 10;
>> b = 2 * pi * a/30
>> a - 10 * b
>> clear
>> clc
```

1-2　在命令行窗口输入的所有命令都将显示在一个专门的"历史命令记录"子窗口中。执行完同步练习 1-1 中的所有操作后,利用"主页"选项卡中的"布局"按钮,打开该窗口,观察其中的显示内容。

1-3　在硬盘上合适的位置新建一个文件夹,并将其指定为当前工作文件夹。之后,利用 3 种不同的方法在该文件夹中新建程序文件 myprog1.m,并在其中输入同步练习 1-1 中的脚本命令。运行后观察命令行和工作区窗口的显示。

# 1.3　MATLAB 的内置函数

作为一款科学计算工具,MATLAB 提供了大量用于科学计算和各行业应用程序的库函数,称为 MATLAB 的内置函数。这些内置函数可以在用户程序中直接使用,以实现特定功能。这里先简单介绍常用的数学运算内置函数,其他内置函数将在后续各章节中陆续介绍。

MATLAB 中的数学运算内置函数主要包括如下几类。

(1)初等数学函数库:包括与算术运算符实现功能相同的算术运算函数、三角函数、指数和对数函数等。

(2)线性代数函数库:提供快速且数值稳健的矩阵计算函数,包括各种矩阵分解、线性方程求解、计算特征值或奇异值等。

(3)数值积分和微分方程求解函数库:包括数值积分求解函数、常微分方程求解函数、偏微分方程求解函数等。

(4)傅里叶分析和滤波函数库:包括实现傅里叶变换、卷积和数字滤波的函数。

表 1-1 中列出了常用的初等数学运算函数。

表 1-1　常用的初等数学运算函数

| 函　数　库 | 函　数　名 | 功　　能 |
|---|---|---|
| 算术运算函数库 | sum | 求数组 A 中所有元素的累加和 |
| | mod、rem | 取模、求余数 |
| | ceil、floor、fix、round | 向上、向下、向零、四舍五入取整 |
| 三角函数库 | sin、asin | 正弦、反正弦函数 |
| | cos、acos | 余弦、反余弦函数 |
| | tan、atan | 正切、反正切函数 |
| | cot、acot | 余切、反余切函数 |
| | deg2rad | 将角度的单位从度转换为弧度 |
| | rad2deg | 将角度的单位从弧度转换为度 |
| 指数和对数函数库 | exp | 指数 |
| | log、log10、log2 | 求自然对数、常用对数(以 10 为底)、以 2 为底的对数 |
| | sqrt | 求平方根 |

MATLAB 中提供的内置函数既可以在脚本命令中调用,也可以在程序中调用。下面举例说明。

实例 1-1　**MATLAB 内置函数的使用**。

调用 MATLAB 中的内置函数,实现如下计算:

$$a = \sqrt{2}\, e^{-5} \sin(30°)$$

为实现上述运算,可以在命令行窗口输入如下命令:

```
>> b = deg2rad(30);
>> c = sin(b);
>> a = sqrt(2) * exp( - 5) * c
```

执行后,将立即得到如下结果:

```
a = 0.0048
```

同步练习

1-4　调用 MATLAB 的内置函数计算如下表达式:

$$a = \sin(45°), \quad b = \cos(\pi/3), \quad c = e^{\ln2 + \log10}$$

# 1.4　MATLAB 的帮助系统

MATLAB 提供了完善的联机帮助系统,单击主窗口中的"帮助"按钮,或者在命令行窗口输入 doc 命令,即可进入帮助系统。此外,在工作的很多页面中,都能获得实时帮助。

1. 帮助系统

MATLAB 的联机帮助系统采用简易的浏览器窗口样式,如图 1-11 所示。窗口左侧是导航栏,其中列出了已经安装的 MATLAB 组件目录。单击某项组件,将在右侧显示相关的帮助页面。单击左上部的 CONTENTS(目录)按钮,可以显示或者隐藏导航栏。

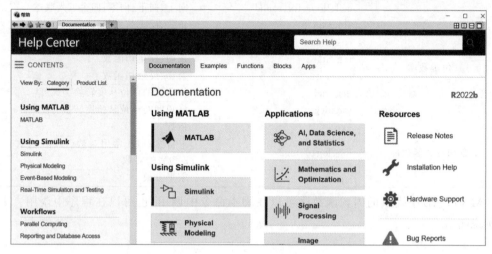

图 1-11　MATLAB 帮助系统

帮助系统右侧页面顶部有 5 个标签,默认选中 Documentation(文档)标签,在页面上列出了各种帮助主题文档的链接按钮,单击可以进入相应的帮助页面。图 1-12 是单击

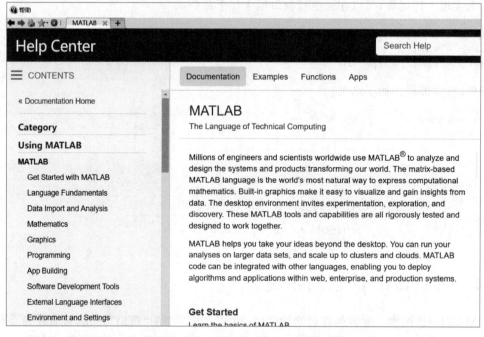

图 1-12　MATLAB 编程帮助系统页面

MATLAB 链接后进入的 MATLAB 编程帮助系统页面,在该页面中可以查找到有关 MATLAB 编程的相关帮助。

需要注意的是,安装好 MATLAB 后,在本地计算机中将自动安装帮助文档,所有这些文档位于 MATLAB 安装文件夹的 **help** 子文件夹中。通过上述帮助系统窗口,可以很方便地获取这些文档,也可以联网搜索最新的帮助文档。为了加快访问速度,建议通过帮助浏览器窗口的预设项按钮,在打开的预设项对话框中,确保 MATLAB 帮助预设项安装在本地,而不是默认在 **mathworks.com** 网站上。

2. 实时帮助

上述帮助浏览器窗口提供了 MATLAB 所有内容的帮助。此外,在帮助系统页面右上部提供了一个搜索编辑框(**Search Help**),可以在其中输入任何感兴趣的内容,帮助系统会根据输入的内容自动给出相应的帮助信息。

例如,在搜索编辑框中输入 **sin**,帮助系统自动给出若干选项,可以根据需要在其中查找到所需要获取帮助的选项,如图 1-13 所示。单击期望的选项后,将立即在帮助页面给出该选项的详细帮助文档。

此外,在编程调试过程中,还可以随时方便地获取联机帮助。例如,在 MATLAB 命令行窗口输入如下命令:

```
>> help sin
```

在命令行子窗口中将显示出有关 sin 函数的帮助文档,如图 1-14 所示。单击其中的链接"sin 的文档",可以进入 MATLAB 帮助系统,并查看有关 sin 函数的详细介绍。

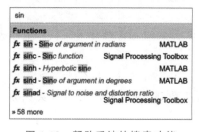

图 1-13 帮助系统的搜索功能

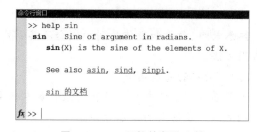

图 1-14 sin 函数的帮助文档

同步练习

1-5 在 MATLAB 命令行窗口输入如下命令:

```
>> doc sin
>> doc pi
```

进入 MATLAB 帮助系统,查阅有关 sin 函数和常数 pi 的用法介绍。

1-6 打开 MATLAB 中 log、log2 和 log10 函数的帮助文档,阅读并了解 3 个函数的用法及主要区别。

# 第 2 章

# 基本数据类型及运算

　　MATLAB 程序由常数、变量、表达式和各种语句构成,其中常数和变量的取值可以是各种数据类型,而表达式是由常数、变量和运算符构成的。作为科学计算工具,MATLAB 还提供了功能十分强大的数组,以及专门对数组进行运算的各种运算符。

　　本章介绍 MATLAB 中的几种基本数据类型、变量和常量。在此基础上,介绍数组的基本概念及其使用方法,以及变量和数组的基本运算,字符和字符串等。主要知识点如下:

　　2.1　基本数据类型

　　了解 MATLAB 程序中的基本数据类型,了解浮点数和整数的表示范围及相互转换方法,熟悉常用的常量符号。

　　2.2　变量及其属性

　　掌握 MATLAB 程序中变量的命名规则及其赋值方法,变量的属性及其查看方法。

　　2.3　数组

　　熟悉数组、向量和数值序列的概念及其创建方法,掌握数组元素的访问及获取数组大小的常用方法。

　　2.4　数据的基本运算

　　了解 MATLAB 中对标量和数组的基本运算方法及区别,熟悉利用运算符实现算术运算和构成算术表达式的基本方法。

　　2.5　字符与字符串

　　了解 MATLAB 程序中字符的编码方法,掌握字符和字符串、字符向量与字符串数组的区别、联系及其用法,熟悉字符串的各种基本运算和操作方法。

　　2.6　数据的输入和输出

　　掌握 MATLAB 程序中实现数据输入和输出的基本方法,熟悉常用的数值显示格式,掌握数据格式化输出的基本方法。

视频讲解

## 2.1　基本数据类型

　　数据类型(Data Type)是数据的属性,用于为变量或者表达式规定可能的取值,定义数据在计算机内存中的存储方式以及对数据进行的操作。

在 MATLAB 中,基本的数据类型主要有数值型数据、逻辑型数据和字符串等,此外还提供了函数句柄、结构体、元胞数组等高级数据类型。本章首先介绍简单的数值型数据、字符和字符串以及 MATLAB 中重要的数组和向量。

MATLAB 中的数值型数据有两种基本的类型,即整数(Integer)和浮点数(Floating-point Number)。其中整数可以是有符号整数或无符号整数,而浮点数包括单精度(Single Precision)和双精度(Double Precision)浮点数两种。各种数据类型的区别主要在于能够表示的数据范围和精度有所不同。

## 2.1.1 整数

MATLAB 提供了 8 种整数类型,各整数类型数据所需的存储容量和能够表示的数值范围如表 2-1 所示。表中的 **int8**、**uint8** 等是 MATLAB 中各类整数类型的标识符。

表 2-1 MATLAB 中的整数类型

| 整 数 类 型 | 存储字节数 | 存 储 位 数 | 表 示 范 围 |
|---|---|---|---|
| 8 位有符号整数(int8) | 1 | 8 | $-2^7 \sim 2^7-1$ |
| 8 位无符号整数(uint8) | 1 | 8 | $0 \sim 2^8-1$ |
| 16 位有符号整数(int16) | 2 | 16 | $-2^{15} \sim 2^{15}-1$ |
| 16 位无符号整数(uint16) | 2 | 16 | $0 \sim 2^{16}-1$ |
| 32 位有符号整数(int32) | 4 | 32 | $-2^{31} \sim 2^{31}-1$ |
| 32 位无符号整数(uint32) | 4 | 32 | $0 \sim 2^{32}-1$ |
| 64 位有符号整数(int64) | 8 | 64 | $-2^{63} \sim 2^{63}-1$ |
| 64 位无符号整数(uint64) | 8 | 64 | $0 \sim 2^{64}-1$ |

几点说明:

(1) 所谓无符号整数(Unsigned Integer),指的是没有正负之分的整数,所有数据的值必须大于或等于 0。所谓有符号整数(Signed Integer),指的是有正负之分的整数,数据的值可以是正整数、负整数或 0。

(2) 在计算机中,所有的数据都是用二进制形式表示和存储的。表中"存储位数"指的就是各类整数在计算机中用多少位二进制数据表示。在计算机中,每 8 位二进制称为 1 字节(Byte),存储字节数指的就是各类整数用多少字节表示。

(3) 对无符号整数,所有二进制位都表示数据的大小。对有符号整数,不管用多少位二进制表示,其中的最高位都用于标识数据的正负,因此表示数据绝对值大小的二进制位数要比无符号整数少一位。同样位数的有符号整数表示的数据绝对值大小范围要比无符号整数近似小一半。

(4) MATLAB 中提供了 **uint8**、**int8**、**uint16**、**int16** 等内置函数,可以将数据创建为表中对应的整数类型。

例如,在命令行窗口输入如下命令:

```
>> uint8(3);
>> int16(-300);
```

其中第一条命令将常数 3 用 8 位无符号整数表示；第二条命令将常数 −300 用 16 位有符号整数表示。

（5）编程时，要根据程序中所处理的所有数据的大小范围及属性，为数据指定合理的数据类型，否则得到的结果将出现错误。例如，如下命令

```
>> uint8( - 4)
```

执行后，得到的结果为：

```
ans =
  uint8
  0
```

由于 −4＜0，必须创建为有符号整数。因此，调用 **uint8** 函数将其创建为 8 位无符号整数时，得到错误结果 0。

再如：

```
>> int8( - 200)
```

执行后，得到的结果为：

```
ans =
   int8
   - 128
```

上述命令中的内置函数 **int8** 用于创建 8 位有符号整数，所以能够表示的数据范围为 $-2^7 \sim (2^7-1)$，即 $-128 \sim +127$。因此，当数据超出范围时，将错误地表示为该数据范围的最小值或最大值。

## 2.1.2 浮点数

浮点数在数学上称为实数。根据小数的表示方法和数据表示范围的不同，实数分为单精度和双精度浮点数两种，这两种类型数据所需的存储位数、存储格式、表示的数值范围如表 2-2 所示。表中所列数值范围都用科学记数法表示，其中 e 表示 10 的幂。

表 2-2　MATLAB 中的浮点数类型

| 浮点数类型 | 存储位数 | 存 储 格 式 | 表示的数值范围 |
|---|---|---|---|
| 单精度<br>（Single） | 32 | 0～22 位表示小数部分<br>23～30 位表示指数部分<br>31 位表示正负(0 为正,1 为负) | −3.4028e+038～−1.1755e−038<br>1.1755e−038～3.4028e+038 |
| 双精度<br>（Double） | 64 | 0～51 位表示小数部分<br>52～62 位表示指数部分<br>63 位表示正负(0 为正,1 为负) | −1.7977e+308～−2.2251e−308<br>2.2251e−308～1.7977e+308 |

在 MATLAB 中,所有数据都默认为双精度浮点数。在命令行窗口,这些数据默认显示为有 4 位小数的实数,或者采用科学记数法表示。例如:

```
>> 1/6
ans = 0.1667
>> 100/6
ans = 16.6667
>> 10000/6
ans = 1.6667e + 03
```

需要说明以下几点:

(1) 程序中可以根据数据的大小将其用单精度或双精度浮点数表示。为节省存储容量,在满足数据表示范围的前提下,可以将默认的双精度数据转换为单精度数据。

例如,如下命令:

```
>> single(0.75)
```

其中,**single** 是 MATLAB 中提供的内置函数,用于将数据 0.75 表示为单精度浮点数。

上述命令执行后,在命令行窗口显示的执行结果为:

```
ans =
  single
    0.7500
```

其中的 **single** 为数据类型说明符,指明上述命令得到的数据为单精度浮点数。

与 **single** 函数相反,如果需要将数据指定为双精度浮点数,可以调用 **double** 函数实现。

(2) 由于存储位数的限制,浮点数能够表示的实际数据是有限且离散的,能够表示的相邻两个浮点数之间存在一定的间隔,而不是连续的所有实数。例如,由表 2-2 可知,单精度浮点数能够表示的绝对值最小的两个数值分别是 $-1.1755\mathrm{e}-038$ 和 $1.1755\mathrm{e}-038$,这两个实数之间的差值为 $2.3510\mathrm{e}-038$,即 $2.3510 \times 10^{-038}$。

(3) 在将实数用浮点数表示和存储时,必然存在误差。MATLAB 中提供了函数 $\mathrm{eps}(x)$,用于确定 $x$ 与能够表示的与 $x$ 最接近的浮点数之差。例如,$\mathrm{eps}(1.0) = 2.2204\mathrm{e}-16$,表示实数 1.0 在内存中实际存储的是 $1.0 + 2.2204 \times 10^{-16}$。

## 2.1.3 常量

在 MATLAB 中规定了很多专用的标识符,用于代表固定的数据,称为常量(Constant)。常用的常量名如下。

(1) **pi**:圆周率。

(2) **inf**:无穷大。典型的情况是一个非 0 正数除以 0,结果为 $\infty$;一个负数除以 0,得到结果为 $-\infty$,表示为 $-\inf$。

(3) **eps**:无穷小。MATLAB 程序中能够表示的最接近 0 的最小数值,近似为 $2^{-52}$ 或

$2.2204 \times 10^{-16}$。

(4) **NaN**：不确定量，又称为非数值量(Not a Number)，典型的情况如 0 除以 0。

---

同步练习

2-1　执行如下命令，观察命令行窗口和工作区窗口的显示情况：

```
>> p1 = pi
>> p2 = single(pi)
>> p3 = double(pi)
>> p4 = uint8(pi)
>> p5 = uint8(100 * pi)
```

2-2　执行如下命令，观察命令行窗口和工作区窗口的显示情况：

```
>> a = 1/0;
>> 0/0
```

---

视频讲解

## 2.2　变量及其属性

在 MATLAB 脚本命令和脚本程序的各种语句和表达式中，用变量(Variable)表示和给定运算所需的数据。每个变量代表一定的内存单元，变量值存储在这些单元中，需要时可以从中读取出来参加运算，或者将运算结果作为变量值，重新保存到对应的单元中。

在 MATLAB 程序中，变量及其属性不需要在使用前进行声明。在程序中，每遇到一个新的变量，会自动创建该变量，并为其分配合适的存储空间，这样极大地简化了 MATLAB 程序的编写。

### 2.2.1　变量及其赋值

程序中的每个变量都有唯一的标识符作为名字，称为变量名。通过变量名对变量所在的单元及其中的数据进行访问。变量的命名必须符合以下规则：

(1) 变量名必须以字母开头，后面可以是字母、数字、下画线等，但不能有空格。例如 my_Var1。

(2) 变量名的长度不能超过 63 个英文字符。

(3) 变量名不能用保留字，即在 MATLAB 中已经用作特殊用途的标识符。

(4) MATLAB 中的变量名是大小写敏感的，例如 $a1$ 和 $A1$ 是两个不同的变量。

在程序中，可以随时访问变量，获取变量值参加运算，变量值也可以根据需要随时进行修改和重新赋值。为变量赋值的基本语法格式为：

变量名 = 变量值

需要说明以下几点：

（1）执行上述语句后，可以在工作区中立即看到变量名及对应的变量值。

（2）如果表达式后无分号，则执行后在命令行窗口立即显示变量及变量值；如果有分号，则命令行窗口不会有任何显示。

（3）如果在上述命令中没有给定变量名，则将变量值赋给默认变量 ans。

（4）通过在命令行窗口输入 clear 命令或者执行程序中的 clear 语句，可以清除工作区中原来创建的变量。

## 2.2.2 变量的属性

通过在命令行窗口执行 whos 命令，可以按字母顺序列出已经创建的所有变量的名称（Name）、大小（Size）、占用内存单元字节数（Bytes）和数据类型（Class）等属性。whos 命令后面也可以给定变量名，此时将只列出指定变量的相关属性。

例如，如下命令：

```
>> x = single(pi);
>> y = double(pi);
>> z = uint16(32);
>> z1 = int8( - 2.7);
>> whos
```

执行后，将列出变量 $x$ 和 $y$ 的属性如下：

```
Name      Size          Bytes  Class     Attributes
x         1×1               4  single
y         1×1               8  double
z         1×1               2  uint16
z1        1×1               1  int8
```

其中，Name 列为变量名，Bytes 列为各变量所占内存单元的字节数，Class 列指明各变量的数据类型，Size 列表示的含义将在后面介绍。

需要注意的是，上述第 4 条命令创建一个 8 位有符号数整数变量 $z1$，在工作区中查看其值为−3。相当于将给定的浮点数−2.7 进行四舍五入取整，再赋给变量 $z1$。

同步练习

2-3 依次输入并执行如下命令，观察命令行窗口和工作区窗口的显示情况：

```
>> A = single(pi);
>> a = pi/3;
>> b = uint8(pi)
>> whos
```

## 2.3 数组

作为科学计算工具,MATLAB中最基本的数据结构是数组。数组是将多个同类型数据按顺序集中存放在同一个变量中,是众多程序设计语言中非常重要的一种数据结构。在MATLAB中,数组的重要性尤其明显,几乎所有数据都以数组的形式存在并参加运算,只是维数、规模及运算符的使用规则不同。

### 2.3.1 数组的基本概念

在计算机科学中,数组(Array)是由相同类型数据的集合所组成的数据结构,在内存中用一块连续的区域存储。数组中的每个数据称为元素(Element),各元素在内存中连续依次存放。

数组中的各元素在数组中的位置用一个或者若干整数指定,这些整数称为下标(Subscript)。在下标中,每个整数对应一维,下标整数的个数称为数组的维数(Dimension),维数为 $k$ 的数组通常简称为 $k$ 维数组。

图 2-1 给出了一维、二维和三维数组的示意图。其中,数组 $a$ 只有一行,数组 $b$ 只有一列,$a$ 和 $b$ 都是一维数组;二维数组 $c$ 有两维,分别称为行(Row)和列(Column);三维数组 $d$ 有三维,分别称为行、列和页。

在图 2-1 中,一维数组 $a$ 或 $b$ 中分别都有 4 个元素,以一行或一列排列,每个元素的位置依次用下标 $1 \sim 4$ 表示。例如 $a(1)$ 表示数组 $a$ 中的第一个元素。

二维数组 $c$ 中共有 12 个元素,这些数据共分为 3 行 4 列排列,每个元素的位置分别用两个整数下标表示。例如 $c(2,3)$ 代表数组 $c$ 中位于第 2 行、第 3 列的元素。

三维数组 $d$ 中共有 36 个数据,分为 3 页,每页的 12 个数据都分为 3 行 4 列排列,每个元素所处的位置需要 3 个下标表示。例如 $d(1,3,2)$ 表示位于第 2 页、第 1 行、第 3 列的元素。

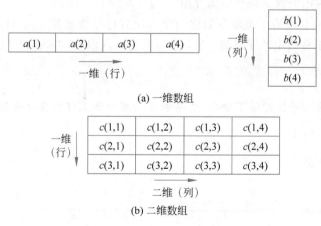

图 2-1    一维、二维和三维数组

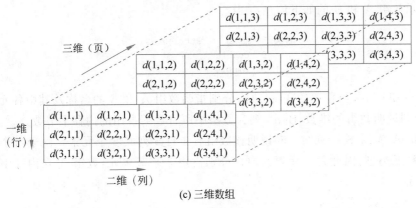

(c) 三维数组

图 2-1 （续）

在 MATLAB 中，一维数组通常又称为向量（Vector），其中只有一行的数组称为行向量（Row Vector），只有一列的数组称为列向量（Column Vector）。

## 2.3.2 数组的创建

视频讲解

在 MATLAB 中，创建数组最简单的方法是使用中括号，将数组中的各元素依次列在其中。

### 1. 一维和二维数组的创建

对于一维数组，各数据元素之间用空格或者逗号分隔。对于二维数组，同一行的各数据元素之间用空格或逗号分隔，各行之间用分号来分隔。

例如，如下命令：

```
>> A = [12 62 93  -8 22];
```

将创建数组 $A$，其中共有 5 个元素，这 5 个元素之间用空格分隔，位于同一行，因此 $A$ 是一个 $1 \times 5$ 数组，或者行向量。如下命令：

```
>> B = [12 62 93  -8 22; 16 2 87 43 91; -4 17  -72 95 6]
```

将创建一个二维数组 $B$，其结果为：

```
B =
    12    62    93    -8    22
    16     2    87    43    91
    -4    17   -72    95     6
```

其中每一行有 5 个元素（5 列），每一列有 3 个元素（3 行），因此又称 $B$ 是一个 $3 \times 5$ 数组。

执行完上述两条命令后，在命令行窗口输入如下命令：

```
>> whos
```

将立即显示数组 $A$ 和 $B$ 的如下信息：

```
Name       Size               Bytes  Class    Attributes
A          1×5                   40  double
B          3×5                  120  double
```

其中，Name 和 Class 与普通的变量一样，分别指明数组 $A$ 和 $B$ 的名称及其中各元素的数据类型，Size 列说明数组的维数，Bytes 列为数组中所有数据占用的内存字节数。

以数组 $A$ 为例，Size 列"$1×5$"说明该数组有 1 行 5 列共 5 个元素。由于每个元素都是默认的双精度类型，因此每个元素在内存分别占用 8 字节单元，数组 $A$ 在内存中总共占用 40 字节单元。

2. 三维数组的创建

三维数组可被认为是由多个相同维数的二维数组构成。因此，为创建三维数组，可以先创建二维数组，然后再进行扩展。

例如，为创建一个三维数组 $A$，首先将其第一页创建为二维数组：

```
>> A = [1  2  3;4  5  6;7  8  9]
```

执行结果为：

```
A =
    1     2     3
    4     5     6
    7     8     9
```

再用如下命令将第二页数据添加到数组 $A$ 中：

```
>> A(:,:,2) = [10  11  12;13  14  15;16  17  18]
```

其中，"2"表示数组 $A$ 中的第 2 页，两个冒号表示第二页中的所有行和所有列。执行结果为：

```
A(:,:,1) =
    1     2     3
    4     5     6
    7     8     9
A(:,:,2) =
   10    11    12
   13    14    15
   16    17    18
```

执行完上述命令，在命令行输入 whos 命令，可以查看数组 $A$ 的属性如下：

```
Name       Size               Bytes  Class    Attributes
A          3×3×2                144  double
```

其中，Size 列说明数组 $A$ 是三维数组，有 3 行 3 列 2 页共 18 个数据，记为 $3×3×2$ 数组。

## 3. 序列的生成

序列(Sequence)实际上是一个行向量,其中的各元素按照一定的规律而变化,例如相邻的任意两个元素之间的差都相等。在 MATLAB 中,创建序列最基本的方法是用冒号运算符,其典型格式为 **first:dis:last**,其中 first 和 last 分别为序列的起始值和终止值; dis 为步长,即序列中相邻两个元素之间的差。具体使用时,可以有如下几种情况。

(1) 完整给出起始值、终止值和步长。例如:

```
>> A = 10:5:50
A = 10    15    20    25    30    35    40    45    50
```

(2) 如果递增步长为1,则可以省略 dis。例如:

```
>> B = 10:15
B = 10    11    12    13    14    15
```

(3) 如果 last < first,则步长必须为负数,否则得到一个空向量。例如:

```
>> C = 9: - 1:1
C = 9    8    7    6    5    4    3    2    1
```

(4) 表达式中的 first、last 和 dis 都可以为小数。例如:

```
>> D = - 2.5:2.5
D =
  - 2.5000   - 1.5000   - 0.5000    0.5000    1.5000    2.5000
>> E = 3:0.2:3.8
E =
    3.0000    3.2000    3.4000    3.6000    3.8000
```

除了上述方法外,MATLAB 中还提供了几个内置函数,用于创建特殊的等差序列和对数序列。

(1) **linspace** 函数。

该函数用于创建等差序列,其基本调用格式为:

```
y = linspace(a,b)
```

其中,参数 $a$ 和 $b$ 指定序列的最大值和最小值,执行后将返回一个行向量(序列),序列中的每个数据从 $a$ 到 $b$ 共 100 个,相邻两个元素之差都相等。

调用该函数也可以再给定第三个参数 $n$。当 $n$ 为大于 0 的正整数时,将返回 $n$ 个等差数据序列,相邻两个数据之间的差值为 $(b-a)/(n-1)$。如果 $n$ 为负整数,则返回一个空向量。

例如,如下命令及其执行结果为:

```
>> linspace( - 2,2,5)
ans = - 2    - 1    0    1    2
```

（2）logspace 函数。

该函数用于创建对数数据序列，其调用格式与 linspace 函数相同，区别在于得到的序列是位于 $10^a \sim 10^b$ 的指数序列，相邻两个数据之间指数的差值仍然为 $(b-a)/(n-1)$。

例如，如下命令及其执行结果为：

```
>> x1 = logspace(2, -2,5)
x1 = 100.0000   10.0000    1.0000    0.1000    0.0100
```

比较如下命令：

```
>> x2 = linspace(2, -2,5)
x2 = 2    1    0    -1    -2
```

显然有：$x_1(1)=10^{x2(1)}, x_1(2)=10^{x2(2)}, \cdots$。

**实例 2-1 数组的创建。**
用 3 种不同的方法创建向量 $a=[0,2,4,6,8,10]$。
方法 1，在命令行窗口直接输入如下命令：

```
>> a = [0,2,4,6,8,10]
```

方法 2，利用数值序列的创建方法实现。在命令行窗口输入如下命令：

```
>> a = 0:2:10
```

方法 3，调用 linspace 内置函数实现。

```
>> a = linspace(0,10,6)
```

视频讲解

## 2.3.3 数组元素的访问

创建数组后，根据程序的需要可以访问其中的指定元素。在 MATLAB 中，访问是通过在数组名后添加一对小括号，并在小括号中依次列出需要访问的元素的下标来实现的。例如，$A(2)$ 表示访问一维数组 $A$ 中的第 2 个元素，而 $B(1,2)$ 表示访问二维数组 $B$ 中第 1 行第 2 列的元素。

需要说明以下几点：

（1）在 MATLAB 中，数组各维的下标序号从 1 开始。

（2）由于数组中各元素在内存中是按列顺序存放的，因此对多维数组，也可以与一维数组一样，采用只有一个下标的方法进行访问。例如，对 $2\times3$ 数组 $A$ 中的第 2 行第 1 列元素 $A(2,1)$，按照逐列顺序存放时，该元素是 $A$ 中的第 3 个元素，因此也可以表示为 $A(3)$。

（3）在访问数据和矩阵时，结合冒号表达式，可以同时访问数组中的多个数据。

例如,首先输入如下命令:

```
>> A = [1  2  3  4;5  6  7  8]
```

执行后得到数组 $A$:

```
A =
    1    2    3    4
    5    6    7    8
```

之后,用如下命令:

```
>> B = A(2,1:4)
```

可以读出 $A$ 中第 2 行第 $1 \sim 4$ 列的所有数据,得到一个长度为 4 的行向量 $\boldsymbol{B}$:

```
B = 5   6   7   8
```

而如下命令:

```
>> A(:,3)
```

同时访问数组 $A$ 中第 3 列的所有数据,得到如下列向量:

```
ans =
    3
    7
```

如下命令:

```
>> C = A(1,2:end)
```

获取数组 $A$ 的第一行中第 2 列到最后一列的数据,得到行向量 $\boldsymbol{C}$:

```
C = 2    3    4
```

(4) 在 MATLAB 中,数组的维数不需要事先定义。MATLAB 会根据程序的需要自动为数组分配存储空间。对程序中前面创建的数组,如果需要访问的元素下标超出了范围,MATLAB 会自动报错。但是,如果要将一个新的数据保存到该数组中,MATLAB 会自动扩展其维数,而不会报错。

例如,假设用如下命令创建了一个二维数组 $A$:

```
>> A = [1  2;3  4]
```

则执行如下命令:

```
>> a = A(1,3)
```

时,将立即给出提示"位置 2 处的索引超出数组边界(不能超出 2)"。

但是,如下命令

```
>> A(1,3) = 5
```

执行时不会报错,执行后将得到如下结果:

```
A =
    1    2    5
    3    4    0
```

原来创建的 2 行 2 列数组 $A$ 自动扩展为 2 行 3 列数组。

视频讲解

### 2.3.4　数组大小的获取

数组的大小(Size)指的是一个数组中含有数据的总个数,也可以用各维中数据的个数表示。以二维数组为例,假设两个维的长度分别为 $m$ 和 $n$,则数组中共有 $m \times n$ 个数据。

在 MATLAB 中,提供了 size、length 和 numel 函数,可以自动获取数组中保存的数据个数等信息。

(1) size 函数。

size 函数的基本调用格式有如下两种:

```
d = size(X)
S = size(X,dim)
```

第一种调用格式返回行向量 $\boldsymbol{d} = [m\ n]$,其中的两个整数 $m$ 和 $n$ 分别表示二维数组 $X$ 的行数和列数。在第二种调用格式中,参数 dim 指定数组 $X$ 的维数,返回数组中该维的长度,保存到变量 $S$ 中。

(2) length 函数。

length 函数用于返回数组中各维长度的最大值。如果数组为行向量或者列向量,则返回结果也表示向量中数据的总个数。

(3) numel 函数。

numel 函数用于返回数组中所有元素的个数。对于二维数组,返回结果等于行数与列数的乘积。

例如,假设 $X$ 为 $3 \times 2$ 数组,则:

```
>> d = size(X)
>> S1 = size(X,1)
>> L = length(X)
>> N = numel(X)
```

执行结果如下:

```
    d = 3  2              % 数组 X 共有 3 行 2 列
    S1 = 3                % 数组 X 第一维的长度为 3,即行数为 3
    L = 2                 % 数组 X 中最后一维的长度,即列数为 2
    N = 6                 % 数组 X 中数据的总个数为 6
```

同步练习

2-4 依次执行如下命令,分析并写出执行结果:

```
>> A = [1  2  3;4  5  6];
>> x = A(2,3)
>> y = A(4)
>> B = A(2,:)
>> C = A(1,1:2)
>> size(C)
>> length(C)
```

2-5 将1～10的所有偶数创建为行向量,写出相应的命令。

2-6 分析如下命令依次执行后的结果:

```
>> h = 0.1;
>> t = 0:h:1
>> length(t)
>> sig = [0:h:1;1: - h:0]
>> sig1 = sig(1,:)
>> sig2 = sig(2,5:end)
>> size(sig,2)
```

视频讲解

## 2.4 数据的基本运算

MATLAB中的运算主要有算术运算、关系运算、逻辑运算等,每种运算都提供了相应的运算符,可以很方便地构成各种表达式。这里首先介绍常用的基本算术运算符。

在MATLAB程序中,单个常数或者变量称为标量(Scalar),标量与能够同时保存多个数据的数组不同。对标量和数组,在运算方法上有所不同,因此MATLAB中规定了不同的运算符。

### 2.4.1 标量运算

MATLAB中对数值型标量的基本运算符如表2-3所示。对表中的运算符作如下几点说明。

(1) 运算符"\"和"/"分别称为左除和右除运算,二者的区别在于表达式中被除数和除数书写的位置。例如,表达式$5/2=2.5$,而$5\backslash2=0.4$。

(2) 赋值运算符的作用是将常数或者表达式的值赋给左侧的变量,运算符左侧只能是一个变量,而不能是表达式。例如,如下赋值表达式:

```
>> a + 2 = 20
```

是错误的。

表 2-3　MATLAB 中标量的基本运算符

| 运　算　符 | 功　能 | 表达式示例 | 表达式示例结果 |
|---|---|---|---|
| ＋ | 加法运算 | $2.34 + 5.67$ | $8.01$ |
| － | 减法运算 | $2.34 - 5.67$ | $-3.33$ |
| ＊ | 乘法运算 | $2 * 3$ | $6$ |
| / | 右除运算 | $2/4$ | $0.5$ |
| \ | 左除运算 | $2\backslash4$ | $2$ |
| ^ | 乘方运算 | $2\char`^4$ | $16$ |
| ＝ | 赋值运算 | $a = 2/4$ | 将表达式 $2/4$ 的结果赋给变量$a$ |

（3）运算符的优先级。在一个表达式中,可能同时出现多个运算符,在执行表达式所代表的运算时,其中各运算执行的顺序不同,可能会得到不同的表达式结果。运算符的优先级用于确定计算表达式时各运算符代表的运算的顺序。表 2-3 中各种算术运算符的优先级从高到低依次为：

① 乘方运算(^)；
② 乘法(＊)、右除(/)、左除(\)；
③ 加法(＋)、减法(－)。

其中,处于同一优先级的运算符将按照上述从左至右顺序依次执行运算。

与普通的数学表达式一样,利用括号可以改变上述默认的优先级顺序。此外,对于比较复杂、含有运算符种类比较多的表达式,也建议适当地引入括号,以增强程序的可读性。

## 2.4.2　数组运算

数组中的每个元素也都是标量,因此用上述标量运算符也可以对其进行运算。例如,如下表达式：

```
>> c = A(1,2) + B(2,2) * 5
```

将数组 $B$ 中第二行第二列所得元素乘以 5,再与数组 $A$ 中第一行第二列的元素相加,结果赋给变量 $c$。

由于数组中存储的是多个同类型数据,在工程应用中,通常需要对数组中的所有数据执行相同的运算。为了简化程序的编写,MATLAB 中提供了专门的数组运算符,对数组整体进行运算。这是 MATLAB 与大多数高级语言程序的主要区别之一。

MATLAB 中对数组进行操作的常用运算符如表 2-4 所示。

需要说明如下几点：

（1）数组的加减运算与标量的加减运算完全相同。只是在运算过程中,如果参加运算的是两个数组(例如表中的 $A$ 和 $B$),则实现的是将这两个数组中所有对应位置上的两个数据相加减,分别得到结果数组中的各元素。假设 $A$ 和 $B$ 中分别有 10 个元素,则表达式 $A+B$

实际上一共执行了 10 次加法运算。

表 2-4 常用的数组运算符

| 运 算 符 | 运 算 | 用 法 示 例 |
|---|---|---|
| + | 加法 | A+B：A(i,j)+B(i,j) |
| − | 减法 | A−B：A(i,j)−B(i,j) |
| . * | 乘法 | A. * B：A(i,j)×B(i,j) |
| . ^ | 乘方 | A.^B：A(i,j)$^{B(i,j)}$ |
| . / | 右除 | A. /B：A(i,j)÷B(i,j) |
| . \ | 左除 | A. \B：B(i,j)÷A(i,j) |

（2）数组的乘除运算和乘方运算也是对数组中每个元素分别进行乘除运算和乘方运算，但为了与标量运算相区别，在运算符前面加上一个"."号。

例如，如下命令：

```
>> A = [1  0  1]
>> B = [1  2  3]
```

创建了两个一维数组 $A$ 和 $B$，则命令

```
>> B.^A
```

实现的运算是求数组 $B$ 中各元素的乘方，乘方次数为数组 $A$ 中对应位置上的元素。因此，执行结果为：

```
ans = 1  1  3
```

命令

```
>> A./B
```

是将数组 $A$ 与 $B$ 中所对应位置上的两个元素分别进行右除运算，得到如下结果：

```
ans = 1.0000   0    0.3333
```

（3）对两个数组进行上述运算时，要求两个数组的维数和大小都必须相同。例如：

```
>> A = [1  3.25  5.5  7.75  10]
>> B = [1  1  1]
>> C = A + B
```

上述第 3 条命令执行后，将在命令行窗口显示如下信息：

```
错误使用  +
矩阵维度必须一致。
```

这是由于前面两条命令得到的向量 **A** 和 **B** 长度不同，因此无法进行数组加法运算。

（4）一个数组也可以与标量进行运算，此时是将该标量与数组中的各数据分别进行运算。对乘方运算，必须用".^"运算符，而其他运算用标量运算符和数组运算符都可以。

例如，如下命令：

```
>> B = [1  2  3];
>> B.^2
```

将数组 $B$ 中所有元素分别进行乘方运算，得到如下结果：

```
ans = 1  4  9
```

而命令

```
>> A = [1  0  2;3  1  4];
>> 3 * A
```

将数组 $A$ 中所有元素同时乘以 3，得到如下结果：

```
ans =
    3  0  6
    9  3  12
```

**实例 2-2  数组的运算。**

创建数组 $a=[0,1,2;1,-1,1]$，$b=[0,0,0;1,1,1]$，并利用 MATLAB 脚本命令实现如下运算：$(1)a+b$；$(2)(a+b)^2$；$(3)2ab$。

在命令行窗口首先创建两个数组 $a$ 和 $b$：

```
>> a = [0,1,2;1, -1,1]
>> b = [0,0,0;1,1,1]
```

之后，依次输入如下命令实现要求的 3 个运算：

```
>> a + b
ans =
    0    1    2
    2    0    2
>> (a + b).^2
ans =
    0    1    4
    4    0    4
>> 2. * a. * b
ans =
    0    0    0
    2   -2    2
```

同步练习

2-7 在 MATLAB 命令行窗口输入正确的命令,实现下列表达式的运算:

(1) $5\dfrac{3}{4}$;(2) $6\times 5-\dfrac{3}{2^2}$;(3) $6\times\left(5-\dfrac{3}{2^2}\right)$;(4) $\dfrac{6\times(5-3)}{2^2+4}$。

2-8 分析如下表达式的运算结果:

```
>> 2^ - 1
>> 1/2 * 2^ - 1
>> 1/(2 * 2^ - 1)
```

2-9 分析并写出如下命令的执行结果:

```
>> A = [2  -1  0;1  0  -2;1  1  1];
>> B = [1  0  0;0  1  0;0  0  1];
>> C = A + B
>> D = A .* B
>> E = A .^ 2
>> F = (A - B) .* C
```

## 2.5 字符与字符串

目前,计算机除了实现各种计算以外,还广泛应用于文本和字符的处理,因此在很多高级语言中,都将字符和字符串作为基本数据类型。在 MATLAB 中,定义的相关数据类型有字符向量和字符串数组。

### 2.5.1 字符及其编码

作为文本的各种文字符号统称为字符(Character)。为了与表示大小的普通数值型数据相区别,字符在程序中一般用单引号括起来。例如,字符 A 表示为'A',字符 0 表示为'0'。每个中文汉字也是一个字符,例如'中'。

在计算机中,所有信息(包括前面介绍的数值型数据、文本字符等)都必须用若干位二进制的组合进行表示和区分。对文本字符(例如十进制数字代码字符、大小写英文字母字符等),目前常用的方法是将每个字符用规定的 8 位二进制表示,称为 **ASCII**(American Standard Code for Information Interchange,美国信息交换标准码)。

在 MATLAB 中,字符都用 **Unicode** 编码的格式保存到计算机的内存中。为了解决存储效率问题,又出现了一些中间格式的字符集编码,称为 Unicode 转换格式 UTF(Unicode Transformation Format)。

#### 1. ASCII 编码

20 世纪 60 年代,美国制定了一套字符编码,对英文字符与二进制数之间的关系做了统一规定,称为 ASCII 编码,一直沿用至今。

ASCII 编码一共规定了 Windows 键盘上 128 个字符的编码,例如,大写字母 A 的 ASCII 编码为 65,数字字符 3 的 ASCII 编码为 51。

英语用 128 个字符编码就够了,但是要表示其他语言,128 个字符编码是不够的。例如,对简体中文,常用的编码方式是 GB 2312,在这种编码方式中,使用 2 字节表示一个汉字,所以理论上最多可以表示 $256 \times 256 = 65536$ 个中文字符。

### 2. Unicode 编码

由于不同国家的语言采用的编码方式不同,同一个编码可以被解释成不同的字符,因此,要想打开一个文本文件,就必须知道其编码方式。否则,如果用错误的编码方式进行解读,就会出现乱码。如果有一种编码,能够将世界上所有的字符都纳入其中,每一个字符都给予一个独一无二的编码,那么乱码问题就会消失,这就是 Unicode 编码。

在 Unicode 编码中,每个字符用 1~4 字节表示。对英文字符,Unicode 编码与 ASCII 编码相同,例如,英文大写字母 A 的 Unicode 编码和 ASCII 编码都为 65。对汉字字符,其 Unicode 编码为 2~4 字节,例如汉字字符"中"的 Unicode 编码为 20013。

### 3. UTF 编码

UTF 编码是 Unicode 编码的一种实现方式,是一种可变长度的编码方式,也就是对不同的字符用不同字节数的编码。目前常用的有 UTF-8 和 UTF-16 等。UTF-8 使用 1~4 字节为每个字符编码,其中大部分汉字采用 3 字节编码,少量不常用汉字采用 4 字节编码。UTF-16 使用 2 字节或 4 字节为每个字符编码,其中大部分汉字采用 2 字节编码,少量不常用汉字采用 4 字节编码。MATLAB 中采用 UTF-16 编码。

在 MATLAB 中,所有的字符都用 Unicode 编码表示并存储到计算机中。因此,对用单引号括起来的字符,在程序中实际上是代表其 Unicode 码。

例如,如下命令创建了两个变量 num 和 chr:

```
>> num = 1
>> chr = '1'
```

用 whos 命令查看这两个变量的属性如下:

```
>> whos
  Name      Size      Bytes   Class     Attributes
  chr       1×1         2      char
  num       1×1         8      double
```

其中,double 表示变量 num 是一个 double 型数据,其值等于 1。而变量 chr 的类型属性为 char,说明是一个字符型变量。

如果对上述两个变量做运算,例如命令:

```
>> num + 2
ans = 3
>> chr + 2
ans = 51
```

其中,将数值型变量 num 的值 1 与 2 相加,得到结果 3。由于 chr 是字符型变量,运算时是将该变量所代表的字符'1'的 Unicode 编码 49 与 2 相加,从而得到结果为 51。

## 2.5.2 字符串与字符串数组

若干字符可以构成**字符串**(String),在程序中可用于指定单个文本片段(文件名和绘图标签等)、显示输出运算结果,或者将已知的字符编码数据表示为字符,从而便于在程序中输入一些不能用键盘直接输入的特殊字符(例如希腊字母、温度符号字符等)。

在 MATLAB 中,字符串可以有两种不同的表示方法,分别称为字符向量和字符串。

### 1. 字符向量

在 MATLAB 中,用单引号括起来的若干字符称为**字符向量**(Character Vector)。在字符向量中,每个字符的 Unicode 编码按顺序依次存放到计算机内存中,相当于只有一行数组。因此,与普通的数值型数组或向量一样,利用下标可以访问字符向量中指定的一个或多个字符。

例如,如下命令创建了一个字符向量 chr:

```
>> chr = 'ABCD';
```

用 whos 命令查看其属性:

```
>> whos chr
  Name       Size             Bytes  Class     Attributes
  chr        1×4                  8  char
```

其中,变量 chr 的类型属性为 char,说明是一个字符变量(字符向量);Size 属性为 1×4,说明 chr 是一个长度为 4 的行向量。由于每个字符的 Unicode 为 2 字节,因此在计算机内存中,变量 chr 共占用 8 字节单元。

与普通数值型数组一样,如下命令可以分别访问字符向量中指定的元素,返回结果是一个或若干字符:

```
>> chr(2)                    % 访问字符向量中的第 2 个元素
ans = 'B'
>> chr(1:3)                  % 访问字符向量中的第 1～3 个元素,得到一个新的字符向量
ans = 'ABC'
```

利用 **double** 函数可以将字符向量中的各字符转换为对应的 Unicode 编码,返回结果为 double 型向量。例如,如下命令:

```
>> chr = 'abc';
>> double(chr)
>> double('中国')
```

执行结果为:

```
ans = 65 66 67
ans = 20013  22269
```

同理,也可以用 **uint16**、**uint32** 函数将字符向量转换为 16 位或 32 位无符号整数类型向量。由于 MATLAB 中采用 UTF-16 编码,因此不能用 **uint8** 函数将字符向量转换得到 8 位无符号整数类型向量。特别是对于 Windows 键盘上没有的字符(例如汉字),如果用 **uint8** 获取其 Unicode 编码,返回结果都将为错误的 255。

反之,调用 **char** 函数可以将给定字符的 Unicode 编码转换为对应的字符,将编码向量转换为字符向量。例如,如下命令:

```
>> a = 70;
>> b = [70  71];
>> chr1 = char(a)
>> chr2 = char(b)
```

执行结果为:

```
chr1 = 'F'
chr2 = 'FG'
```

利用这种方法可以在程序中输入无法用键盘输入的特殊字符。例如:

```
>> char([50,51,176])
```

根据已知的向量数据创建一个字符向量,向量中的 3 个数据依次为字符 2、3 和温度符号"°"的 Unicode 编码,因此执行后得到如下结果:

```
ans = '23°'
```

### 2. 字符串

从 R2017a 版本开始,MATLAB 程序也允许用双引号创建字符串(String)。与字符向量不同,用双引号包围起来的字符串是一个整体。

例如,如下命令:

```
>> str = "ABCD";
>> chr = 'ABCD';
```

分别创建了一个字符串变量 str 和字符向量 chr。用 whos 命令查看这两个变量的属性:

| Name | Size | Bytes | Class | Attributes |
|------|------|-------|-------|------------|
| str  | 1×1  | 150   | string |           |
| chr  | 1×4  | 8     | char  |            |

其中,变量 str 的类型属性为 string,说明是一个字符串,其 Size 属性为 1×1,说明该变量是一个一行一列的二维数组,其中只有一个数据,因此与普通的数值型数组类似,称为字符串标量。而变量 chr 的类型属性为 char,说明是一个字符向量。

　　与字符向量不同的是,用双引号包围起来的字符串是一个标量,不能单独访问其中的某个字符。因此,对上述字符串 str,如果执行如下命令:

```
>> str(2)
```

将在命令行窗口显示如下提示:

```
索引超过数组元素的数量。索引不能超过 1。
```

### 3. 字符串数组

　　用一对双引号括起来的字符序列构成一个字符串标量。与普通的数值型数据一样,多个字符串标量可以构成一个数组。数组中各元素分别都是一个字符串,则称为字符串数组(String Array)。

　　例如,如下命令:

```
>> strArr1 = ["a","ab","ab2"]
>> strArr2 = ["a","ab";"cd","e"]
```

分别创建了两个字符串数组 strArr1 和 strArr2,在命令行窗口的显示结果为:

```
strArr1 =
    1×3 string 数组
    "a"     "ab"    "ab2"
strArr2 =
  2×2 string 数组
    "a"      "ab"
    "cd"     "e"
```

　　对字符串数组,可以像普通的数值型数组一样,利用下标访问其中的各元素,只是返回结果都为字符串标量或者一个新的字符串数组。例如,对上述两个字符串数组,如下命令及其返回结果为:

```
>> strArr1(1)
ans = "a"
>> strArr2(:,2)
ans =
  2×1 string 数组
    "ab"
    "e"
```

　　需要注意的是,对字符串或字符串数组,不能利用 **double**、**uint16** 等函数将其转换为对应的 Unicode 编码。例如,执行如下命令:

```
>> str = "abc"
>> double(str)
```

得到的结果将为 **NaN**。

如果执行如下命令：

```
>> uint16(str)
```

将在命令行窗口给出提示：

```
错误使用 uint16
无法从 string 转换为 uint16。
```

### 2.5.3　文本与数值型数据之间的转换

字符和字符串统称为文本(Text)，这是与前面介绍的整数、浮点数等数值型数据类似的另一种数据类型。它们的基本区别在于，数值型数据一般都具有大小的概念，而文本一般不具有大小概念，只是某种信息的符号代号，例如电话号码、房间号、身份证号码等。

如果一个文本中全部是数字字符0～9，则在程序中经常需要将其转换为数值型数据，以便进行特殊的处理变换，例如排序操作。或者相反，将数值型数据转换为文本，以便实现显示输出等，例如将程序中的某个计算结果123送往计算机屏幕显示。

与前面调用 **double** 等函数得到字符或字符串的 Unicode 编码不同，上述转换是在两种不同数据类型之间的转换，可以调用 MATLAB 中专用函数实现。

1. 文本转换为数值型数据

调用 MATLAB 中内置提供的函数 **str2double** 可以将字符向量或字符串中的所有字符转换为对应的数值型数据。

**str2double** 函数的基本调用格式为：

```
X = str2double(str)
```

其中，参数 str 可以是字符向量或字符串标量或字符串数组。如果 str 是字符向量或字符串标量，则返回一个数值标量常数；如果 str 是字符串数组，则返回结果是与 str 具有相同维数大小的数值型数组。

例如，如下命令及其执行结果为：

```
>> chr = '123'
chr = '123'
>> a = str2double(chr)
a = 123
```

其中，注意到第二条命令的执行结果中，123没有引号，则表示是数值型数据。用 **whos** 命令查看上述两个变量的属性如下：

```
>> whos
  Name      Size            Bytes  Class     Attributes
  a         1×1                 8  double
  chr       1×3                 6  char
```

　　在调用 **str2double** 函数实现转换时,表示数值的文本可以包含数字、逗号(千位分隔符)、小数点、前导＋或－符号,还可以是科学记数法中表示以 10 为底的专用字符 e。如果文本中包含其他非法字符,**str2double** 不能将文本转换为数值,此时将返回 NaN。

　　例如:

```
>> x = str2double("1.234e2")                %科学记数法
x = 123.4000
>> y = str2double("1,234.5")                %使用千分位表示
y = 1.2345e + 03
```

而如下命令将字符串数组转换为数值型数组:

```
>> strArr = ["12","345","6.78";"90","87.55","1e - 2"]    %字符串数组
strArr =
  2×3 string 数组
    "12"     "345"     "6.78"
    "90"     "87.55"    "1e - 2"
>> str2double(strArr)                        %转换为数值型数组
ans =
   12.0000   345.0000     6.7800
   90.0000    87.5500     0.0100
```

### 2. 数值型数据转换为文本

　　MATLAB 提供了内置函数 **string**,将数值型数据和数值型数组分别转换为字符串和字符串数组。例如:

```
>> str = string(123)                         %字符串
str = "123"
>> dat = [12,34, - 5;1.2e - 2, - 1.3,2]      %字符串数组
dat =
   12.0000    34.0000    - 5.0000
    0.0120   - 1.3000     2.0000
>> strArr = string(dat)
strArr =
  2×3 string 数组
    "12"        "34"       " - 5"
    "0.012"     " - 1.3"    "2"
```

## 2.5.4　字符向量和字符串的基本操作

　　字符和字符串的基本操作有获取字符串的类型和属性、字符串的连接和拆分、字符的查找和替换等。对这些基本操作,MATALB 提供了相应的内置函数。

### 1. 字符串长度的获取

　　字符向量实际上是普通的一维数组,其中的所有元素构成一个字符串。因此可以调用普通数组的操作函数 **size**、**length** 和 **numel** 以获取字符向量的长度,也就是其中字符的个数。

　　对于字符串数组,由于其中的每个字符串元素都是一个整体或者一个标量,因此用上述

函数不是获取其中每个字符串的长度,而是字符串数组中字符串的个数。

例如,如下命令:

```
>> strArr = ["ABCD","123"];
```

创建了字符串数组 strArr,数组中有两个字符串,字符串的长度分别为 4 和 3。执行如下命令:

```
>> length(strArr)
```

得到的结果为:

```
ans = 2
```

表示数组中字符串的个数为 2,而不是其中每个字符串的长度。

为了获取字符串数组中各字符串的长度,必须调用 **strlength** 函数。例如,对上述字符串数组 strArr,执行如下命令及其结果为:

```
>> strlength(strArr)
ans = 4       3
```

上述命令返回一个数值型数组,数组的维数与字符串数组 strArr 的维数相同,其中的两个元素 4 和 3 分别为字符串数组中两个字符串的长度。

调用 **strlength** 也可以单独获取字符串数组中每个字符串的长度,例如如下命令及其执行结果为:

```
>> strlength(strArr(2))
ans = 3
```

### 2. 字符串的连接和拆分

所谓字符串的连接是将多个字符串连接并合并为一个字符串。字符串的拆分指的是将一个较长的字符串拆分为多个较短的字符子串。

1) 字符向量的连接和合并

实现字符向量的合并,最简单的方法是将各字符向量按顺序放到一对中括号中,各字符向量之间用空格或逗号分隔。例如:

```
>> chr = ['a','ab','ab2']
```

将 3 个字符向量合并为一个字符向量 chr,得到的结果为:

```
chr = 'aabab2'
```

**注意**:如果是将各字符向量用分号分隔,则不是实现字符向量的连接和合并,而是得到一个字符向量数组,其中只有一列,每行都是一个字符向量。

例如,在如下命令

```
>> chrArr = ['a','ab';'ab2']
```

中,前两个字符向量用逗号分隔,因此首先将其合并为一个字符向量'aab',再将其作为字符向量数组 chrArr 的第一行,chrArr 的第二行为字符向量'ab2'。最后得到如下结果:

```
chrArr =
  2×3 char 数组
    'aab'
    'ab2'
```

2) 字符串的连接和合并

对用双引号括起来的多个字符串,还可以用加号实现字符串的连接和合并。例如:

```
>> str1 = "MATLAB";
>> str2 = "编程";
>> str = str1 + str2 +"基础"            % 字符串的连接
str = "MATLAB 编程基础"
```

用加法运算符可以实现多个字符串的合并连接,也可以实现字符串与数值常数或字符、字符向量的合并,得到一个新的字符串。例如,在如下命令中:

```
>> a = 45
>> "123" + a + 'm'
```

$a$ 为普通的数值型变量,利用加法运算符将其与字符串"123"进行运算,实际上是将其转换为字符串"45"后,再与字符串"123"和字符'm'进行合并,从而得到如下结果:

```
ans = "12345m"
```

在上述第 3 条命令中,str1、str2 和“基础”都是字符串,则该命令中的表达式是将各字符串进行连接和合并。

需要注意的是,如果一个表达式中所有项都是字符向量和常数,则不是进行字符串的连接和合并,而是将各字符向量中对应字符的 Unicode 编码与常数进行普通的相加运算,得到普通的数值型数组或向量。显然在这种情况下,同一个表达式中所有的字符向量都必须具有相同长度。

例如,如下命令:

```
>> chr1 = '123';
>> chr2 = '456';
>> chr3 = chr1 + chr2 + 7
```

的执行结果为:

```
chr3 = 108 110 112
```

其中,字符 1～6 的 Unicode 编码分别为 49～54,因此两个字符向量中对应字符的 Unicode

相加后,再分别与常数 7 相加,得到一个长度为 3 的数值型向量。

3)字符串数组的连接和合并

对于字符串数组,MATLAB 还提供了一个专门的函数 **join** 实现数组中同一行多个字符串的合并。例如,如下命令创建了一个 2×3 字符串数组 strArr:

```
>> strArr = ["123","45";"AB","CDE"]
```

则执行如下命令:

```
>> strArr1 = join(strArr)
```

将得到如下列向量或 2×1 字符串数组 strArr1:

```
strArr1 =
  2×1 string 数组
    "123 45"
    "AB CDE"
```

其中每一行分别是原字符串数组中同一行两个字符串合并而得到的。

**注意**:在进行上述合并时,两个字符串之间添加了一个空格作为分隔字符,也可以自行指定连接和合并时需要的分隔字符。

例如,如下命令及其执行结果为:

```
>> join(strArr,'-')
ans =
  2×1 string 数组
    "123-45"
    "AB-CDE"
```

其中,调用 join 函数时的第二个参数就是合并连接时的分隔字符。

上述合并连接是沿字符串数组中的行进行的,通过在 **join** 函数中附加参数 1,也可以指定将字符串数组中的各列字符串进行合并。例如,对上述字符串数组 strArr,如下命令及其执行结果为:

```
>> join(strArr,'+',1)
ans =
  1×2 string 数组
    "123+AB"    "45+CDE"
```

其中,第二个参数指定连接和合并时的分隔字符,第三个参数 1 指定将字符串数组 strArr 中的各列字符串进行连接和合并。

4)字符串的拆分

如果需要将字符串拆分为多个字符串,可以调用 **split** 函数。调用时,默认以原字符串中的空格字符作为分隔,也可以指定其他的分隔字符。例如:

```
>> str = "MATLAB 程序设计";
>> split(str)                          % 字符串的拆分
```

```
ans =
  2×1 string 数组
    "MATLAB"
    "程序设计"
```

表示以默认的空格为分隔字符,将原字符串 str 分为两个字符串"MATLAB"和"程序设计"。而如下命令:

```
>> split(str,'A')
```

将字符串 str 以其中的字符 A 为分隔字符,拆分得到 3 个字符串,执行结果为:

```
ans =
  3×1 string 数组
    "M"
    "TL"
    "B 程序设计"
```

需要注意的是,**split** 函数对字符串进行拆分,得到若干字符串子串。如果是对字符向量进行拆分,拆分结果是另一种特殊的数据类型,称为元胞数组,这将在后面进行介绍。

3. 字符串的编辑

所谓字符串的编辑,指的是将字符串中指定的字符进行修改和替换等,从而得到新的字符串。MATLAB 中提供的字符串编辑的常用函数如表 2-5 所示。

表 2-5 字符串编辑的常用函数

| 函 数 | 功 能 | 函 数 | 功 能 |
|---|---|---|---|
| erase() | 删除字符串内的子字符串 | strip() | 删除字符串中的前导和尾部字符 |
| eraseBetween() | 删除起点和终点之间的子字符串 | lower() | 将字符串转换为小写 |
| extractAfter() | 提取指定位置后的子字符串 | upper() | 将字符串转换为大写 |
| extractBefore() | 提取指定位置前的子字符串 | reverse() | 反转字符串中的字符顺序 |
| extractBetween() | 提取起点和终点之间的子字符串 | deblank() | 删除字符串末尾的尾随空白 |
| insertAfter() | 在指定的子字符串后插入字符串 | strtrim() | 从字符串中删除前导和尾随空白 |
| insertBefore() | 在指定的子字符串前插入字符串 | strjust() | 对齐字符串 |
| pad() | 为字符串添加前导或尾随字符 | | |

实例 2-3 **字符串的编辑**。

创建如下字符串:

```
>> chr = "Hello World  "
```

之后,调用内置函数依次实现如下功能:

(1) 删除 chr 字符串末尾的所有空格字符,得到字符串 chr1。

(2) 将字符串 chr1 中的所有小写字母替换为大写字母,得到字符串 chr2。

（3）用 chr 和 chr2 构造 2×1 字符串数组 chr3。

（4）通过在各字符串末尾添加空格，使字符串数组 chr3 中所有字符串具有相同的长度。

实现上述功能的脚本命令及执行结果如下：

```
>> chr1 = deblank(chr)
chr1 = "Hello World"
>> chr2 = upper(chr1)
chr2 = "HELLO WORLD"
>> chr3 = [chr;chr2]
chr3 =
  2×1 string 数组
    "Hello World "
    "HELLO WORLD"
>> pad(chr3)
ans =
  2×1 string 数组
    "Hello World "
    "HELLO WORLD "
```

同步练习

2-10 要获取 10 个数字字符 0～9 的 Unicode 编码，写出相关的命令，并观察结果。

2-11 任意给定一个你感兴趣的中英文字符串，获取其中各字符的 Unicode 编码。

2-12 有如下字符串定义：str＝'MATLAB 程序设计'。分析写出如下命令的执行结果：

```
>> double(str)
>> n = strlength(str)
>> lower(str)
```

2-13 有如下字符向量定义：str＝'abCD'。分析写出如下命令的执行结果：

```
>> m = strlength(str)
>> str1 = upper(str)
>> a = (str - str1) * 2 + 5
>> char(a(1:2)) + "1234"
```

## 2.6  数据的输入和输出

在程序中，参加运算的数据可以来自于前面计算的结果，也可以从数据文件中读取获得。在程序运行过程，还可以从键盘上实时输入运算数据，运算结果实时地在屏幕上显示出来。这里首先介绍从键盘上如何输入数据，如何控制在命令行窗口显示运算结果。

## 2.6.1　数据的输入

根据程序流程的需要,在程序执行的过程中,用户希望从键盘上实时输入参加运算的数据。为此,在 MATLAB 中提供了 **input** 函数,该函数的调用格式为:

```
x = input(prompt)
```

其中,参数 **prompt** 为提示信息,可以是用单引号或者双引号括起来的字符向量或者字符串。执行上述命令时,将在命令行窗口显示参数 prompt 中的字符串,并等待用户输入值。

输入完毕后,按 Enter 键,则将用户输入的数据存入变量 $x$。例如,执行命令:

```
>> x = input("请输入数据: ")
```

后,将在命令行窗口显示提示信息:

```
请输入数据:
```

用户在冒号后输入数据(例如 2),按 Enter 键后,立即得到如下结果:

```
x = 2
```

对 **input** 函数的用法说明如下几点。

(1) 执行 **input** 函数后,用户可以输入任何数值型常数、变量或者表达式。对输入的变量或者表达式,返回结果为变量或表达式的值。

例如,如下命令及其执行结果为:

```
>> a = 12;
>> b = input('请输入表达式:')
请输入表达式:a + 10
b = 22
```

(2) 如果需要文本字符串,必须在调用 **input** 函数时附加一个参数's'或者"s"。例如:

```
>> str = input('请输入字符串表达式: ','s')
请输入字符串表达式: 12ab
str = '12ab'
```

返回结果 str 是一个长度等于 4 的字符向量。

(3) 执行命令时,如果在提示信息后面不输入任何信息直接按 Enter 键,则返回结果为一个空数组(长度为 0 的数组)。

(4) 执行一次该命令也可以输入一个数组。此时,在提示信息后面依次输入数组的各元素,各元素必须放在一对中括号中,各元素之间可以输入空格、逗号或分号分隔。

例如,如下命令及其执行结果为:

```
>> a = input("请输入一个二维数组: ")
```

```
请输入一个二维数组:[1  2  3;4  5  6]
a =
    1    2    3
    4    5    6
```

视频讲解

## 2.6.2　数据的输出显示

程序运行后,运算结果可以在命令行直接显示。此外,很多情况下需要控制输出显示的数据格式。

### 1. 变量和数组的显示

在命令行窗口直接输入变量名,或者将变量直接作为程序中的一行语句,则执行后将立即在命令行窗口显示变量名及其数值。例如,输入如下命令:

```
>> a = 123
>> a
```

其中,第一条命令将数据 123 赋给变量 $a$; 第二条命令只有一个变量名 $a$,执行后将立即显示如下结果:

```
a = 123
```

此外,MATLAB 中还提供了专门的函数 **disp**$(x)$,用于显示变量 $x$ 的值,但是不显示变量名称。例如,命令

```
>> disp(a)
```

的执行结果为:

```
123
```

再如,用如下命令创建一个二维数组 $A$:

```
>> A = [1  2  3;4  5  6];
```

再执行如下命令:

```
>> disp(A)
```

将显示数组 $A$ 中的所有数据,结果如下:

```
1    2    3
4    5    6
```

### 2. 数值的显示格式

数值的显示格式指的是在执行命令和运行程序时,在命令行窗口中显示数值的格式。显示格式只影响数值的显示方式,不影响这些数值在内存中的存储方式。

默认情况下,MATLAB 使用带 4 位小数的短格式显示数值。例如,执行如下命令:

```
>> x = 4/3
```

在命令行窗口显示的结果为:

```
x = 1.3333
```

除此之外,用户还可以根据需要自行指定其他显示格式。表 2-6 给出了 MATLAB 中常用的数值显示格式。

表 2-6　数值显示格式

| 显示格式 | 结　　果 | 示　　例 |
|---|---|---|
| short | 短格式,显示 4 位小数 | 3.1416 |
| long | 长格式,显示 15 位(双精度)或 7 位(单精度)小数 | 3.141592653589793 |
| shortE | 短科学记数法,显示 4 位小数 | 3.1416e+00 |
| longE | 长科学记数法,显示 15 位(双精度)或 7 位(单精度)小数 | 3.141592653589793e+00 |
| shortG | 在短格式和短科学记数法中自动选择最紧凑的格式显示 | 3.1416 |
| longG | 在长格式或长科学记数法中自动选择最紧凑的格式显示 | 3.14159265358979 |
| shortEng | 短工程记数法,显示 4 位小数,并且指数为 3 的倍数 | 3.1416e+000 |
| longEng | 长工程记数法,显示 15 位有效位数,指数为 3 的倍数 | 3.14159265358979e+000 |
| + | 正/负格式,对正、负和零元素分别显示+、-和空白字符 | + |
| bank | 货币格式,显示 2 位小数 | 3.14 |
| hex | 二进制双精度数字的十六进制表示形式 | 400921fb54442d18 |
| rat | 小整数的比率 | 355/113 |

设置数值的显示格式可以使用 **format** 命令。执行该命令后,后面所有的变量值都将以指定格式显示,直到再次执行 **format** 命令重新设置显示格式。例如,如下命令:

```
format("long")
```

或者

```
format long
```

设置显示格式为长格式。之后,执行如下命令:

```
>> x = 4/3
```

将得到如下显示结果:

```
x = 1.333333333333333
```

其中小数部分共显示 15 位。

3. 数据的格式化输出

为使数据按照期望的格式进行输出,同时显示一些必要的提示信息,可以调用

视频讲解

MATLAB 中的内置函数 **fprintf**。该函数的具体调用格式如下：

```
fprintf(formatSpec,A1,A2,…,An)
```

其中，参数 **A1，A2，…，An** 指定需要显示输出的变量或者数组，参数 **formatSpec** 指定显示输出的格式，称为格式字符串。

格式字符串的作用是指定后面各变量值的显示格式以及提示信息。格式字符串是必须使用单引号或者双引号括起来的字符向量或字符串，可以是普通的字符或特殊字符（例如换行符\n），还可以是以百分号开始的格式化操作符。普通字符将直接输出显示，而格式化操作符用于指定相应的显示格式。

格式化操作符必须以百分号开头，后面紧跟格式说明字符，这些格式说明字符一般为规定的一个大写或小写字母。常用的格式操作符如表 2-7 所示。

表 2-7　常用格式操作符

| 数 值 类 型 | 格式操作符 | 详 细 信 息 |
|---|---|---|
| 有符号整数 | %d | 以十进制格式显示 |
| 无符号整数 | %u | 以十进制格式显示 |
|  | %o | 以八进制格式显示 |
|  | %x | 以十六进制格式显示，十进制代码 a～f 用小写字母 |
|  | %X | 以十六进制格式显示，十进制代码 A～F 用小写字母 |
| 浮点数 | %f | 定点记数法 |
|  | %e | 科学记数法，显示结果中的字母 E 用小写 |
|  | %E | 与%e 相同，但显示结果中的字母 E 用大写 |
|  | %g | 紧凑型的%e 或%f，数据末尾不加零 |
|  | %G | 更紧凑的%E 或%f，数据末尾不加零 |

例如，如下命令：

```
>> a = 12.5;
>> fprintf("a = % E\n % f\n % g\n",a,a,a)
```

在上述调用 fprintf 函数的第一个格式化字符串参数中，有 3 个格式操作符，分别对应指定将后面所给变量 $a$ 的值用 3 种不同的格式显示。格式化字符串中的"a＝"为普通字符，将在屏幕上直接显示出来，而"\n"的作用是控制换行显示。

上述命令的执行结果如下：

```
a = 1.250000E + 01
12.500000
12.5
```

除了上述基本用法外，下面再做两点说明。

（1）在格式操作符中可以附加标志、字段宽度和精度等参数，以便进一步定义输出文本的格式。

　　常用的附加标志有空格和字符 0,空格用于在指定数值之前插入空格,字符 0 用于在指定数值之前补零,以填充显示数值的位数。

　　字段宽度用于指定显示输出数值的最低位数,一般为数字。当指定的字段宽度超过数值的有效位数时,应在数值前面添加若干空格或 0。

　　精度参数(小数点后跟数字)用于指定定点数或科学记数法中小数的位数,或者紧凑型的定点数或科学记数法中显示数据的有效位数。

　　例如,假设变量 $a=12.3,b=123$,则如下命令

```
>> fprintf('%4.2f%5u\n',a,b)
```

执行后的显示效果如下:

```
12.30  123
```

　　在上述格式化操作符中,"4.2"指定将变量 $a$ 的值用 4 位有效位数显示,其中含 2 位小数。"5u"指定将变量 $b$ 的值显示为 5 位无符号整数。由于 $b$ 值的有效位数为 3 位,因此显示时在前面添加两个空格。

　　(2) **fprintf** 函数中的变量参数 $A1$、$A2$ 等可以是数组,执行时将顺序显示数组中的各元素,每个元素与格式化字符串中的一个格式化操作符相对应。当数组元素的个数超过格式化操作符的个数时,将重复应用格式化字符串中的各格式化操作符显示后面的各元素。

　　例如,命令

```
>> a = [1  2  3];
>> fprintf("%6.2f\n",a)
```

的执行结果为:

```
   1.00
   2.00
   3.00
```

　　在上述 **fprintf** 函数中,格式化字符串中只有一个格式化操作符"%6.2f",用于指定数组 $a$ 中 3 个元素的显示格式。每显示一个元素,利用"\n"控制换行,因此最后将数组 $a$ 中的 3 个元素分 3 行显示。

　　再如,如下命令及其执行结果为:

```
>> a = [1  2  3  4];
>> fprintf("%6.2f%5.1f\n",a)
   1.00  2.0
   3.00  4.0
```

同步练习

2-14　已知变量 $a = 10\pi$，将其值分别用不同的格式显示。

2-15　已知变量 long＝160.5，width＝70，要求用一条命令控制在命令行窗口分两行显示如下信息：

| 长：1.6050E＋02cm； |
| 宽：　　　　70cm。 |

2-16　执行如下命令执行后，观察分析屏幕上的显示。

```
>> a = [1  2  3;4  5  6];
>> fprintf("%6.2f",a)
>> fprintf("%3d\n",a)
>> fprintf("%3d%3d\n",a)
```

# 第3章

# MATLAB 基本结构程序设计

在 MATLAB 中,将脚本命令集中放在一个程序文件中,即构成程序。程序可以实现比较复杂的流程和算法。目前主流的程序设计技术分为面向过程的程序设计(Oriented Procedure Programming,**OPP**)和面向对象的程序设计(Object-Oriented Programming,**OOP**)两大类型。MATLAB 不仅能实现面向过程的程序设计,也能够使用面向对象的程序设计。本书主要介绍面向过程的结构化程序设计。

本章首先对面向过程程序设计中大量用到的逻辑数据类型及关系运算和逻辑运算进行简要介绍,在此基础上,介绍分支程序和循环程序这两种典型的程序结构及其程序设计方法。主要内容如下:

3.1 面向过程程序设计简介

了解面向过程程序设计的基本概念。

3.2 逻辑数据类型及其运算

掌握 MALTAB 程序中的逻辑数据类型,熟悉各种逻辑运算符和关系运算符以及逻辑表达式和关系表达式的构成和运算方法。

3.3 分支结构程序设计

了解分支程序设计的基本结构,掌握 if 语句和 switch 语句的基本格式及实现程序分支的基本方法。

3.4 循环结构程序设计

了解循环程序设计的基本结构,掌握 for 语句和 while 语句的基本格式及实现程序循环的基本方法,了解 break 和 continue 语句在程序循环中的功能及其用法。

## 3.1 面向过程程序设计简介

面向过程程序设计就是面向解决问题的过程和步骤进行编程。传统的面向过程编程思想可以总结为"自顶向下,逐步细化",程序设计的具体实现步骤可以简单概括如下:

(1) 将要实现的功能描述为从开始到结束按部就班的连续步骤(过程)。

(2) 依次完成这些步骤,并分别编写相应的程序段。如果某一步的难度较大,可以将该步骤进一步细化为若干子步骤,以此类推,直到得到想要的结果。

上述步骤采用"自顶向下"的设计方法,将一个复杂的任务或者功能分解为很多更易理解和实现的子过程。每个子过程独立进行程序编制和测试,直到确保每个子任务都能正常工作,再将这些子过程按照一定的程序结构组合起来实现完整的功能,所以又称为结构化程序设计。

结构化程序设计的思想最早是由 E. W. Dijikstra 在 1965 年提出的,这种程序设计思想能够提高程序执行效率,程序的出错率和维护费用也大大减少。按照这种原则和方法可设计出结构清晰、容易理解、容易修改和容易验证的程序。

在结构化程序设计中,有 3 种基本的程序结构,即顺序结构、分支结构和循环结构。其中顺序结构就是依次执行各子过程,当所有子过程执行完毕,就实现了整个程序的功能。在分支结构和循环结构的程序中,各子过程之间存在着执行流程的切换和跳转,而一般来说,流程的切换和跳转都需要有相应的条件进行控制。本章将主要介绍 MALTAB 中分支结构和循环结构的程序设计方法。

## 3.2 逻辑数据类型及其运算

逻辑数据类型是一种特殊的数据类型,对这种类型的数据可以进行逻辑和关系运算,并将运算结果作为程序分支和循环的条件使用。

### 3.2.1 逻辑数据类型

视频讲解

与前面介绍的数值型数据不同,逻辑型数据在程序中只能有两种取值,即 true(真)或 false(假)。在 MATLAB 中,逻辑型数据可以用内置函数 **true** 和 **false** 产生,也可以由关系运算符构成的关系表达式和逻辑运算符构成的逻辑表达式产生。在计算机中,逻辑型数据的取值 **true** 和 **false** 分别用数值 **1** 和 **0** 表示及存储,并可以和普通的数值型数据进行各种算术运算。

例如,如下命令

```
>> a = true
```

创建一个逻辑型变量 $a$,并调用 **true** 函数将其值设为"真"。执行后,在命令行窗口得到如下结果:

```
a =
  logical
   1
```

其中,"logical"表示变量 $a$ 为逻辑型变量,数值"1"表示变量的值为 **true**。

如果继续执行如下命令:

```
>> b = a * 3
```

则得到的结果为：

```
b = 3
```

利用 whos 命令可以查看上述变量 $a$ 和 $b$ 的属性如下：

```
Name      Size            Bytes  Class      Attributes
a         1×1                 1  logical
b         1×1                 8  double
```

上述结果说明变量 $a$ 是逻辑型变量，在内存中占用 1 字节。变量 $b$ 是一个默认的双精度浮点数变量，在内存中占用 8 字节。

此外，多个取值为 1 或 0 的逻辑型数据也可以构成逻辑型数组。例如，[1　0　0]、[1,0；0,1]。

## 3.2.2　关系运算和逻辑运算

在程序中，关系通常指的是两个数据之间的相对大小，关系运算就是比较判断两个变量或者数据的大小关系。逻辑运算是对一个或者多个逻辑型数据、逻辑型变量和关系表达式的结果进行运算。MATLAB 中的关系运算符和逻辑运算符如表 3-1 所示。

表 3-1　关系运算符和逻辑运算符

| 分　类 | 运　算　符 | 功　能 | 表达式示例 | 表达式示例结果 |
|---|---|---|---|---|
| 关系运算符 | == | 等于 | 5==5 | 1 |
|  | ~= | 不等于 | 5~=5 | 0 |
|  | > | 大于 | 5>5 | 0 |
|  | >= | 大于或等于 | 5>=5 | 1 |
|  | < | 小于 | 5<5 | 0 |
|  | <= | 小于或等于 | 5<=5 | 1 |
| 逻辑运算符 | & | 逻辑与 | 1 & 1 | 1 |
|  | \| | 逻辑或 | 0 \| 0 | 0 |
|  | && | 短路逻辑与 | 0 & 1 | 0 |
|  | \|\| | 短路逻辑或 | 1 \| 0 | 1 |
|  | ~ | 逻辑非 | ~1 | 0 |

### 1. 关系运算符与关系表达式

关系运算符用于构成关系表达式，利用关系表达式对两个数值型常数和变量进行比较判断，结果为逻辑型数值 **1** 或 **0**，分别表示关系表达式成立（**true**）或者不成立（**false**）。

例如：

```
>> a = 2;
>> var = a>0
var =
   logical
    1
```

其中,"$a>0$"即为关系表达式。由于变量 $a$ 的值为 $2$,因此该关系表达式成立,结果为 **true**(也就是 **1**),再赋给逻辑型变量 var。

在上述第二条命令中,"$=$"为赋值运算符。上述结果说明,关系运算符"$>$"的优先级高于赋值运算符。为增强程序的可读性,也可以添加括号,将上述第二条命令修改为:

```
>> var = (a > 0)
```

几点说明:

(1) 关系表达式的结果用 $0$ 和 $1$ 表示,可以将其视为普通的数值型数据,并与其他普通型数据常数或变量进行算术运算。

例如,在命令

```
>> b = (a > 2)
>> c = b + 10
```

中,"$a>2$"为关系表达式,根据变量 $a$ 的取值,该关系表达式的结果可能为 $1$ 或 $0$,并赋给逻辑型变量 $b$。在第二条命令中,将 $b$ 与常数 $10$ 进行相加运算,结果再赋给普通数值型变量 $c$。

假设在执行上述命令前 $a=5$,则得到如下结果:

```
b =
  logical
  1
c = 11
```

而如果 $a=0$,则执行上述命令的结果为:

```
b =
  logical
  0
c = 10
```

(2) 关系运算符的优先级。

在同时含有算术运算和关系运算的表达式中,所有关系运算符的优先级相同,并且都低于所有算术运算符的优先级。因此,在关系表达式中需要注意添加小括号,以明确指定关系运算符的优先级顺序。

例如,假设 $a$ 为普通数值型变量,其取值为 $5$,则如下命令及其执行结果为:

```
>> a - 6 > 2
ans =
  logical
  0
>> b = a - (6 > 2)
b = 4
```

在第一个表达式中,关系运算符">"的优先级低于算术运算符"-",因此先执行 $a-6$ 的运算得到结果-1,再与2作关系比较运算,得到逻辑型数据0,表示"-1>2"这一关系表达式不成立。

在第二个表达式中,由于关系表达式"6>2"添加了括号,所以首先执行该关系表达式的运算,得到逻辑型数据1,再与变量 $a$ 的值相减,得到结果为4,赋给变量 $b$。注意,由于该表达式最后的结果为4,因此结果变量 $b$ 不再是逻辑型变量,而是默认的 double(双精度)数值型变量。

(3) 数组的比较。

关系表达式中的变量也可以是数组。用关系运算符对两个数组进行比较,实际上是对两个数组中对应位置上的元素进行比较,此时要求两个数组的大小必须相同,结果是大小相同的逻辑型数组。例如:

```
>> A = [2  4  6;8  10  12]
A =
    2    4    6
    8   10   12
>> B = [5  5  5;9  9  9]
B =
    5    5    5
    9    9    9
>> A < B
ans =
    1    1    0
    1    0    0
```

同样,也可以将数组与标量进行比较,此时是将数组中的各元素分别与该标量进行比较,得到大小相同的逻辑型数组。例如:

```
>> A > 6
ans =
    0    0    0
    1    1    1
```

### 2. 逻辑运算符与逻辑表达式

逻辑运算符用于构成逻辑表达式,实现对逻辑型数据的与、或、非的逻辑运算。这 3 种基本逻辑运算符代表的运算规则如表 3-2 所示。

视频讲解

表 3-2　基本逻辑运算符代表的运算规则

| $x$ | $y$ | 逻 辑 与 | | 逻 辑 或 | | 逻 辑 非 |
| --- | --- | --- | --- | --- | --- | --- |
| | | $x \& y$ | $x \&\& y$ | $x \mid y$ | $x \mid\mid y$ | $\sim x$ |
| false(0) | false(0) | false(0) | false(0) | false(0) | false(0) | true(1) |
| false(0) | true(1) | false(0) | false(0) | true(1) | true(1) | true(1) |
| true(1) | false(0) | false(0) | false(0) | true(1) | true(1) | false(0) |
| true(1) | true(1) | true(1) | true(1) | true(1) | true(1) | false(0) |

逻辑运算符通常和关系运算符一起配合使用,用于构造比较复杂的关系比较和判断。例如:

```
>> a = 2;                          % 两个数值型变量
>> b = -3;
>> c = (a > 0) && (a < 10)         % 利用关系和逻辑表达式创建逻辑型变量 c
c =
  logical
   1
>> (b < 0) | (b < a)
ans =
  logical
   1
>> ~((b < 0)) | (b < a))
ans =
  logical
   0
```

对逻辑运算符做如下几点说明:

(1) 逻辑与和逻辑或运算各有两种运算符(&、&&、|、||),其中"**&&**"和"**||**"是具有短路功能的逻辑与和逻辑或运算符。所谓短路功能,指的是在计算所有关系表达式之前就可完全确定逻辑表达式的结果。

例如,在逻辑表达式 $A$ && $B$ 中,如果关系表达式 $A$ 的值为 false(为 0),则根据运算规则,不管关系表达式 $B$ 取值为 0 还是 1,整个逻辑表达式的结果均为 false(为 0),因此不需要另外计算关系表达式 $B$ 的值。

同理,在逻辑表达式 $A$||$B$ 中,如果关系表达式 $A$ 的值已经计算出为 true(为 1),则根据运算规则,不管关系表达式 $B$ 取值为 0 还是 1,整个逻辑表达式的结果均为 true(为 1),因此也不需要另外计算关系表达式 $B$ 的值。

(2) "**&&**"和"**||**"运算符只能对两个逻辑型标量数据或者能够得到逻辑型标量数据的逻辑或关系表达式进行运算,而不能是逻辑型数组。

(3) 逻辑非是一元运算符,只需要一个逻辑型变量或数据参与运算,而另外的两种运算符都需要两个变量。

(4) 在算术运算、关系运算和逻辑运算中,逻辑与和逻辑或运算符的优先级最低,而逻辑非的优先级要高于所有的算术和关系运算符。在逻辑与和逻辑或运算符中,优先级从高到低依次为 &、|、&& 和||。

(5) 除了上述专用的运算符以外,MATLAB 中还提供了专用的函数实现相应的逻辑运算,即 **and**、**or** 和 **not** 函数。此外,还可以调用 **xor** 函数实现逻辑异或运算,参加运算的逻辑型变量或数据分别作为这些函数的两个或一个参数写在小括号中。

例如,如下命令及其执行结果为:

```
>> a = 2;b = -3;
>> xor(a > 0,a < b)
```

```
ans =
  logical
   1
>> and(a>0,not(b<0))
ans =
  logical
   0
```

**注意**：调用这些内置函数实现逻辑运算,参加运算的可以是逻辑型数组,实现的是将数组中下标相同的逻辑数据分别进行逻辑运算。

例如,如下命令及其执行结果为：

```
>> or([1  0],[1  1])
ans =
  1×2 logical 数组
   1   1
```

### 3. 字符和字符串的关系运算

在 MATLAB 中,各种关系运算符也可以用于实现字符串的比较。此外 MATLAB 还提供了一些专用函数,对字符和字符串进行比较或者某些特定属性的获取,也可以返回逻辑型数据结果。

(1) 字符串的关系运算。

表 3-1 中的所有关系运算符都可以用于实现字符向量和字符串的比较和关系运算。如果是两个字符向量或字符串标量进行比较,是将两个字符串中对应位置上两个字符的Unicode 编码进行比较。

例如：

```
>> s1 = string(1234)
s1 = "1234"
>> s2 = string(23)
s2 = "23"
>> s1 < s2
ans =
  logical
   1
```

特别注意,1234 和 23 都是数值型数据,如果直接将这两个数据进行比较,显然 1234>23。在该例中,是将这两个数值型数据转换为字符串,关系表达式"s1 < s2"是两个字符串的比较。两个字符串中的第一个字符分别为"1"和"2",Unicode 编码分别为 49 和 50,因此比较结果为"1",说明"s1 < s2"关系成立。

(2) 字符串比较专用函数。

函数 strcmp(s1,s2) 和 strcmpi(s1,s2) 用于比较两个给定字符串 s1 和 s2 是否相同,函数 strncmp(s1,s2,n) 和 strncmpi(s1,s2,n) 用于比较两个字符串的前 $n$ 个字符是否相同。其中,函数 strcmpi(s1,s2) 和 strncmpi(s1,s2,n) 在比较时不区分英文字母的大小写。

具体调用上述函数时,s1 和 s2 可以同时为字符向量或字符串数组。如果 s1 和 s2 都为字符向量,则两个字符向量可以具有不同的长度。比较结果为逻辑型标量常数,取值为 1 或 0,分别表示两个字符向量相同或不相同。例如:

```
>> strcmp('12','12')            % 两个字符向量比较
ans =
  logical
  1
>> s1 = 'MATLAB';               % 创建两个字符向量
>> s2 = 'Matlab/Simulink';
>> tf = strncmpi(s1,s2,4)       % 比较前 4 个字符,不区分大小写
tf = logical
  1
```

如果 s1 和 s2 都是字符串数组,则二者必须具有相同长度,此时返回结果是大小与字符串数组相同的逻辑型数组,数组中的每个元素取值为 1 或 0,分别表示 s1 和 s2 中对应位置上的两个字符串是否相等。例如:

```
>> strcmp(["123","abc"],["45","abc"])   % 两个字符串数组比较
ans =
  1×2 logical 数组
  0   1
```

如果 s1 和 s2 中一个为字符串数组,另一个为字符串标量或者字符向量,则将字符串数组中的每个字符串与该字符串标量或字符向量进行比较,返回逻辑型数组的大小与字符串数组大小相同。例如:

```
>> strcmp(["123","abc"],"123")          % 字符串数组与字符串标量进行比较
ans =
  1×2 logical 数组
  1   0
```

如果 s1 和 s2 中一个是多行的字符向量数组,另一个为字符串数组,则两个数组必须大小相同,返回结果是大小相同的逻辑型列向量。例如:

```
>> strcmp(['123';'abc'],["123";"456"])
ans =
  2×1 logical 数组
  1
  0
```

(3) 字符类型和属性的获取。

在 MATLAB 中,提供了如下内置函数用于判断给定参数是否为字符向量或字符串,检测字符串中指定字符的属性(例如是否有英文字母等),返回逻辑值 1 (true)或者逻辑值 0 (false)。

函数 ischar($x$):确定参数 $x$ 是否为字符向量。

函数 isstring($x$):确定参数 $x$ 是否为字符串。

函数 isletter():检测字符或者字符串中哪些字符为英文字母,返回结果为一个行向量,向量中每个数据取值为 1 或 0。当取值为 1 时,表示字符串中对应位置上的字符为英文字母。

例如,如下命令及其执行结果分别为:

```
>> chr = '123 Main St.';            % 创建字符向量 chr
>> TF = isletter(chr)               % 判断其中哪些字符是英文字母
TF = 1x12 logical array
   0   0   0   0   1   1   1   1   0   1   1   0
>> n = strlength(chr)               % 求字符向量的长度
n = 12
>> x = "MATLAB";                     % 创建字符串标量 x
>> y1 = ischar(x)                   % x 是否为字符向量
y1 =
  logical
   0
>> y2 = isstring(x)                 % x 是否为字符串
y2 =
  logical
   1
```

同步练习

3-1　已知变量 $a=5, b=-1, c=0, d=1$,分析并写出如下表达式的结果:

$a>b, b>d, a>b \&\& c>d, a==5 \ || \ b>c, \sim b, \sim \sim b$

3-2　已知变量 $a=2, b=3, c=10, d=0$,分析并写出如下表达式的结果:

$$a*b^2>a*c, \quad d \ || \ b>a, \quad (d \ | \ b)>a$$

3-3　已知标量 $a=2$,二维数组 $b=\begin{bmatrix} 1 & -2 \\ 0 & 10 \end{bmatrix}, c=\begin{bmatrix} 0 & 1 \\ 2 & 0 \end{bmatrix}, d=\begin{bmatrix} -2 & 1 \\ 0 & 1 \end{bmatrix}$,分析并写出如下表达式的结果:

$$\sim(a>b), \quad a>c \& b>c, \quad c<=d, \quad a*b>c, \quad a*(b>c)$$

3-4　有如下字符串数组定义:

```
>> s1 = ["12","23","34"; "0","13","123"]
>> s2 = ["0","45","213"; "12","23","123"]
```

分析如下命令执行后的结果:

```
>> s1 > s2
>> s1(2) == s2(1)
>> s1(1,:) <= s2(2,:)
```

3-5　有如下两个字符串定义:

```
>> strArr1 = ["Exp1_1","Exp1_2","Exp1_3"];
>> strArr2 = ['exp','1_1'];
```

分析如下命令执行后的结果:

```
>> strcmp(strArr1,strArr2)
>> strcmpi(strArr1,strArr2)
>> strncmpi(strArr1,strArr2,4)
>> strcmp(strArr1(1),strArr2)
```

## 3.3 分支结构程序设计

在分支结构程序中,利用条件语句,根据一定的条件控制和选择执行不同的操作和程序块。在 MATLAB 中,典型的条件语句有 if 语句和 switch 语句两种。

### 3.3.1 if 语句

视频讲解

在 MATLAB 中,if 语句的标准语法格式为:

```
if 表达式 1
  语句块 1
elseif 表达式 2
  语句块 2
else
  语句块 3
end
```

其中,表达式 1、表达式 2 等可以是任意的关系表达式和逻辑表达式。"if 表达式 1"表示计算表达式 1,并且在表达式 1 的结果为 true(真)时执行程序中的语句块 1;当表达式 1 的结果为 false(假)时,再判断表达式 2 是否成立,如果表达式 2 的值为 true,则执行语句块 2;否则执行语句块 3。

**1. 基本的 if 语句**

根据程序的需要,if 语句可以只有一个语句块,而没有 elseif 和 else,即得到如下最简单的 if 语句格式:

```
if 表达式 1
  语句块 1
end
```

此时,如果表达式 1 的值为 true,则执行语句块 1;否则不执行。用流程表示,如图 3-1(a)所示。这种情况称为单分支结构。

如果没有 elseif,但有 else,则得到如下语句格式:

```
if 表达式 1
  语句块 1
else
  语句块 2
end
```

此时,如果表达式 1 的值为 true,则执行语句块 1;否则执行语句块 2。用流程表示,如图 3-1(b)所示。这种情况称为双分支结构。

如果同时有 if、elseif 和 else,将得到三分支结构,其流程如图 3-1(c)所示。

需要注意如下几点:

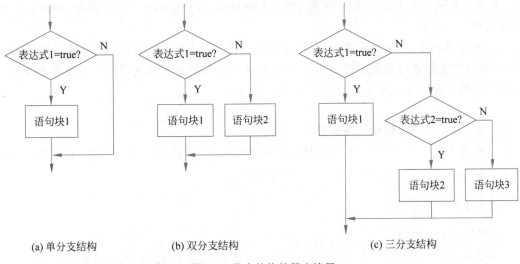

　(a) 单分支结构　　　　　　(b) 双分支结构　　　　　　(c) 三分支结构

图 3-1　分支结构的基本流程

（1）不管是上述哪一种流程结构，if 语句最后一定以 **end** 命令结束。

（2）在上述语句中，还可以含有多个 **elseif**，从而得到更多的分支。

（3）**elseif** 是 **else** 和 **if** 两个单词拼接而成的，两个单词之间没有空格。如果有空格，则是下面要介绍的嵌套 if 语句。

视频讲解

**实例 3-1**　**基本的分支程序**。

判断变量 $a$ 中数的奇偶。如果该数为偶数，则将其除以 2 后赋给变量 $b$；否则将变量 $b$ 置为 0。

在 MATLAB 主窗口的"主页"选项卡中，单击"新建脚本"命令，新建程序文件，并打开"编辑器"窗口。通过"编辑器"窗口的"保存"按钮，将程序文件保存为 ex3_1.m。注意设置合适的工作文件夹。

之后，输入如下程序代码，实现题目要求的功能：

```matlab
% 文件名: ex3_1.m
clear
clc
a = 4;                        % 任意假设变量 a 中的数
if rem(a, 2) == 0             % 如果该数为偶数,则除以 2 得到变量 b
  b = a/2;
else                          % 否则将变量 b 置为 0
  b = 0;
end
fprintf('a = % d, b = % d\n',a,b)    % 显示结果
```

上述程序中的 **rem** 函数用于将变量 $a$ 的值除以 2，返回余数。如果余数等于 0，则说明

$a$ 是偶数；否则 $a$ 为奇数。当 $a$ 分别为偶数和奇数时，分别做两种不同的操作，因此属于双分支结构。

需要说明的是，在上述程序中，有很多以"％"开头的中英文字符串。这些字符串称为注释，是对程序中各语句功能进行的简要说明，以方便程序的分析和阅读。上述程序中的第一行语句说明该程序保存为文件时，文件名为 ex3_1.m。

**实例 3-2　多分支结构程序设计。**

从键盘上输入一个 0～100 的整数。如果该数小于 30，则屏幕提示"小"；若大于 80，则屏幕提示"大"；否则屏幕提示"中"。程序代码如下：

```
% 文件名：ex3_2.m
clc
clear
a = input("请输入 0～100 的一个整数：");      % 输入整数,存入变量 a
if a < 30                                    % 根据输入整数的大小实现三分支结构
    disp('小')
elseif a < 80
    disp('中')
else
    disp('大')
end
```

单击"编辑器"窗口中的"运行"按钮，启动程序运行。在命令行窗口中出现"请输入 0～100 的一个整数："提示信息时，从键盘上输入任意一个整数，则立即根据输入整数的大小显示不同的信息。执行结果如下：

```
请输入 0～100 的一个整数：50
中
```

在该例中，对应不同的情况，分别执行三种不同的操作，因此属于三分支结构。

**2. if 语句的嵌套**

对于图 3-1(c)所示三分支结构，程序中有两个逻辑表达式分别作为两次分支的条件。这样的分支结构还可以用嵌套 if 语句来实现。所谓嵌套 if 语句，就是在上述基本 if 语句内部，还含有另一层或者多层 if 语句。下面举例说明。

视频讲解

**实例 3-3　if 语句的嵌套 1。**

同例 3-2，要求用嵌套 if 语句来实现。程序代码如下：

```
% 文件名：ex3_3_1.m
clear
clc
a = input("请输入 0～100 的一个整数：");      % 输入整数,存入变量 a
```

```
if a < 30                                  % 外层 if 语句
   disp('小')
else
   if a < 80                               % 嵌套的 if 语句
      disp('中')
   else
      disp('大')
   end                                     % 嵌套 if 语句的结束
end                                        % 外层 if 语句的结束
```

注意将上述程序与实例 3-2 中的程序进行比较。在外层 if 语句的 else 子语句中，又有另外一个 if 语句，该层 if 语句即为嵌套 if 语句。上述程序也可以改写为如下格式：

```
% 文件名: ex3_3_2.m
clc
clear
a = input("请输入 0～100 的一个整数: ");     % 输入整数,存入变量 a
if a < 30                                  % 根据输入整数的大小实现三分支结构
   disp('小')
else if a < 80                             % 嵌套的 if 语句
        disp('中')
     else
        disp('大')
     end
end
```

也就是将外层的 else 子语句与嵌套 if 语句中的 if 子语句合并在同一行，但是 else 和 if 之间至少要有一个空格，否则不是嵌套结构。

不管是上述哪种写法，作为嵌套的 if 语句，每个 if 语句结束必须有一个 end 命令。在书写源程序时，注意各行语句之间的对齐关系，以便于程序阅读和查错。

下面再举一个例子。

---

**实例 3-4　if 语句的嵌套 2**。

有两个长度可能不相等的行向量 **a** 和 **b**，编程实现如下功能：在其中长度较小的向量后面补充若干 0，使两个向量的长度相同，并显示各种情况下的相关信息。

为了实现上述功能，首先需要获取两个向量的长度，并对其进行比较，以确定对长度较小的向量进行扩展。完整的代码如下：

```
% 文件名: ex3_4.m
clc
clear
a = [1  2  3  4  5];
b = [1  2  3];
aL = length(a);
bL = length(b);
```

```
if aL == bL                    % 外层 if 语句
   disp("两个向量长度相同!")
else
   disp("两个向量长度不相同!")
   if aL > bL                  % 嵌套 if 语句
      disp("扩展 b:")
      b = [b,zeros(1,aL - bL)]
   else
      disp("扩展 a:")
      a = [a,zeros(1,bL - aL)]
   end
end
```

上述程序的运行结果如下:

```
两个向量长度不相同!
扩展 b:
b =
     1     2     3     0     0
```

## 3.3.2　switch 语句

对于多分支结构,还广泛采用另一种语句,称为 switch(开关)语句。该语句的标准语法格式为:

```
switch  开关表达式
   case   表达式 1
      语句块 1
   case   表达式 2
      语句块 2
   ...
   otherwise
      语句块 N
end
```

在 switch 语句中,计算开关表达式并根据计算结果选择执行多组语句块中的一组。每个选项对应一个 case 子语句。switch 语句会逐一检测每个 case 子语句中的表达式,直到其中的一个表达式成立,则执行该 case 子语句下面的语句块。

如果 case 子语句中的表达式为数值型数据,则当该表达式的结果等于开关表达式的结果时,该 case 子语句中的表达式成立。对于字符串,当 case 子语句中的字符串表达式等于开关表达式中的字符串时,该 case 子语句中的表达式成立。

对上述 switch 语句作如下几点说明:

(1) case 子语句中的表达式不能包含关系运算符,表达式中一般为数值常数、字符或者字符串。

(2) 如果表达式 1 的结果为 true,则执行语句块 1 后退出 switch 语句,不会执行其他语句块。

（3）开关表达式和 case 子语句中的各表达式中数据必须为标量或者字符串。

（4）otherwise 块是可选的。仅当没有 case 子语句的表达式结果为 true 时，才会执行这些语句。

---

**实例 3-5 switch 语句的使用。**

根据键盘上输入的字符 A、B、C 或 D，分别显示不同的信息。程序代码如下：

```
% 文件名：ex3_5.m
clear
clc
str = input('请输入选项:');
switch str
    case 'A'
        disp('你的选择是 A。');
    case 'B'
        disp('你的选择是 B。');
    case 'C'
        disp('你的选择是 C。');
    case 'D'
        disp('你的选择是 D。');
    otherwise
        disp('没有这个选项!');
end
```

执行上述程序，根据提示输入相应的字符，即可显示输入字符所对应的提示信息。程序运行结果如下：

```
请输入选项:'A'
你的选择是 A。
请输入选项:'1'
没有这个选项!
```

从键盘上输入字符时，注意加上单引号。

---

同步练习

3-6 分析以下嵌套 if 语句，将其分别改为只用一个 if 语句实现：

（1）程序段 1

```
if  x > y
    if x > z
        r = x * y + z
    end
end
```

（2）程序段 2

```
if  x >= y
    if x = y
        disp('二者相等')
    else
        disp('x > y')
    end
end
```

3-7 编制分支结构程序,实现如下功能:从键盘上任意输入两个数,放在一个数组中。之后,将其中较大的数和较小的数分别存入变量 $a$ 和 $b$,并按如下格式显示处理结果:

较大的数为 ***,较小的数为 ***

3-8 已知向量 data 中放有 3 个数,编制分支结构程序,求其中的最大值 max,并将结果显示出来。

3-9 编制分支程序实现如下函数运算:

$$y = \begin{cases} e^{x+1}, & x < -1 \\ 1 + \cos(\pi x), & -1 \leqslant x \leqslant 1 \\ 2(x-1), & x > 1 \end{cases}$$

要求必须使用嵌套 if 语句。

3-10 根据输入的数字 1~7,分别对应显示"星期一""星期二"等提示信息。

## 3.4 循环结构程序设计

在一个程序中,当某个条件成立时,重复执行某些操作,这就是循环。可以用循环结构的程序来实现某些重复操作,例如求很多数据的累加和连乘、重复执行指定的操作等。

在循环结构程序的具体实现中,有两种基本的循环,即计数循环和条件循环。两种循环的程序结构流程如图 3-2 所示。

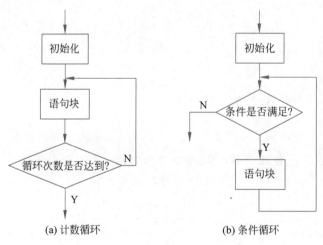

(a) 计数循环          (b) 条件循环

图 3-2 两种循环的程序结构流程

(1) 计数循环。

在计数循环中,循环次数是事先已知的,则用是否达到循环次数控制循环的继续或者结束。例如,求 1~100 所有整数的累加和,用循环程序来实现,每次循环将一个数累加到结果中,可以确定一共需要循环 100 次。

在图 3-2(a)所示程序结构流程中的初始化部分,将已知的循环次数保存到一个计数变量中。每次循环,执行一次流程中语句块对应的操作。之后,将计数变量的值减 1。当计数变量的值减到 0 时,意味着指定的循环次数已经达到,则退出循环,继续执行后面的操作。

（2）条件循环。

所谓条件循环,指的是在编程时,循环次数不能确定,但是一旦循环次数达到某种条件,就必须立即终止循环。例如,求 1~100 所有整数的累加和,当累加结果达到 1000 时,停止累加。

由于在循环开始之前,并不能确定循环的次数,因此在图 3-2(b)所示流程的初始化部分,一般不用设置计数变量,只是对循环操作需要用到的其他变量（例如保存累加结果的变量）和用作条件判断的变量作初始化。在循环体部分,首先判断指定条件是否满足,如果满足,则执行循环体中语句块对应的操作（例如将当前数据累加到结果变量）,之后返回循环体的开始,重复判断条件是否满足;如果条件不满足,则立即退出循环。

## 3.4.1 基本的循环语句

视频讲解

为了实现上述两种循环结构程序,MATLAB 提供了 **for**、**while** 等语句,其中 for 语句一般用于实现计数循环,while 语句一般用于实现条件循环。

1. for 语句

for 语句的基本语法格式为：

```
for 索引 = 值
    语句块
end
```

上述语句重复执行语句块,直到循环条件满足时,退出 for 循环。其中的索引即为循环计数变量,而索引值一般是一个数组（可以是向量、数值序列或者多维数组）。具体使用时,有如下两种情况。

（1）如果索引值是向量或者数值序列,则每次循环将向量中的一个元素赋给索引变量,循环次数等于向量的长度。

实例 3-6 **for 语句的使用 1**。

求 1~100 所有奇数的累加和。程序代码如下：

```
% 文件名：ex3_6.m
clear
clc
sum = 0;                        % 初始化累加和变量
for i = 1:2:100
```

```
    sum = sum + i;                    % 累加
  end
  fprintf('累加和: % d\n',sum)        % 显示累加结果
```

在上述程序中,用冒号表达式产生 1~100 的所有奇数构成的数值序列。每次循环,将其中的各元素依次赋给索引变量 $i$,并在循环体中将其累加到结果变量 sum 中。循环次数等于向量的长度,也就是 1~100 的奇数的个数。

实例 3-7    **for 语句的使用 2**。

求数组中所有数据的累加和。程序代码如下:

```
% 文件名: ex3_7.m
clear
clc
sum = 0;                            % 初始化累加和变量
arr = [0.1361  0.5499;
       0.8693  0.1450;
       0.5797  0.8530];            % 创建数组
aL = numel(arr);                    % 获取数组元素个数
for i = 1:aL
   sum = sum + arr(i);             % 累加
end
fprintf('累加和: % f\n',sum)        % 显示累加结果
```

在该程序中,创建数组 arr 后,调用 **numel** 函数获取数组元素的个数。每次循环,将向量中的各元素依次赋给索引变量 $i$,作为数组元素的下标,以获取数组元素并累加到 sum 变量中。程序运行结果如下:

```
累加和: 3.132911
```

(2) 索引值如果为二维数组,则每次循环可以将数组中的一列数据作为索引值,此时索引变量是一个列向量,循环次数等于数组的列数。

例如,如下程序:

```
a = [1  2  3;4  5  6]
for i = a
   disp(i)
end
```

执行结果为:

```
1
4
```

```
2
5

3
6
```

在上述程序中,首先定义了一个 2×3 数组,在之后的 for 循环中,将该数组作为索引值,因此每次循环,索引变量分别等于数组中的每一列,调用 **disp** 函数显示各列。由于数组 $a$ 有 3 列,因此共循环 3 次,每次以列向量的形式显示一列中的 2 个数据。

2. while 语句

while 语句的标准语法格式为:

视频讲解

```
while 表达式
    语句块
end
```

表达式可以是关系表达式或者逻辑表达式,代表继续循环的条件。当表达式的值为 true 时,重复执行语句块,直到表达式的值变为 false 则退出循环。

实例 3-8　**while 语句的应用 1**。

任意输入一个正整数 $n$,用 while 循环求其阶乘 $n!$,编制相应的 MATLAB 程序。

正整数 $n$ 的阶乘 $n!=1\times2\times3\times\cdots\times n=n\times(n-1)\times(n-2)\times\cdots\times2\times1$。因此根据输入的正整数 $n$ 进行运算,每次循环将 $n$ 的值减 1,并与前面的乘积相乘,直到 $n$ 的值减到 1 为止。程序代码如下:

```
% 文件名: ex3_8.m
clear
clc
n = input("请输入一个正整数 n = ");
f = n;                           % 循环初始化
while n > 1                      % 循环体
    n = n-1;
    f = f * n;
end
fprintf('n! = % d\n',f)         % 显示结果
```

**注意**:在上述程序中,while 语句循环的条件为 $n>1$。当 $n$ 减到小于或等于 1 时,循环结束。程序运行结果如下:

```
请输入一个正整数 n = 5
n! = 120
```

实例 3-9　**while 语句的应用 2**。

整数向量 $a$ 中按照从小到大的顺序存放有若干数值,将各数据依次进行累加,当累加结果超过 100 时停止累加,求累加和及这些数据的平均值。程序代码如下:

```
% 文件名: ex3_9.m
clear
clc
a = 1:100;                          % 已知数值序列
s = 0;                              % 初始化累加和变量
i = 1;                              % 数组下标
while s < 100
    s = s + a(i);                   % 循环累加
    i = i + 1;
end
avg = s/(i - 1);                    % 求平均值
fprintf('累加和为 % d,平均值为 % f。\n',s,avg)
```

在上述程序的初始化部分,创建数值序列 $a$,并对累加和变量 $s$ 和累加数据个数变量 $i$ 进行初始化。每次循环,首先判断累加和是否超过 100。如果没有,则执行循环体,将变量 $i$ 的值作为下标,获取向量中的一个数据,并累加到 $s$ 中。同时将累加数据个数变量的值加 1。

**注意**:由于在循环的初始化部分设置变量 $i$ 的初始值为 1,因此在退出循环时,累加数据的个数的值应等于 $i-1$。

程序运行结果如下:

```
累加和为 105,平均值为 7.500000。
```

## 3.4.2　循环语句的嵌套

循环语句的嵌套指的是在一个循环体内部又包含另一个循环体,内嵌的循环体还可以继续包含其他循环体。

实例 3-10　**循环语句的嵌套**。

求数组中各行数据的最大值。程序代码如下:

```
% 文件名: ex3_10.m
clear
clc
arr = [1   2   -1   0;
       2   0    3   1;              % 已知数组
      -2   1    2   5];
for i = 1:size(arr,1)
    maxrow(i) = arr(i,1);
    for j = 2:size(arr,2)
```

```
        if maxrow(i)< arr(i,j)
            maxrow(i) = arr(i,j);
        end
    end
end
fprintf('各行的最大值为：');
fprintf('%6.2f',maxrow);
fprintf('\n');
```

在上述程序中共有两层 for 语句循环，外层 for 语句中的计数变量 $i$ 用作数组 arr 中元素的行下标，内层 for 语句中的计数变量 $j$ 用作数组 arr 中元素的列下标。

在外层 for 语句循环中，每次循环首先将数组 arr 中第 $i$ 行的第一列数据假设为该行的最大值，并保存到 maxrow 向量中。

在内层循环中，逐一搜索 arr 数组中同一行的各列数据，并利用 if 语句判断当前数据是否比 maxrow 中保存的数据大。若是，则立即将其存入向量 maxrow，修改原来保存的值。因此，当内层循环结束时，将得到数组中第 $i$ 行元素的最大值，保存到 maxrow 中的第 $i$ 个元素位置。

程序运行结果如下：

```
各行的最大值为：  2.00  3.00  5.00
```

视频讲解

## 3.4.3　break 和 continue 语句

这两种语句主要用在 for 和 while 循环体中，一般与 if 语句配合使用。其中，break 语句用于当满足指定条件时终止执行循环，并跳过循环体中 break 语句之后的语句，继续执行程序中该循环 end 语句之后的语句。如果是嵌套循环，break 语句执行后将退出所在的循环，返回外层循环中继续执行。

continue 语句用于跳过当次循环时所在循环体中后面的其他语句，跳转到所在循环体的开始，继续执行所在循环体的下次循环。由此可见，break 语句和 continue 语句的功能几乎是完全相反的。

实例 3-11　**continue 语句的用法**。
求出 1～50 范围内 7 的所有倍数值。程序代码如下：

```
% 文件名：ex3_11.m
clear
clc
fprintf("1～50 范围内 7 的倍数值有:")
for k = 1:50
    if mod(k,7)～ = 0
```

```
        continue
    end
    fprintf(" % 3d",k)
end
fprintf("\n")
```

在上述程序运行的循环体中，mod($k$,7)用于求 $k$ 除以 7 的余数。如果余数不为 0，说明计数变量 $k$ 的当前值不为 7 的倍数，则执行 continue 语句，继续下一次 for 循环，而循环体中后面的 **fprintf** 语句将不会执行；否则，说明当前次循环计数变量 $k$ 的值为 7 的倍数，则不执行 continue 语句，而继续执行循环体中后面的 **fprintf** 语句，显示出 7 的倍数值。

当循环结束后，求出并显示所有 1～50 范围内 7 的倍数值，再执行最后一条 fprintf 语句，控制回车换行。程序运行结果如下：

1～50 范围内 7 的倍数值有： 7  14  21  28  35  42  49

**实例 3-12　break 语句的用法**。
利用 break 语句实现实例 3-9 中同样的功能。程序代码如下：

```
% 文件名: ex3_12.m
clear
clc
a = 1:100;                      % 已知数值序列
s = 0;                         % 初始化累加和变量
i = 1;                         % 数组下标
while true
    if s > 100
        break;
    end
    s = s + a(i);              % 循环累加
    i = i + 1;
end
avg = s/(i-1);                 % 求平均值
fprintf('累加和为 % d,平均值为 % f. \n',s,avg)
```

在上述程序中，while 语句的条件始终为 true。如果没有 break 语句，该循环将一直重复执行下去，称为死循环。

在循环体中，利用 if 语句判断累加和是否超过 100。如果是，则执行 break 语句，退出循环体，继续执行程序最后的两条语句，即求平均值并显示执行结果。

### 3.4.4　循环语句的向量化

在循环程序中，当在一个向量上进行运算时，使用 for 语句循环可以遍历整个向量，将一个计数变量作为向量的下标索引，以便依次访问向量中的各元素。典型的做法如下：

```
for i = 1:length(vec)
    % 语句块
end
```

类似地，对矩阵或者多维数组，可以用嵌套循环，将各维的下标索引作为各层循环的计数变量，在循环中依次访问数组中的各元素。

由于 MATLAB 基本的数据类型是数组，MATLAB 提供了大量对数组进行操作和运算的运算符和函数，很多时候可以不用循环而直接实现相关运算。例如，两个数组的加、减、乘运算，实质上是数组中对应两个元素的运算，可以根据这一原理用循环语句实现，这是在传统的 C 语言等程序中的基本方法。在 MATLAB 中，只需要利用数组的加、减、乘运算符号，用一条语句就实现了。这就是循环语句的向量化。

根据上述思想，MATLAB 还提供了一些内置函数，实现数组元素最大值、最小值和平均值等的求解，而不必自行编制循环结构程序实现。这些都体现了 MATLAB 作为矩阵实验室在编程思想上的改进。

**实例 3-13**　**循环语句的向量化**。

分别用循环语句和内置函数求数组中所有元素的最大值和平均值。

方法 1：用循环语句实现的程序代码如下：

```
% 文件名: ex3_13_1.m
clear
clc
A = [1  2  -3;6  -5  4];
L = numel(A);
max = A(1);                          % 求最大值
for i = 2:L
    if max < A(i)
        max = A(i);
    end
end
sum = 0;                            % 求平均值
for i = 1:L
    sum = sum + A(i);
end
avg = sum/L
fprintf("最大值为 % 3d,平均值为 % 4.2f\n",sum,avg)
```

方法 2：用内置函数实现的程序代码如下：

```
% 文件名: ex3_13_2.m
clear
clc
A = [1  2  -3;6  -5  4];
max1 = max(A)
max2 = max(max1)
avg = mean(A,'all')
fprintf("最大值为 % 3d,平均值为 % 4.2f\n",max2,avg)
```

在上述程序中,首先创建了 2×3 数组 $A$,之后分别调用内置函数 max 和 mean 求所有元素的最大值和平均值。需要注意的是,对二维数组,函数 max 是求数组中各列元素的最大值,返回长度等于原数组列数的行向量。因此,程序中第一次调用 max 函数得到结果为:

```
max1 = 6    2    4
```

为了得到数组 $A$ 中所有元素的最大值,只需要再调用一次 max 函数求 max1 变量中所有元素的最大值,得到变量 max2。

在调用 mean 函数时,参数 'all' 指定是求所有元素的平均值。

在数据量比较大的图像数据分析与处理、计算机仿真和辅助设计等工程应用中,采用向量化方法可以明显提高程序开发的效率,提高程序运行的速度。

---

同步练习

3-11　用 while 语句实现 1~100 的所有偶数的累加。

3-12　编制程序在命令行窗口分别显示如图 3-3(a)和图 3-3(b)所示图案。提示:调用 fprintf() 函数实现输出显示。

<pre>
        *              * * * * * * *
       * * *            * * * * *
      * * * * *          * * *
     * * * * * * *          *
        (a)                (b)
</pre>

图 3-3　同步练习 3-12 图

3-13　编制程序在命令行窗口显示如图 3-4 所示九九乘法表。提示:调用 fprintf() 函数实现输出显示。

```
1×1= 1
2×1= 2  2×2= 4
3×1= 3  3×2= 6  3×3= 9
4×1= 4  4×2= 8  4×3=12  4×4=16
5×1= 5  5×2=10  5×3=15  5×4=20  5×5=25
6×1= 6  6×2=12  6×3=18  6×4=24  6×5=30  6×6=36
7×1= 7  7×2=14  7×3=21  7×4=28  7×5=35  7×6=42  7×7=49
8×1= 8  8×2=16  8×3=24  8×4=32  8×5=40  8×6=48  8×7=56  8×8=64
9×1= 9  9×2=18  9×3=27  9×4=36  9×5=45  9×6=54  9×7=63  9×8=72  9×9=81
```

图 3-4　同步练习 3-13 图

3-14　某银行存款年利率为 2.5%,每年向账户存入 2 万元,分别编程实现如下功能:

(1) 将 1~40 年年末账户本息总额依次保存到向量 $A$ 中;

(2) 为使账户总额达到 100 万元,至少需要多少年?

# 第 4 章

# 函　　数

在 MATLAB 中,脚本命令可以在命令行窗口直接输入并立即得到执行;脚本程序和函数都以后缀为 .m 的文件保存在指定的工作文件夹中,这样的文件统称为 **M 文件**。M 文件有两种形式,即命令文件和函数文件。在第 3 章编制的程序所保存的文件都称为命令文件,又称为脚本文件(Script File)。

本章继续介绍 MATLAB 中的函数和函数文件。主要知识点如下:

4.1　函数的基本概念

了解函数和函数文件的概念,函数文件的特点及其与脚本文件的区别。熟悉函数的基本结构,掌握函数声明语句的基本格式。

4.2　函数的创建与调用

掌握创建函数的基本方法,了解函数调用的概念,掌握函数调用的基本方法和常用格式。

4.3　局部函数、嵌套函数和匿名函数

了解局部函数、嵌套函数和匿名函数的概念,各种函数的创建和使用方法。

4.4　函数之间的数据共享

掌握函数之间数据共享的基本方法及其应用,熟悉局部变量、永久变量、全局变量的概念及用法上的区别。

4.5　函数的参数验证

了解函数参数验证的概念,了解位置参数、可选位置参数、重复参数、名值对参数等概念,掌握各种参数的声明及使用方法。

## 4.1　函数的基本概念

视频讲解

在结构化程序中,函数又称为子程序(Subroutine),是功能相对独立且需要重复使用(调用)的一段程序代码。与数学中函数的概念类似,程序中的函数一般有专门的函数名和若干输入输出变量。

在第 1 章介绍了内置函数。这些内置函数实际上也是这里所说的函数,只不过包含在

MATLAB 中,随 MATLAB 一起提供给用户,用户编程时可以直接使用。除了这些内置函数以外,用户也可以根据需要编写自己的函数,称为用户自定义函数。本章主要介绍用户自定义函数的相关概念及编写和使用方法。

## 4.1.1 函数文件

在 MATLAB 中,如果 M 文件中第一条可执行语句(除程序注释以外的语句)以关键字 **function** 开始,则该文件为函数文件(Function File)。函数文件具有如下特点:

(1) 一般情况下,在一个函数文件中可以定义一个函数。这种情况下,文件名必须与函数名完全相同。与普通的脚本程序文件一样,函数文件名的后缀仍然为 .m。

例如,在 MATLAB 中新建一个文件,并在其中定义如下函数:

```
function f = fact(n)          % 函数 fact 求阶乘 n!
    f = prod(1:n);
end
```

其中,fact 为函数名。保存该文件时,默认将自动以该函数名作为文件名。

(2) 在一个 M 文件中也可以同时定义多个函数,此时第一个函数是主函数,文件名必须是该主函数的函数名。在主函数或脚本代码后面的函数称为局部函数,只能在同一个文件内调用。有关局部函数的概念和用法将在后面介绍。

例如,一个函数文件中有如下代码:

```
function p = perm(n,r)        % 函数 perm 求 n!(n−r)!
    p = fact(n) * fact(n−r);
end
function f = fact(n)          % 函数 fact 求阶乘 n!
    f = prod(1:n);
end
```

其中定义了两个函数 perm 和 fact。perm 为主函数,而 fact 为局部函数。保存文件时,将自动命名文件为 **perm.m**。

(3) 从 MATLAB R2016a 版本开始,MATLAB 也允许像其他高级程序设计语言一样,将一个函数与调用函数的程序一起放在同一个文件中,此时函数必须放在调用该函数的程序后面。例如,在一个 M 文件中,有如下代码:

```
x = 3;                        % 脚本命令
y = 2;
z = perm(x,y)
function p = perm(n,r)        % 函数 perm 求 n!(n−r)!
    p = fact(n) * fact(n−r);
end
function f = fact(n)          % 函数 fact 求阶乘 n!
    f = prod(1:n);
end
```

其中,前面 3 行为普通的脚本命令,后面每一对 **function/end** 包围的就是一个函数,两个函数的函数名分别为 perm 和 fact。执行程序时,将调用 perm 函数,而 perm 函数又将进一步调用 fact 函数。

**注意**:在这种情况下,可以将该文件任意命名,而不必以其中定义的两个函数名作为文件名。因此,这两个函数只能被该程序调用,而不能被其他程序调用。

(4) 与脚本程序不同的是:由于函数一般带有入口参数,所以函数不能独立运行,但可以在其他函数或者脚本程序中被调用,也可以在命令行窗口通过给定入口参数进行调用。

## 4.1.2 函数的基本结构

在 MATLAB 中,大多数函数都单独放在各自的函数文件中,但是也有一些特殊的函数(例如局部函数、嵌套函数),其结构和创建方法有所区别。这里首先介绍函数的基本结构及分类。

最基本的函数主要包括 3 部分,即函数声明、函数体和 end 语句,此外还可以用程序注释的形式(每行以"%"开头)为函数添加必要的说明和帮助信息等。

例如,下面的代码定义了一个完整的函数:

```
function f = fact(n)                    % 函数声明,函数名,输入输出变量列表
    % 求 n 的阶乘
    % n 必须为正整数
    f = prod(1:n);                      % 函数体
end
```

其中,函数名为 fact,该函数有一个入口参数 $n$,函数将 $1\sim n$ 的连乘结果保存到出口参数 $f$ 中。

(1) 函数声明:位于函数文件的首行。

(2) 函数体:实现该函数功能的语句块,包括 MATLAB 命令、接收输入参数语句、实现程序流程控制语句等。

(3) 函数结束语句:在函数体的最后,利用 **end** 语句表示函数体的结束。

(4) 函数的帮助信息:在函数声明行之后,函数体之前,可以利用注释对该函数功能、输入和输出参数进行一些必要的简单说明,如上述代码中的第 2、3 行的内容。

1. 函数的声明

函数声明的作用是定义函数名、函数的入口参数(输入参数)和出口参数(输出参数)。在 MATLAB 中,函数声明语句以关键字 **function** 开头,后面紧跟着的是函数的返回值列表(出口参数)和一个"="符号。语句右侧首先是函数的名称,之后在小括号中列出函数的入口参数。

函数声明语句的基本格式如下:

```
function [y1, …, yN] = myFun(x1, …, xM)
```

myFun 为函数名,一般取有意义的英文单词,必须以字母开头,可以包含字母、数字或下画线;$x1,\cdots,xM$ 为输入参数;$y1,\cdots,yN$ 为输出参数。

对上述函数声明语句作如下几点说明:

(1) 在函数文件中,函数声明语句必须是函数文件中第一条可执行语句,只可以在前面添加注释语句等。保存文件时,函数文件名必须是函数名,并且以 .m 为后缀。

(2) 如果函数定义在脚本文件的末尾,则与所在的脚本文件一起保存。此时,脚本文件名不能与文件中的函数具有相同的名称。

(3) 函数可以没有输入参数,也可以有一个或多个输入参数。所有的输入参数必须放在一对小括号中,并用逗号隔开。如果没有输入参数,可以忽略函数名后的小括号。

(4) 函数的出口参数可以没有,也可以有一个或者多个。如果没有输出参数,则在函数声明语句中可以将其忽略不写,后面的"="也不能写。例如:

```
function myFun(x)
```

如果函数只有一个输出参数,则在 function 关键字后面直接指定输出参数的名称。例如,如下函数只有一个输出参数 myOutput:

```
function myOutput = myFun(x)
```

如果函数有多个输出参数,则必须将所有的输出参数写在一对中括号中,并用逗号隔开。例如,如下函数有 3 个输出参数 one、two 和 three:

```
function [one,two,three] = myFun(x)
```

### 2. 函数体

函数体是实现函数具体功能的语句块,可以包括任何有效的 MATLAB 表达式、分支和循环结构程序段、注释、空白行和嵌套函数。

在函数体内可以根据需要创建新的变量,所有在函数体内创建的变量都存储在该函数的工作区内,该工作区独立于 MATLAB 的基础工作区,称为函数工作区。函数返回到调用该函数的主程序时,函数工作区自动关闭,其中的变量也不能再被访问。

此外,与普通的脚本程序一样,函数体内的语句末尾如果有分号,则该语句的运算结果不会在命令行窗口显示,该语句创建的变量也不显示在工作区窗口。如果函数体内的某条语句没有分号结尾,则语句执行的结果将显示在命令行窗口,但所创建的变量仍然为局部变量,不会显示在 MATLAB 的基础工作区。

### 3. end 语句

函数体以 end 语句结束,也可以到文件的末尾或者遇到一个新的 function 声明语句时结束。只有当一个函数中有嵌套函数时,才需要在嵌套函数的最后使用 end 语句。但是为了增强程序的可读性,最好还是将每个函数以 end 语句结束,并且与函数文件第一行的 function 关键字左对齐,函数体中的语句都缩进适当距离。

视频讲解

## 4.2 函数的创建与调用

为创建一个新的函数,可以单击 MATLAB"主页"选项卡中"新建"按钮下的箭头,在下拉菜单中选中"函数"命令,即可打开 MATLAB"编辑器"窗口,在其中可像创建普通的脚本文件一样创建函数文件,如图 4-1 所示。

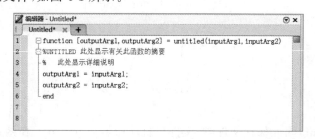

图 4-1 MATLAB 创建的函数文件

利用上述方法创建的函数文件,在形式上与普通的脚本文件主要有如下两点区别。

(1) 新建的函数文件不是一个空白文件,其中已经自动添加了一些语句和代码。第一条是函数声明语句,其中定义了函数名 untitled、函数的输入参数 inputArg1 和 inputArg2、输出参数 outputArg1、outputArg2 等。

(2) 新建的函数文件自动命名为 Untitled * . m。在定义了函数并保存文件时,自动以定义的函数名作为文件名。

在自动创建的函数文件模板中,函数体内只有两条语句,实现的功能是将函数的两个输入参数直接赋值给两个输出参数。只需根据函数要实现的功能和所需的输入和输出参数,对上述代码进行修改和补充完善即可。

由于函数与脚本程序的主要区别在于第一条语句是否含有关键字 function,因此除了上述方法以外,还可以像前面介绍的脚本文件一样创建函数。首先新建一个空白的脚本文件,然后在文件最开始利用 function 关键字定义函数名。此时,MATLAB 会将该文件自动识别为函数文件。在保存时,将自动以所定义的函数名作为文件名。

定义函数文件并保存后,即可在命令行或者其他脚本命令、程序和函数文件中调用(Call)。调用时,将入口参数按照顺序列在函数名后的小括号中,并根据需要将返回值赋给指定的变量。

在函数定义中给出的输入和输出参数称为形式参数(Formal Parameter,简称形参)。在调用时,必须根据形参的要求,将正确的参数值作为实际参数(Actual Parameter,简称实参)传递给函数。函数体接收到这些实参值后,执行相应的功能和操作,并将运算结果通过输出参数返回。

---

**实例 4-1 函数的创建与调用。**

创建 MATLAB 函数实现排列问题的求解。已知排列数的计算公式为:

$$P_n^r = \frac{n!}{(n-r)!}$$

首先在 MATLAB 中新建脚本文件,并在打开的"编辑器"窗口中定义如下函数:

```matlab
% 文件名: pnr.m
function p = pnr(n,r)
    p1 = 1; p2 = 1
    for i = 1:n                    % 求 n!
        p1 = p1 * i;
    end
    for i = 1:n-r                  % 求(n-r)!
        p2 = p2 * i;
    end
    p = p1/p2;                     % 求排列数
end
```

该函数名为 pnr,因此保存文件时,文件将自动命名为 pnr.m。在函数的声明语句中,$p$ 为输出参数,$n$ 和 $r$ 为两个输入参数。

上述函数文件保存后,在命令行窗口输入如下命令即可调用执行:

```matlab
>> pnr(5,2)
ans = 20
```

在保存函数文件时,注意将其保存到当前工作文件夹中。

在 MATLAB 中,函数的入口和出口参数可以是普通的变量,还可以是向量和数组。根据函数出口参数的个数,具体调用格式有细微的区别。下面举例说明。

(1) 只有一个出口参数的情况。

例如,如下语句定义了一个函数 average:

```matlab
function y = average(x)
    y = sum(x)/length(x);
end
```

该函数只有一个出口参数 $y$,一个输入参数 $x$。函数实现的功能是求输入向量 $x$ 中所有数据的平均值,并将结果通过输出参数 $y$ 返回。

在命令行或者其他文件中,可以用如下脚本命令调用上述函数:

```matlab
>> z = 1:99;                      % 创建一个行向量 z
>> average(z)                     % 将 z 作为输入参数,调用上述函数求其中所有元素的平均值
ans = 50
```

(2) 有多个出口参数的情况。

例如,如下语句定义了一个函数 stat:

```matlab
function [m,s] = stat(x)
```

```
    n = length(x);
    m = sum(x)/n;
    s = sqrt(sum((x - m).^2/n));
end
```

该函数实现的功能是求输入向量 *x* 中所有元素的平均值和方差,并分别保存在出口参数 *m* 和 *s* 中返回。调用时,返回变量也必须用中括号括起来。例如:

```
>> values = [12.7, 45.4, 98.9, 26.6, 53.1];
>>[ave,stdev] = stat(values)
ave = 47.3400
stdev = 29.4124
```

(3) 没有出口参数的情况。

例如,如下语句定义了一个函数 dispn:

```
function dispn(x)
    str = ['入口参数 = ',num2str(x)];
    disp(str)
end
```

该函数没有给定出口参数。在函数体内直接调用 MATLAB 的内置函数 **disp**,显示入口参数 *x* 的值。调用该函数,可以用如下命令:

```
>> dispn(5)
入口参数 = 5
```

---

**实例 4-2　函数中的数组参数**。

创建函数实现如下功能:

(1) 统计一个向量中正数的个数;

(2) 求该向量中所有正数的算术平方根。

本例定义的函数如下:

```
% 文件名: sqrArr.m
function [num,sA] = sqrArr(A)
% 出口参数 num:正数的个数;
%          sA:结果向量;
% 入口参数 A:向量,各元素可能是 0、正数或负数
    num = 0;                          % 正数个数初始化为 0
    sA = A;                           % 结果向量初始化为等于原向量
    for i = 1:length(A)
        if A(i) > 0                   % 判断是否为正数,若是
            num = num + 1;            % 则将个数加 1
```

```
                sA(i) = sqrt(A(i));            % 调用内置函数 sqrt()求平方根
            end
        end
    end
```

入口参数 **A** 为向量或者数组,出口参数有两个:标量变量 num 用于返回 **A** 中正数的个数;向量 Sa 用于返回结果向量。

在函数体中,依次取出向量 **A** 中的各元素,判断其是否为正数。如果为正数,则将 num 变量的值加 1,同时调用 MATLAB 中的内置函数 sqrt 求该元素的平方根。

调用该函数的命令及其执行结果如下:

```
>> [n,sA] = sqrArr([1, -2,100, -50,64])
n = 3
sA = 1    -2    10    -50    8
```

同步练习

4-1　创建并调用函数 comb(n,r)实现组合问题的求解。已知组合数的计算公式为:

$$C_n^r = \frac{n!}{r!\,(n-r)!}, \quad n > r$$

4-2　创建并调用函数 pm(A)实现将二维数组 **A** 中的正数和负数分别放到向量 plus 和 minus 中。

视频讲解

## 4.3　局部函数、嵌套函数和匿名函数

局部函数(Local Function)是位于同一程序文件中的子程序,只能由同一个程序文件中的其他函数调用。嵌套函数(Nested Function)是完全包含在另一个函数内部的函数。匿名函数是没有定义函数名的函数。

### 4.3.1　局部函数

在同一个 MATLAB 程序文件中,可以包含多个函数。在函数文件中,第一个函数称为主函数。该函数对其他文件是可见的,可以从命令行直接进行调用。文件中的其他函数称为局部函数,可以任意顺序出现在主函数后面。局部函数仅对同一文件中的其他函数可见,等效于其他编程语言的子例程,有时又称为子函数。

只有主函数和局部函数的文件保存时,文件名必须是主函数名。自 MATLAB R2016b 版本开始,也可以在脚本文件中创建局部函数,这些函数必须放在脚本代码最后一行的后

面。如果一个 M 文件中同时有脚本命令和局部函数,文件名不能与局部函数名相同。

与普通的函数一样,局部函数创建的变量保存在自己的工作区中,局部函数不能访问其他函数中的变量,除非将这些变量作为参数传递给局部函数。

---

**实例 4-3** **局部函数的使用**。

新建程序文件 localfun.m,对其代码做如下编辑:

```
% 文件名: localfun.m
function b = localfun(a)              % 主函数
    b = fun1(a) + fun2(a);
end
function y = fun1(x)                   % 局部函数 1
    y = x^2;
end
function y = fun2(x)                   % 局部函数 2
    y = x * 2;
end
```

---

其中,与文件同名的函数 localfun 是主函数,而 fun1 和 fun2 为局部函数。

可以从命令行或另一程序文件中调用主函数 localfun,但局部函数 fun1 和 fun2 只能被主函数调用。例如,如下命令:

```
>> localfun(2.5)
```

以 2.5 作为入口参数调用主函数 localfun。执行 localfun 函数时,又进一步调用局部函数 fun1 和 fun2,并将调用主函数时的入口参数 2.5 传递给两个局部函数,最后得到如下结果:

```
ans = 11.2500
```

## 4.3.2 嵌套函数

嵌套函数是完全包含在一个函数内的函数。与局部函数一样,含有嵌套函数的文件,其文件名也必须与外层的主函数名相同。嵌套函数与局部函数的主要区别在于:嵌套函数可以使用在其外层函数中定义的变量,外层函数在调用嵌套函数时,不需要将这些变量作为参数传递给内层的嵌套函数。

---

**实例 4-4** **嵌套函数的使用**。

新建程序文件 nestfun,并对其代码做如下编辑和修改:

```
% 文件名: nestfun.m
function y = nestfun(a,b)             % 外层函数(主函数)
```

```
m = 2;n = 5;
y = fun1(a) + fun2(b);
function y1 = fun1(a)              % 嵌套函数1
    y1 = a * m
end
function y2 = fun2(b)              % 嵌套函数2
    y2 = b * n
end
end
```

之后,在命令行窗口输入如下命令:

```
>> nestfun( - 1, - 2)
```

按 Enter 键后将立即显示如下执行结果:

```
y1 =  - 2
y2 =  - 10
ans =  - 12
```

上述命令以−1、−2 为入口参数,调用上述主函数 nestfun。执行该主函数时,以这两个参数为入口参数,分别调用嵌套函数 fun1 和 fun2。在执行 fun1 函数时,入口参数为 $a = -1$,同时引用了主函数中定义的变量 $m$,从而得到 $y1 = (-1) \times 2 = -2$。同理得到 $y2 = -10$。变量 $y1$ 和 $y2$ 作为返回值,返回主函数后相加得到结果−12。

1. 主函数和嵌套函数之间的参数传递

对主函数和嵌套函数之间的参数传递,说明如下两点:

(1) 如果主函数不使用在嵌套函数中定义的变量,则该变量为嵌套函数内部的局部变量,而不能被其他函数访问。

例如,在下面的 main1 函数中:

```
function main1                     % 主函数
   nestfun1
   nestfun2
   function nestfun1               % 嵌套函数1
       x = 1;
   end
   function nestfun2               % 嵌套函数2
       y = x + 2;
   end
end
```

有两个嵌套函数,其中分别定义了变量 $x$ 和 $y$。由于 $x$ 是在嵌套函数 nestfun1 中定义的,因此在 nestfun2 中不能被访问。调用执行上述函数时,将出现如下错误提示:

```
>> main1
函数或变量 'x' 无法识别
```

```
出错 main1/nestfun2 (第 8 行)
      y = x + 2;
出错 main1 (第 3 行)
    nestfun2
```

(2) 如果嵌套函数有输出参数,则在该嵌套函数的工作区中有这些输出参数对应的变量。但是,只有在主函数中调用嵌套函数,并将嵌套函数的输出参数赋给另外某个变量时,主函数才能访问嵌套函数中的这些输出参数。

例如,在下面的 mainfun 函数中:

```
function mainfun                        % 主函数
    x = 5;
    nestfun;
    function y = nestfun                % 嵌套函数
        y = x + 1;
    end
end
```

变量 $y$ 是嵌套函数 nestfun 的输出参数,该变量是位于嵌套函数 nestfun 工作区中的局部变量。在主函数 mainfun 中,调用了该嵌套函数,但没有将函数的返回值赋给某个变量,因此主函数不能访问变量 $y$。

如果将上述函数修改为:

```
function mainfun
    x = 5;
    z = nestfun;
    function y = nestfun
        y = x + 1;
    end
end
```

则在上述代码的主函数中,调用嵌套函数 nestfun,并将返回结果保存到主函数 mainfun 中的变量 $z$ 中,因此主函数可以通过变量 $z$ 访问嵌套函数中的变量 $y$。

2. 嵌套函数的层次结构与可见性

在同一个主函数中可以定义多个嵌套函数,嵌套函数内部还可以定义嵌套函数。要使嵌套函数对其他函数可见,也就是能够被其他函数调用,必须遵循如下规则:

(1) 同一个主函数内部定义的嵌套函数可以被上层主函数调用。

(2) 同一个主函数内部定义的同级别嵌套函数可以相互调用。

(3) 内层嵌套函数可以调用其所在的外层嵌套函数或者与该外层嵌套函数并列的其他嵌套函数。

例如,有如下函数定义:

```
function A(x, y)                        % 主函数 A
    B(x, y)
```

```
    D(y)
    function B(x,y)                          % 函数 A 中的嵌套函数 B
       C(x)
       D(y)
       function C(x)                         % 函数 B 中的嵌套函数 C
          D(x)
       end
    end
    function D(x)                            % 函数 A 中的嵌套函数 D
       E(x)
       function E(x)                         % 函数 D 中的嵌套函数 E
       disp(x)
       end
    end
end
```

其中,主函数 A 可以调用嵌套函数 B 和 D,因为 B 和 D 都是位于同一个主函数 A 内部的第
一层嵌套函数。A 不能调用 C 或 E,因为这两个嵌套函数分别位于 A 的第二层嵌套函数 B
和 D 中。函数 B 可以调用 D,而 D 可以调用 B,因为 B 和 D 是函数 A 中两个位于同一层的
并列嵌套函数。函数 C 可以调用 B 和 D,因为 B 是其直接的外层嵌套函数,D 是与 B 并列
的嵌套函数。C 不能调用 E,因为 C 和 E 分别是位于外层嵌套函数 B 和 D 中的两个同级别
嵌套函数。

### 4.3.3　匿名函数

匿名函数是一个不用程序文件保存,但与一个称为函数句柄(Function_Handle)的变量
相关联的函数。匿名函数可以接收多个输入并返回一个输出,但只能包含一个可执行语句。
　　例如,语句

```
sqr = @(x) x.^2;
```

创建了一个匿名函数,其中 sqr 是一个函数句柄,用于代表该匿名函数,相当于函数的名字;
运算符"@"用于创建该函数句柄,后面小括号中给出该匿名函数的自变量(输入参数)。右
侧空格后是函数体,只能是一个表达式。
　　定义了匿名函数后,程序中即可通过函数句柄调用。例如:

```
a = sqr(5)
```

执行结果为:

```
a = 25
```

　　使用匿名函数的好处在于,不必编辑和维护函数文件,特别是对于只需要一个简短定义
的函数。例如,命令

```
>> q = integral(@(x) x.^2.*exp(-2*x),-1,1)
```

实现的是如下数学积分运算：

$$q = \int_{-1}^{1} x^2 \mathrm{e}^{-2x} \, \mathrm{d}x$$

在上述命令中，将积分函数 $x^2 \mathrm{e}^{-2x}$ 定义为一个匿名函数，作为 MATLAB 内置积分函数 integral 的第一个参数，后面两个参数 $-1$ 和 $1$ 分别为积分的下限和上限。命令的执行结果为：

```
q = 1.6781
```

同步练习

4-3  编制程序求圆柱体的体积，要求用局部函数求圆柱体的底面积，在主函数中根据底面积和高计算圆柱体的体积，在主程序调用主函数求给定圆柱体的体积。

4-4  编制程序求圆柱体的体积，要求用嵌套函数求圆柱体的底面积，在主函数中根据底面积和高计算圆柱体的体积，在主程序调用主函数求给定圆柱体的体积。

4-5  编制程序求圆柱体的体积，要求分别用如下两种方法实现：

(1) 将求圆柱体底面积的代码定义为匿名函数，另外定义一个函数求圆柱体体积；

(2) 将求圆柱体体积的代码直接定义为匿名函数。

## 4.4  函数之间的数据共享

函数有输入和输出参数，在函数体中还可以定义所需的各种变量。这些参数和变量根据作用域的不同，可以分为局部变量、全局变量和永久变量等。不同的变量在各函数之间具有不同的访问和使用权限。所谓函数之间的数据共享，就是在一个函数中访问在其他函数中定义的变量及变量值。

### 4.4.1  函数的工作区与局部变量

为了说明局部变量和全局变量的概念，首先说明什么是函数的工作区。

启动 MATLAB 后，在主窗口的右侧有一个工作区子窗口，这个工作区称为 MATLAB 基础工作区。基础工作区存放的变量是通过运行命令行窗口输入的脚本命令创建的，也可以是利用脚本程序中的脚本命令语句创建的。这些变量将一直保存在基础工作区，直到用 clear 命令将其清除，或者关闭退出 MATLAB。

MATLAB 中定义的函数不占用基础工作区，每个函数都有自己的工作区，称为函数工作区。每个局部函数、嵌套函数都有自己的工作区，并与基础工作区和其他函数工作区相互独立，在调用执行该函数的过程中才能访问其工作区中的变量。这样能够保证数据的相互独立性和完整性，避免数据冲突等。

位于一个函数工作区内，不能被其他函数访问的变量称为局部变量（Local Variable）。

这些局部变量在函数之间相互调用时不会保存在计算机的内存中,因此不能被其他函数访问。

例如,分别定义如下两个函数:

```
function myFun1()                        % 创建函数 myFun1()
   n = 0;
   n = n + 1
end
function myFun2()                        % 创建函数 myFun2()
   n = 0;
   n = n - 1
end
```

在上述两个函数中,分别有一个变量 n。尽管这两个变量同名,但分别存放于两个函数的工作区,因此分别都是局部变量,变量的值互不影响。将这两个函数分别保存为文件后,在命令行窗口直接调用,得到如下结果:

```
>> myFun1()
n = 1
>> myFun2()
n = -1
```

## 4.4.2 工作区之间的数据共享

在同一个程序中,可能需要定义若干函数。这些函数作为整个程序的一部分,经常需要在各函数或其工作区之间实现变量和数据的共享。在 MATLAB 中,实现各函数之间数据共享的方法有多种,下面分别进行介绍。

### 1. 通过参数传递实现数据共享

利用函数的输入和输出参数拓展函数中定义的变量的工作区和作用域,这是一种安全和常用的方法。

例如,创建如下两个函数:

```
function y1 = update1(x1)
   y1 = 1 + update2(x1);
end
function y2 = update2(x2)
   y2 = 2 * x2;
end
```

如果这两个函数保存在同一个名为 update1. m 的函数文件中,则函数 update2 为局部函数。两个函数也可以分别保存在各自的函数文件中。

利用下面的语句调用函数 update1,并将函数的返回值(输出参数)赋给 MATLAB 基础工作区中的变量 $Y$:

```
X = [1,2,3];
```

```
Y = update1(X)
```

在以数组 $X$ 为输入参数调用 update1 时,update1 的输入参数 $x1=X$。执行该函数中的语句时,又将该参数 $x1$ 作为入口参数 $x2$,进一步调用函数 update2,从而将基础工作区的数组 $X$ 传递给 update2 函数,作为其输入参数 $x2$。

执行时,函数 update2 的输出参数 $y2$ 作为返回值,在 update1 函数中与 1 相加,得到 update1 的返回值 $y1$,最后通过调用语句赋给基础工作区中的变量 $Y$,得到如下结果:

```
Y = 3   5   7
```

**2. 利用嵌套函数实现数据共享**

嵌套函数可以访问其所在的上层中所有函数的工作区。因此,上层函数可以将其变量传递给内部的嵌套函数。

例如,在下面的函数定义中:

```
function fun1                        % 定义上层函数
   x = 1;
   fun2                              % 调用嵌套函数
   function fun2                     % 定义嵌套函数
      x = x + 1;
   end
```

函数 fun1 是上层函数,其中定义了嵌套函数 fun2,因此在 fun2 中,可以访问 fun1 中定义的变量 $x$,也就是说,两个函数都能共享变量 $x$。

**3. 利用永久变量实现数据共享**

在一个函数内将某个变量声明为永久变量(Persistent Variable),该变量的值将在函数之间相互调用时一直保存而不会丢失,这样的变量又称为静态变量(Static Variable)。

在 MATLAB 中,使某个变量成为永久变量的方法是在函数体中使用该变量之前,利用 **persistent** 关键字对该变量进行声明。声明后的永久变量将被初始化为空矩阵。每次调用永久变量所在的函数,该变量的值都是上次调用执行该函数后得到的结果。

例如,定义如下函数:

```
function myFun()
   persistent n
   if isempty(n)
      n = 0;
   end
   n = n + 1
end
```

上述函数没有输入和输出参数,只声明了函数名为 myFun。在函数体中,利用 **persistent** 关键字将变量 $n$ 声明为永久变量。

之后,调用 MATLAB 的内置函数 **isempty** 判断变量 $n$ 是否为空,也就是判断当前调用函数 myFun 时,变量 n 是否已经被赋值。如果没有被赋值,说明这是第一次调用该函数,则将 n 赋值为 0。然后将变量的值加 1 得到 1,该变量值将一直保存在内存中,直到后续再次调用该函数。

当后续再次调用函数 MyFun 时,由于前面已经调用过一次该函数,变量 n 不再为空矩阵,则不将 n 重新赋值为 0,而是继续执行后面的语句,将其加 1。由于是永久变量,加 1 之前的值为前一次调用该函数执行后的结果,因此第二次调用时,将其值递增变为 2,如此重复。

将上述函数保存为文件 myFun.m,在命令行窗口重复调用该函数,将得到如下结果:

```
>> myFun
n = 1
>> myFun
n = 2
>> myFun
n = 3
>> myFun
n = 4
...
```

### 4. 利用全局变量实现数据共享

全局变量(Global Variable)是能够在多个函数中被访问,也能够通过命令行被访问的变量。每个全局变量有其自己的工作区,并与 MATLAB 的基础工作区和函数工作区相互独立,互不影响。

将一个变量定义为全局变量的方法是在使用该变量前,用 **global** 关键字对其进行声明。例如,创建如下函数:

```
function h = myFun(t)
  global n                    % 在函数体中声明后面要用到的 n 为全局变量
  h = 1/2 * n * t.^2;
end
```

之后,在命令行窗口输入如下命令:

```
>> global n
>> n = 10;
>> y = myFun((0::5));
```

上述第一条命令将变量 n 声明为全局变量,再利用第二条命令在 MATLAB 基础工作区创建该变量,并为其赋值。第三条命令调用函数 myFun。在 myFun 函数体中,同样用 **global** 关键字将 n 声明为全局变量,执行后在基础工作区得到如下结果:

```
y = 0  5  20  45  80  125
```

在主程序和函数体中,都必须用 **global** 关键字对要用到的所有全局变量进行声明。如果要用一条语句同时声明多个全局变量,各变量之间用空格分隔,语句末尾不能加分号。例

如,语句

```
global a b
```

将两个变量 $a$ 和 $b$ 同时声明为全局变量。

由于全局变量可以在多个函数之间共享,有些时候将导致不可预知的错误,这种错误将很难通过调试发现。此外,采用全局变量增加了各函数之间的联系,降低了函数的独立性。因此,程序中一般尽量避免定义全局变量,而采用前面介绍的参数传递等方法实现各函数之间的数据共享。

同步练习

4-6　定义函数 swap,实现两个变量值的交换,在主程序中调用该函数。要求分别利用全局变量和参数传递方法实现主程序和函数之间的数据共享。

## 4.5　函数的参数验证

与其他高级程序语言相比,在 MATLAB 中定义函数时,不需要对输入和输出参数的数据类型等进行声明。此外,在程序中不同地方调用同一个函数时,还可以根据需要为函数传递不同个数的入口和出口参数。

函数的参数验证(Argument Validation)是对函数输入和输出参数进行特定限制的一种方法。使用参数验证,可以约束参数的数据类型、数组参数的大小以及参数的其他属性,而无须在函数主体中编写代码来执行这些测试。

通过函数的参数验证,MATLAB 能够对特定代码块进行检查,以便提取有关函数的信息。利用参数验证可以消除烦琐的参数检查代码,提高代码的可读性,便于程序的维护。同时,利用参数验证还可以实现特殊参数(可选参数、重复参数和名值对参数)的定义,实现很多特殊功能。

### 4.5.1　参数的有效性声明

函数参数的有效性声明是 MATLAB 实现参数验证的一种方法,其作用是对函数参数进行适当限制,并通过参数验证检查返回特定错误消息。当在其他程序中调用该函数时,可以在执行该函数的具体功能代码之前确保传递的参数是有效的。

函数参数的有效性声明是利用 **arguments** 和 **end** 关键字包围的参数声明模块实现的,基本语法格式如下:

```
arguments
    inarg1 (dim) dataType {validators} = defaultValue

    ...
```

```
    inargN ...
end
```

上述参数有效性声明模块必须位于函数体中所有可执行的功能代码之前,每一行对函数中的一个入口参数(例如其中的 inarg1,inarg2,…,inargN)进行声明:

(1) **dim**:声明入口参数的维数,指定为用逗号分隔的两个或多个数字。

(2) **dataType**:声明入口参数的数据类型,例如 double、integer、char、string 等。

(3) **validators**:用逗号分隔的验证函数列表。

(4) **defaultValue**:声明参数的默认值。默认值可以是常量或者表达式,其中表达式引用的参数可以是在同一个参数声明模块中之前声明的参数,但不能是在该表达式后面声明的参数。

下面的语法格式用于对函数的输出参数进行有效性声明:

```
arguments (Output)
    outarg1 (dim) class {validators}
    ...
    outargN ...
end
```

输出参数的有效性声明模块必须位于所有输入参数的有效性声明模块之后,并且必须在函数体中所有可执行的代码之前。此外,不能为输出参数(outarg1,outarg2,…,outargN)定义默认值。

## 4.5.2　验证函数

在 **arguments/end** 语句块中,可以为每个输入或输出参数指定验证函数。验证函数用于指定和验证参数的有效性,一般是对输入或输出的数据类型、取值范围等进行限定。

在 MATLAB 中,提供了很多内置函数用作验证函数,常用的验证函数如表 4-1 所示。

表 4-1　常用的验证函数

| 分　类 | 验证函数名 | 含　义 |
|---|---|---|
| 数据类型<br>验证 | mustBePositive | 必须为正实数 |
| | mustBeNonpositive | 必须为非正数 |
| | mustBeNonnegative | 必须为非负数 |
| | mustBeNegative | 必须为负实数 |
| | mustBeNonzero | 必须不等于 0 |
| | mustBeReal | 必须为实数 |
| | mustBeInteger | 必须为整数 |
| | mustBeNumeric | 必须为数值型数据 |
| | mustBeFloat | 必须为浮点型数据 |
| | mustBeNumericOrLogical | 必须为数值型或逻辑型数据 |
| | mustBeText | 必须为字符串数组或字符向量 |
| | mustBeTextScalar | 必须为字符标量 |

续表

| 分　类 | 验证函数名 | 含　义 |
|---|---|---|
| 维数验证 | mustBeNonempty | 不能为空数组 |
| | mustBeScalarOrEmpty | 必须是标量或者空数组 |
| | mustBeVector | 必须是向量 |
| 数值比较验证 | mustBeGreaterThan(inargi,c) | 必须满足 inargi＞c |
| | mustBeLessThan(inargi,c) | 必须满足 inargi＜c |
| | mustBeGreaterThanOrEqual(inargi,c) | 必须满足 inargi＞＝c |
| | mustBeLessThanOrEqual(inargi,c) | 必须满足 inargi＜＝c |

　　表中的每个验证函数分别调用了 MATLAB 提供的一个或多个内置函数,以检查函数中指定参数的数据类型、数组参数的维数等是否满足要求。实际上,这些验证函数也可以单独调用。执行时,对给定的参数进行验证,并返回相应的提示信息。

　　以表 4-1 中的验证函数 **mustBePositive** 为例,在调用执行该函数时,将进一步调用内置函数 **gt**、**isreal**、**isnumeric**、**islogical**,分别判断给定参数是否大于 0,是否为实数,是否是数值型或逻辑型数据。根据检查结果给出相关的错误提示。

　　例如,如下命令:

```
>> a = [1,0, -1];
>> mustBePositive(a)
```

对给定数组 a 中的各元素进行参数验证,执行后在命令行窗口将显示如下结果:

```
值必须为正值。
```

　　如果将数组 a 的 3 个元素全部重新设为正数,再调用验证函数,命令行窗口将没有任何提示,则表示验证成功。

**实例 4-5　函数参数的有效性声明。**

创建一个函数,并对其参数的数据类型进行声明和限定。

本例中将主程序和函数定义在同一个文件中,完整的代码如下:

```
% 文件名: ex4_5.m
clear                              % 主程序
clc
A = "12";
B = [2  3  4];
C = myFunction(A,B)               % 函数调用
% ===============================================
function out = myFunction(A, B)    % 函数定义
    arguments                      % 参数有效性声明
        A (1,1) {mustBeText}
        B (1,:) {mustBeReal}
    end
```

```
    out = A + length(B);                    % 函数的可执行功能代码
end
```

在函数定义中,用 **arguments** 和 **end** 语句包围的参数声明模块共有两行语句,指定参数 A 必须为字符向量或字符串(统称为文本),参数 B 必须为实数行向量。在实现该函数具体功能的代码中,将参数 B 的长度转自动转换为字符串,再与参数 A 中的字符串相拼接,得到一个新的字符串返回。

在主程序中,参数 A 赋值为一个字符串。参数 B 赋值为长度为 3 的行向量,3 个元素都为实数,因此两个参数是合法有效的。程序执行后得到如下结果:

```
C = "123"
```

如果在主程序中将变量 A 用语句

```
A = 12;
```

重新赋值为一个默认的 double 型数据,则执行后将在命令行窗口显示如下提示信息:

```
错误使用 ex4_5 > myFunction
C = myFunction(A,B)                    % 函数调用
         ↑
位置 1 处的参数无效。值必须为字符向量、字符串数组或字符向量元胞数组。

出错 ex4_5 (第 5 行)
C = myFunction(A,B)                    % 函数调用
```

**注意**:在进行参数传递的过程中,参数的数据类型和维数可以自动进行转换和匹配。例如,字符向量与字符编码之间可以自动相互转换,数字字符串与数值之间可以自动转换,标量参数可以自动转换为非标量参数(数组),列向量可以自动转换为行向量。因此,如果用数据类型 dataType 对函数参数进行声明,当参数的数据类型和维数能够通过自动转换实现匹配时,运行也不会报错。

**实例 4-6　函数参数的自动匹配。**
将实例 4-5 中函数参数的有效性声明修改为:

```
arguments                              % 参数有效性声明
    A (1,1) string
    B (1,:) {mustBeReal}
end
```

与实例 4-3 不同的是,这里将参数 A 直接声明为 string(字符串)数据类型,而不是用验证函数进行数据类型声明。此时,在主程序中将变量赋值为数值型数据,即 A = 12,程序运

行时不会报错。

考虑到上述问题,在进行参数有效性声明时,最好用验证函数,而不是将参数声明为相应的数据类型。

### 4.5.3 参数的种类

利用 **arguments/end** 语句和参数声明模块还可以为函数声明不同类型的参数,即位置参数、可选位置参数、重复位置参数和可选名值对参数。这 4 种参数必须按照上述顺序进行定义。

1. 位置参数

位置参数(Positional Argument)是在调用时必须以特定顺序传递给函数的参数,参数列表中各形参的位置必须与参数声明模块中声明的顺序相对应,并且所有参数名称必须唯一。

如果在参数声明模块中设置了位置参数的默认值,则该位置参数就成为可选位置参数(Optional Positional Argument)。在调用时,如果没有给定与这些可选位置参数对应的实参,则执行函数代码时使用默认值。

在参数有效性声明语句中,可选位置参数必须位于所有必需位置参数之后。例如,在下面的函数定义中:

```
function myFun(x,y,maxval,minval)
    arguments                          % 参数代码块
        x (1,:) double
        y (1,:) double
        maxval(1,1) double = max(max(x),max(y))
        minval(1,1) double = min(min(x),min(y))
    end
    …                                  % 函数功能代码块
end
```

参数 maxval 和 minval 的默认值分别为参数 $x$ 和 $y$ 中的最大值和最小值,因此是可选位置参数。调用时,可以使用下面的语句:

```
>> myFun(x,y,maxval,minval)
>> myFun(x,y,maxval)
>> myFun(x,y)
```

其中,第一条语句给定了所有 4 个参数。第二条语句没有给定可选位置参数 minval。第三条语句对两个可选位置参数 maxval 和 minval 都没有给定。

2. 重复参数

在参数声明模块中包含 Repeating(重复)属性,则可将相应的参数设置为重复参数(Repeating Argument),即同一个参数可以作为函数的多个参数。例如,如下重复参数声明模块:

```
arguments (Repeating)
    arg1
    arg2
    ...
end
```

其中,用关键字 **Repeating** 指定 arg1 和 arg2 为两个重复参数。

一个函数体中只能有一个重复参数声明模块,其中可以包含一个或多个重复参数。在调用该函数时,重复参数可以出现一次或多次,也可以一次都不出现。如果函数定义了多个重复参数,则调用时参数的每次重复都必须包含声明中定义的所有重复参数。

例如,有如下函数定义:

```
function myRep(x,y)
    arguments (Repeating)               % 重复参数代码块
        x (1,:) double
        y (1,:) double
    end
    ...                                  % 函数功能代码块
end
```

其中第一行是函数声明,给定了两个入口参数 $x$ 和 $y$。在函数体的参数声明模块中,将这两个入口参数声明为重复参数。在下面的程序段中:

```
x1 = 1:10;
y1 = sin(x1);
x2 = 0:5;
y2 = sin(x2);
myRep(x1,y1)
myRep(x1,y1,x2,y2)
```

第一次调用上述函数 meRep 时,两个重复参数均只出现一次。在最后一行第二次调用该函数时,这两个重复参数均出现两次,分别是前面定义的 $x1$、$y1$ 变量和 $x2$、$y2$ 变量。

3. 名值对参数

在调用函数时,前面介绍的位置参数、可选位置参数和重复参数都必须按照所处位置的对应关系进行参数传递。除了这些参数以外,MATLAB 程序中还可以定义名-值对参数(Name-value Argument),每个名-值对参数的参数名称都与传递给函数的参数值相关联,在调用时可以按任意顺序传递给函数。

名-值对参数必须在所有位置参数和重复参数之后声明,不能出现在重复参数声明模块中。此外,名-值对参数的参数名必须使用唯一的名称,不能与位置参数同名。

例如,在下面的函数定义中,定义了两个名-值对参数,Name1 和 Name2 分别是这两个参数的参数名:

```
function result = myFun(NameValueArgs)
    arguments                            % 参数声明模块
```

```
        NameValueArgs.Name1
        NameValueArgs.Name2
    end
    % 函数功能代码块
    result = NameValueArgs.Name1 * NameValueArgs.Name2;
end
```

调用上述函数时,每个名-值对参数的参数名必须加上单引号或双引号,后面紧跟着该参数对应的参数值。例如,命令

```
r = myFun('Name1',3,'Name2',7)
```

将函数的两个参数值分别设为 3 和 7,再调用函数 myFun。运行结果如下:

```
r = 21
```

从 MATLAB R2021a 版本开始,也允许用如下格式指定名-值对参数:

```
r = myFun(Name1 = 3,Name2 = 7)
```

此时参数名不加单引号或双引号,参数名后直接用"="给定参数值。

---

同步练习

4-7 MATLAB 中的对数函数 log10()允许自变量为负数,此时将返回一个复数。为该函数添加有效性声明,保证调用该函数时的自变量必须为正实数。

4-8 定义函数 myln($a$,$e$),其中参数 $e$ 定义为可选位置参数,默认值为 5,调用时该参数还可以为 2 或 10。当 $e=2$、5、10 时,该函数分别返回 $a$ 的以 2 为底的对数、自然对数、常用对数。另外,必须确保参数 $a$ 为正实数。

4-9 定义函数 area(),求长方形的面积,要求将长方形的长(Length)和宽(Width)定义为名-值对参数。

# 第 5 章

# 排序、索引与搜索

根据实际应用的需要,一个数组中可能存放有大量的数据,例如从 Excel 电子表格中导入的数据、从工业现场采集到的传感器数据等。这些导入数据的顺序可能是杂乱无章的,经常需要对其进行排序和索引,以便在其中搜索特定的数据。

作为本篇的结束,本章将在前面各章介绍 MATLAB 程序设计的相关概念和基本方法的基础上,以数组元素的排序、索引与搜索为例,介绍它们在 MATLAB 程序中的简单应用。主要知识点如下:

5.1 排序
了解冒泡法和选择法排序的基本原理,掌握实现排序的 MATLAB 程序设计方法,掌握利用 MATLAB 内置函数 sort 和 sortrows 实现排序的方法。

5.2 索引
了解索引的概念,掌握自行编制 MATLAB 程序和利用内置函数实现索引的方法。

5.3 搜索
了解搜索的概念,了解顺序搜索和对分搜索的基本原理,掌握自行编制 MATLAB 程序和利用内置函数 find 实现搜索的基本方法。

## 5.1 排序

所谓排序(Sort)就是将一组数据按照指定的顺序进行排列。基本的排列顺序包括递增和递减,即分别按照从小到大和从大到小的顺序对数据进行重新排列。

### 5.1.1 排序的基本方法

比较经典的排序算法有冒泡法和选择法。冒泡法排序是依次比较相邻的两个数,将小数放在前面,大数放在后面。选择法排序的基本原理是从第一个数开始,将其与后面的各数据进行比较,找出最小或者最大的数,将该数与第一个数交换位置。再从第二个数开始,将其与后面的各数进行比较,最小或者最大值作为第二个数并与第二个数据交换位置。以此类推。

选择法排序是对冒泡法排序的改进,其基本原理是:每轮比较并不马上交换位置,而是找到本轮比较中的最小值或最大值,记下该数据的位置,在本轮比较结束后,再交换位置。这里以冒泡法为例,介绍排序的基本原理及程序实现方法。

**实例 5-1 冒泡法排序。**

编制 MATLAB 函数实现冒泡法排序。程序代码如下:

```
%文件名:ex5_1.m
clc
clear
A = [17 80 32 53 17 61 27 66 69 75];          %主程序
Y = sortBub(A);
fprintf("排序前 排序后\n")
for i = 1:length(A)
    fprintf("%5d %5d\n",A(i),Y(i))
end
% ========================================================
function X = sortBub(A)                    %冒泡法排序函数
    N = size(A,2);
    for i = 1:N
        for j = 1:N-1
            if A(j) > A(j+1)
                a = A(j);
                A(j) = A(j+1);
                A(j+1) = a;
            end
        end
    end
    X = A;
end
```

在上述主程序中,首先给定整数向量 **A**,之后调用 sortBub 函数实现冒泡法排序。在 sortBub 函数中,利用两层 for 循环实现冒泡法排序。在内层循环中,每次循环将向量 **A** 中相邻的两个元素进行比较。如果前面一个数大于后面一个数,则将两个数交换。这样重复到循环结束,实现向量 **A** 中数据的排序,最后将结果保存到向量 **X** 中返回。

程序运行结果如下:

```
排序前 排序后
   17    17
   80    17
   32    27
   53    32
   17    53
   61    61
   27    66
   66    69
```

```
    69    75
    75    80
```

## 5.1.2 排序内置函数

根据排序的基本原理,MATLAB 中提供了几个内置函数,实现数组元素的排序。其中 **sort** 函数实现普通的排序,**sortrows** 函数实现对二维数组按行排序。这些函数都可以在 MATLAB 的命令行窗口直接用脚本命令调用。

### 1. sort 函数

**sort** 函数用于实现数组中各数据的排序,其基本调用格式为:

```
B = sort(A,dim,direction)
```

其中,参数 dim 指定排序的维数,direction 指定排序的顺序,可以为 'ascend' 或 'descend',分别表示递增或递减排序,默认为递增排序。如果没有参数 dim 和 direction,则默认是对数组 A 中的每一列进行递增排序。

例如:

```
>> A = [1  3  -1;0  -2,4]
A =
    1     3    -1
    0    -2     4
>> sort(A)                          %默认按列递增排序
ans =
    0    -2    -1
    1     3     4
>> sort(A,1)                        %按列递增排序
ans =
    0    -2    -1
    1     3     4
>> sort(A,'descend')               %按列递减排序
ans =
    1     3     4
    0    -2    -1
>> sort(A,2)                        %按行递增排序
ans =
   -1     1     3
   -2     0     4
```

### 2. sortrows 函数

**sortrows** 函数可以实现对二维数组按行排序,其典型调用格式为:

```
B = sortrows(A,col,direction)
```

其中,参数 direction 可以是字符向量 'ascend' 或 'descend';参数 col 指定基于第 col 列对数组中的各行进行递增或递减排序。如果没有后面两个入口参数,则默认对数组 A 中的各行按

第一列进行递增排序。

例如,如下命令及其执行结果为:

```
>> A = [1  3  -1;0  -2,4]
A =
     1     3    -1
     0    -2     4
>> sortrows(A,3,'descend')
ans =
     0    -2     4
     1     3    -1
```

对数组 $A$ 的各行,按照第 3 列进行递减排列,也就是第 3 列数据最大的行排序到最前面,第 3 列数据最小的行排序到最后面。

参数 col 和 direction 也可以是长度相同的行向量,其中每个元素对应排序的一列。例如,命令

```
>> sortrows(A,[3,5],{'ascend','descend'})
```

基于第 3 列按升序对数组 $A$ 的行进行排序,然后基于第 5 列按降序排序。

如下命令:

```
>> A = [26  99  91   3;...
        30  74  88  43;...
        62  35  82  32;...
        30  59  27  17;...
        83  11  60  18];
>> sortrows(A,[1,2],{'descend','ascend'})
```

首先产生一个 $4 \times 4$ 数组 $A$,再调用 sortrows 函数对其先按第一列递减排序。如果第一列数据相等,再按第二列递减排序。排序结果如下:

```
ans =
    83    11    60    18
    62    35    82    32
    30    59    27    17
    30    74    88    43
    26    99    91     3
```

# 5.2　索引

索引(Index)实际上也是一种排序。进行索引排序时,不仅返回排序后的数组,同时也返回一个新的索引数组,指示排序后各数据在原数组中的位置下标。

上述 sort 和 sortrows 函数都提供了另外一种调用格式,可以很方便地实现索引排序。归纳起来,这种形式的入口参数完全相同,只是在调用时,需要另外给定索引数组出口参数,

索引数组中的每个元素代表递增或者递减排序后原数据的位置。

例如，对前面得到的 $4\times4$ 数组 $A$，执行如下命令：

```
>> [B,I] = sortrows(A,'descend')
```

得到的结果为：

```
B =
    83    11    60    18
    62    35    82    32
    30    74    88    43
    30    59    27    17
    26    99    91     3
I =
     5
     3
     2
     4
     1
```

其中，$B$ 为对数组 $A$ 按第 1 行进行降序排列（递减排序）后得到的数组，列向量 $I$ 中各元素分别指示排序后 $B$ 中各行在排序前数组 $A$ 中所在的行号，向量的长度等于原数组 $A$ 的行数。

如果执行如下命令：

```
>> [C,I1] = sort(A,'descend')
```

该命令对 $A$ 中的各列分别进行递减排序，得到如下结果：

```
C =
    83    99    91    43
    62    74    88    32
    30    59    82    18
    30    35    60    17
    26    11    27     3
I1 =
     5     1     1     2
     3     2     2     3
     2     4     3     5
     4     3     5     4
     1     5     4     1
```

由此可见，采用 **sort** 函数进行索引排序，得到的索引数组维数与原数组相同，索引数组中的各元素表示排序后的数组 $C$ 中各元素在原数组 $A$ 中的索引下标。

同步练习

5-1  修改实例 5-1 中的程序，实现递减排序。

5-2  编制函数实现选择法递减排序。

5-3  修改同步练习 5-2 的程序，实现索引排序功能。

## 5.3 搜索

搜索(Search)指的是在给定的一组数据(例如数组)中查找满足指定条件的数据。在高级语言程序中,常用的搜索算法有顺序搜索、对分搜索等。在 MATLAB 中,专门提供了 **find** 函数实现搜索。

### 5.3.1 搜索的基本方法

这里主要介绍顺序搜索和对分搜索的基本方法及实现程序。所谓顺序搜索,就是从数组的第一个数据开始,逐一判断各元素是否为指定的数据(关键字),或者是否满足指定的条件。为实现对分搜索,首先必须对需要搜索的向量数据进行排序。之后,将向量中处于中间位置的元素与关键字进行比较。如果中间位置上的元素不等于关键字,则进一步确定查找范围应该在向量的前半部分还是后半部分,并在新确定的范围内,继续按上述方法进行查找,直到获得最终结果。

**实例 5-2 顺序搜索。**
顺序查找一个给定向量中是否含有指定的关键字,并返回该关键字在向量中的序号。
程序代码如下:

```
% 文件名: ex5_2.m
clear
clc
A = [7  4  4  10  1  9  10  8  1]    %任一给定待搜索的向量
key = 1;                             %指定搜索的关键字
index = search(A,key);               %搜索
fprintf("搜索关键字为 %d,",key);
fprintf("所在下标位置为: ");
fprintf(" %2d",index);
fprintf("\n");
% % =====================================================
function index = search(A,key)      %顺序搜索函数
   len = length(A);
   index = -1;                       %返回结果初始化为 -1
   j = 1;
   for i = 1:len                     %顺序搜索
     if A(i) == key                  %如果找到关键字,
         index(j) = i;               %则将索引保存到向量 index 中
         j = j+1;                    %索引向量 index 的下标加 1
     end
   end
end
```

程序运行结果如下:

```
A = 7  4  4  10  1  9  10  8  1  3
搜索关键字为1,所在下标位置为:5  9
```

由于向量 *A* 中有两个待搜索的关键字"1",因此搜索结果返回一个长度为 2 的向量 index,其中的两个元素分别指示关键字在向量 *A* 中第 5 和第 9 位置。根据 search 函数的 定义,如果向量 *A* 中没有关键字,返回 index 将是一个标量−1。

**实例 5-3　对分搜索。**

利用对分搜索查找一个给定向量中是否含有指定的关键字,并返回该关键字在向量中 首次搜索到的序号。程序代码如下:

```
% 文件名: ex5_3.m
clear
clc
A = [5  10  2  9  7  4  2  5  5  2];        % 定义待搜索向量
key = 5;                                     % 指定搜索关键字
[B, index] = binsearch(A, key);             % 搜索
fprintf("排序前: ");                         % 显示结果
fprintf(" % 3d",A);fprintf("\n");
fprintf("排序后: ")
fprintf(" % 3d",B);fprintf("\n");
fprintf("搜索关键字为 % d,所在下标位置为: % d\n",key,index);
% % =========================================
function [B, index] = binsearch(A, key)     % 对分搜索函数
    if ~issorted(A)                          % 如果 A 未经排序
        B = sort(A);                         % 则首先排序
    end
    low = 1; high = length(A);               % 设置首尾指针
    index = 0;                               % 关键字位置指针,初始化为 0
    while low <= high && index == 0
        mid = floor((low + high)/2);         % 确定中间数位置
        if B(mid) == key                     % 如果中间数等于关键字
            index = mid;                     % 则表示搜索到,保存位置
        elseif key < B(mid)                  % 否则,重新设置首尾指针,继续搜索
            high = mid - 1;
        else
            low = mid + 1;
        end
    end
end
```

在上述对分搜索函数中,首先将被搜索的向量进行递增排序。其中,内置函数 issorted 返回一个逻辑型变量,表示向量 *A* 是否已经进行了排序。之后,根据对分搜索原理实现搜 索。在搜索过程的每次循环中,利用 low 和 high 确定搜索的对分区间。如果当前对分区间 中间的数等于关键字,则表示搜索成功,将其位置保存到 index 后退出循环;否则,如果对

分区间中间的数不等于关键字,则根据关键字与中间数的相对大小,修改下一次循环搜索的区间,即重新设置 low 或 high 指针,继续下一次循环。

程序运行结果如下:

```
排序前:  5 10  2  9  7  4  2  5  5  2
排序后:  2  2  2  4  5  5  5  7  9 10
搜索关键字为5,所在下标位置为: 5
```

在上述结果中,$A$ 是经递增排序后的向量。index＝5 表示在排序后的向量中,待搜索的关键字"5"是第 5 个元素。

## 5.3.2 搜索内置函数

在 MATLAB 中,提供了 find 函数,根据该函数的功能,结合条件表达式可以用于实现指定关键字或者满足指定条件的多个数据的搜索。

### 1. 非零数据的搜索

函数 find 的基本功能是查找非零元素的索引和值,其基本调用格式为:

```
k = find(X,n,dir)
```

其中,参数 $X$ 为输入向量或者数组;参数 $n$ 为要查找的非零元素的个数;参数 dir 可以为'first'或'last',表示查找与 $X$ 中非零元素对应的最前面或者最后面 $n$ 个索引,默认值为'first'。

如果未给定参数 $n$ 和 dir,则返回 $X$ 中所有非零元素所在的下标位置向量。如果给定了参数 $n$,则返回向量 $k$ 的长度小于或等于 $n$,$k$ 中的每个元素表示在 $X$ 中前面或者后面 $n$ 个非零元素所在位置下标。

例如,如下命令

```
>> X = [1  0  2  0  -1  1  0  -2  4];
>> k1 = find(X)
>> k2 = find(X,3,'last')
>> k3 = find(X,10,'first')
```

执行结果为:

```
k1 = 1  3  5  6  8  9
k2 = 6  8  9
k3 = 1  3  5  6  8  9
```

再如,如下命令及其执行结果为:

```
>> A = [1 0 2;0 1 -1]
A = 1  0   2
    0  1  -1
>> find(A,3)
ans = 1  4  5
```

在本例中，$A$ 是一个二维数组，搜索过程是按列进行的，因此返回结果中的"4"表示数组 $A$ 中的第 4 个元素，即第二行第二列元素。

2. 给定条件搜索

要利用 **find** 函数查找符合给定条件的数组元素，可以利用关系表达式构造逻辑型数组，再作为 **find** 函数的第一个参数 $X$。

例如，如下命令及其执行结果为：

```
>> X = [1  10  9  2  4  6];
>> find(X < 5,3)
ans = 1  2  4
```

其中，关系表达式 $X<5$ 的返回结果为逻辑型向量[0 1 1 0 0 1]，向量中每个 1 表示在原向量 $X$ 中对应位置上的元素小于 5。因此将 $X<5$ 作为 **find** 函数的第一个参数，即可搜索向量 $X$ 中所有小于 5 的元素。返回结果为一个列向量，其中的每个元素表示数组 $X$ 中前面 3 个小于 5 的元素在数组中的下标，即元素 $X(1)$、$X(2)$ 和 $X(4)$ 都小于 5。

再如，如下命令：

```
>> X = [1  -1  0  2  -1  5  1  -1  0  -1];
>> find(X == -1,3,'last')
```

从尾到头反序搜索向量 $X$，返回 $X$ 中最后 3 个 -1 元素所在的索引位置，得到如下结果：

```
ans = 5  8  10
```

3. 搜索数据的返回

**find** 函数还有另外一种调用格式，不仅可以返回数据所在数组中的各维下标，同时还可以返回满足条件的数据。在这种调用格式中，需要给定 2 个或者 3 个返回参数。如果只给定 2 个返回参数，则返回数组 $X$ 中每个非零元素的行和列下标。如果给定了第 3 个返回参数，则同时返回 $X$ 中非零元素的向量。

例如，如下命令及其执行结果为：

```
>> X = [1  -1  0  2; -1  5  1  -1]
X =
     1    -1     0     2
    -1     5     1    -1
>> [r,c,v] = find(X,2)
r = 2  1
c = 1  2
v = 1  -1
```

在上述命令中，搜索矩阵 $X$ 中前面两个非零元素。在返回的列向量 $r$ 和 $c$ 中，$r(1)=2$，$c(1)=1$，表示为元素 $X(2,1)$；$r(2)=1$，$c(2)=2$，表示为元素 $X(1,2)$。在原数组 $X$ 中，这两个元素是非零元素。由向量 $v$ 可知，这两个元素分别为 1 和 -1。

需要注意的是，对于给定条件搜索，**find** 函数的第一个参数"$X==-1$"是一个逻辑或者关系表达式,该表达式判断指定向量或者数组 $X$ 中的每个元素是否满足给定条件,返回维数与 $X$ 相同、但各元素都为 0 或 1 的数组。此时,返回的第三个参数 $v$ 是一个全 1 列向量,而不是原数组 $X$ 中的元素。

例如,如果将上述搜索命令修改为:

```
>> [r,c,v] = find(X ==== -1,2)
```

则表示搜索数组 $X$ 中前面两个 $-1$ 元素,此时返回向量 $v$ 是一个逻辑型数组,结果为:

```
v =
  2×1 logical 数组
  1
  1
```

同步练习

5-4　在实例 5-2 中,采用的是从头到尾顺序搜索。修改程序实现从尾到头反序搜索,返回找到关键字一共执行的搜索次数。不用考虑没有关键字的情况。

5-5　在实例 5-3 中,对分搜索函数 binsearch 返回的结果表示关键字在排序后的向量中的位置。修改程序,使得返回结果表示关键字在原向量中的位置(提示:利用索引排序实现)。

5-6　统计一个数组中正数、负数和 0 的个数,要求利用 find 函数实现。

5-7　将一个正整数向量中所有的奇数和偶数分别保存到另一个向量中。

# 第二篇 MATLAB高级程序设计

作为科学计算工具,MATLAB 除了有与其他高级程序设计语言类似的基本功能外,还提供了元胞数组、结构体、表等高级数据类型,在程序中能方便地实现各种文件的访问操作。更为强大的是,通过调用 MATLAB 中提供的内置函数,可以很方便地绘制各种函数图形,将程序处理的数据以图形的形式呈现,便于实现计算数据的可视化。本篇将对这些高级功能进行简要介绍,具体包括如下章节:

第 6 章  MATLAB 中的高级数据类型

第 7 章  文件及文件操作

第 8 章  数据的可视化

# 第二篇　MATLAB高级程序设计

# 第 6 章

# MATLAB 中的高级数据类型

在 MATLAB 中,元胞数组、结构体数组和表都是高级数据类型,这些数据类型可以理解为数据容器或者数据结构。与普通的数组不同,这 3 种数据类型中可以存储多种不同类型的数据,因此功能十分强大,使用非常灵活。特别是在大数据、人工智能和机器学习等行业应用中,都需要进行大量各种不同类型数据的处理,从而使这些高级数据类型在程序中得到了大量应用。

本章主要介绍上述各种高级数据类型的基本概念及用法,主要知识点如下:

6.1　元胞数组

了解元胞数组的概念、作用及其与普通数组的区别,掌握元胞数组的创建及访问方法,了解元胞数组在函数定义中的应用。

6.2　结构体数组

了解结构体和结构体数组的概念和基本组成,掌握结构体数组的创建和访问方法,了解嵌套结构体的概念及应用,掌握结构体数组作为函数参数的使用方法。

6.3　表

掌握表的基本结构组成,掌握表的创建、查看和数据访问的常用方法,掌握表数据的常见处理方法。

## 6.1　元胞数组

视频讲解

与前面介绍的普通数组一样,元胞数组(Cell Array)也是一种数组,由若干元素构成。可以有多种方法创建元胞数组,将多种不同类型的数据保存到元胞数组中,并通过索引下标访问其中的各元素。

### 6.1.1　元胞数组的创建

要将数据放入元胞数组中,只需要将这些数据用逗号分隔,并依次放在一对大括号中。首先通过一个例子体会元胞数组的概念及其与普通数组的区别。

用如下命令分别创建一个最简单的元胞数组 cellArr 和一个普通的数组 arr:

```
>> cellArr = {1,2,3}
cellArr =
  1×3 cell 数组
    {[1]}    {[2]}    {[3]}
>> arr = [1,2,3]
arr = 1    2    3
```

由此可见,创建普通数组时,是将数组中的各元素依次放在一对中括号中,而创建元胞数组时,是将各元素依次放在一对大括号中,放在大括号中的每个元素称为元胞(Cell)。

在命令行窗口显示的执行结果中,元胞数组中的每个元胞分别用一对大括号包围;而对普通的数组,直接依次列出其中的各元素。

利用 whos 命令查看所创建的 cellArr 和 arr 变量的属性,结果如下:

```
>> whos
  Name        Size         Bytes  Class      Attributes
  arr         1×3             24  double
  cellArr     1×3            336  cell
```

其中,cellArr 的类型(Class)属性为 **cell**,说明这是一个 1×3 元胞数组。

1. 元胞数组的创建

元胞数组更常用的形式是,每个元胞都可能是各不相同的数据类型。例如,如下命令创建了一个元胞数组 myCell:

```
>> myCell = {1, 2, 3;'text', [11; 22; 33],{11  22  33}}
myCell =
  2×3 cell 数组
    {[   1]}    {[      2]}    {[      3]}
    {'text'}    {3×1 double}  {1×3 cell}
```

该元胞数组共有 2 行 3 列。第一行 3 个元胞分别是一个标量。在显示的结果中,每个标量数据用一个 1×1 数组表示,再放在大括号中。在元胞数组 myCell 的第二行中,第一个元胞是一个字符向量,第二个元胞是一个 3×1 数值型数组,第三个元胞又是一个 1×3 元胞数组。

需要注意的是,与普通数组一样,元胞数组的每一行也必须具有相同的列数。

2. cell 函数

调用 **cell** 函数首先要创建一个空的元胞数组,之后即可向其中添加元胞。该函数有以下几种基本调用格式:

```
C = cell(n)
C = cell(sz1,sz2,…,szN)
C = cell(sz)
```

其中,参数 $n$ 和 $sz1,sz2,\cdots,szN$ 都是整型参数;$sz$ 为一个行向量,其中的每个参数都是整数。

上述 3 种调用格式分别返回一个 $n \times n$、$sz1 \times sz2 \times \cdots \times szN$ 和 $sz(1) \times sz(2) \times \cdots \times sz(N)$ 元胞数组。例如，cell(2,3)和 cell([2 3])都返回一个 2×3 元胞数组。

## 6.1.2 元胞数组中数据的访问

对元胞数组，可以有两种基本的访问操作，即元胞索引和内容索引访问。元胞索引指的是元胞数组中的各元素，每个元素是一个元胞。元胞中保存的具体数据称为内容索引。

上述两种索引都可以像普通数组一样通过下标进行访问。但是，元胞索引的下标必须放在小括号中，内容索引的下标必须放在大括号中。

### 1. 元胞索引的访问

小括号中的索引下标用于访问元胞索引，返回结果是一个元胞（1×1 元胞数组），或者多个元胞构成的元胞数组。例如，首先用如下命令创建了一个 2×3 元胞数组 $C$：

```
>> C = {'one', 'two', 'three'; 1, 2, 3}
C = 2×3 cell 数组
    {'one'}    {'two'}    {'three'}
    {[   1]}    {[   2]}    {[   3]}
```

则如下命令及其结果分别为：

```
>> C1 = C(1,2)                    % 元胞索引,返回一个元胞
C1 = 1×1 cell 数组
    {'two'}
>> C2 = C(1:2,1:2)               % 元胞索引,访问多个元胞,得到一个新的元胞数组
C2 = 2×2 cell 数组
    {'one'}    {'two'}
    {[   1]}    {[   2]}
```

### 2. 内容索引的访问

通过将索引下标放在大括号中，可以访问元胞数组中指定元胞的内容，即元胞中存储的数字、文本或其他数据。

例如，对前面创建的元胞数组 $C$，如下命令可以访问最后一个元胞中存储的数据：

```
>> C{1,2}
ans = 'two'
```

得到的结果是一个字符向量。注意到显示的结果中没有加大括号，说明是元胞中保存的具体数据（内容索引），而不是元胞本身（元胞索引）。

而如下命令

```
>> C{2,3} = 300
```

将元胞数组 $C$ 中的最后一个元胞数据替换为 300，得到如下结果：

```
C = 2×3 cell 数组
    {'first'}    {'second'}    {'third'}
    {[   1]}    {[   2]}    {[   300]}
```

利用这种方法还可以同时访问一个元胞数组中多个元胞的数据,返回的各数据以逗号分隔,分别返回给不同的变量。例如,对前面创建的 $2 \times 3$ 元胞数组 $C$,如下命令返回其中第 2 列的两个元胞数据,并分别赋给变量 $a$ 和 $b$:

```
>> [a,b] = C{:,2}
a = 'two'
b = 2
```

需要注意的是,如果每个元胞包含不同类型的数据,则返回的这些数据不能同时分配给一个变量,或者赋给某个普通数组。当返回的每个元胞数据都具有相同的类型时,可以将其用[]指定放到一个数组变量中。例如:

```
>> a = [C{2,1:2}]          % 将元胞数组 C 中第 2 行前两个元胞数据保存到普通数组变量 a 中
a = 1×3
    1    2
```

此外,MATLAB 中提供了内置函数 **celldisp**,可以直接显示元胞数组中各元胞的内容。例如,对前面创建的元胞数组 $C$,如下命令及其执行结果为:

```
>> celldisp(C)
C{1,1} = one
C{2,1} = 1
C{1,2} = two
C{2,2} = 2
C{1,3} = three
C{2,3} = 3
```

用内置函数 **disp** 也可以显示元胞数组,但在显示结果中,每个元素是一个元胞,相当于实现的是元胞索引访问。比较如下命令及其结果:

```
>> disp(C)
  {'one'}     {'two'}     {'three'}
  {[  1]}     {[  2]}     {[    3]}
```

3. 元胞数组与数值型数组之间的转换

如果元胞数组中所有元胞的内容都为同类型的数值型数据,则可以将其转换为普通的数值型数组。反之,也可以将普通的数值型数组转换为元胞数组,普通数值型数组中的每个元素直接作为元胞数组中的每个元胞。

上述转换可以通过调用 MATLAB 的内置函数 **cell2mat** 和 **num2cell** 实现。

例如,用如下命令创建一个普通的数值型数组:

```
>> A = [12,34;567,89]
A =
```

```
        12      34
       567      89
```

则利用如下命令可以将其转换为元胞数组：

```
>> C = num2cell(A)
```

得到如下结果：

```
C =
  2×2 cell 数组
    {[ 12]}    {[34]}
    {[567]}    {[89]}
```

如果再执行如下命令：

```
>> B = cell2mat(C)
```

又可以将元胞数组 C 再转换为数值型数组：

```
B =
     12      34
    567      89
```

## 6.1.3　字符向量元胞数组

前面已经说过，如果将多个字符向量放在一对中括号中，是将这些字符向量拼起来构成一个新的字符向量。如果多个字符向量分别代表不同的含义（例如分别作为多个文件的文件名），则可以将其放在一对大括号中，作为一个元胞数组中的元素，此时各字符向量不会连接和合并。

### 1. 字符向量元胞数组的创建

如果一个元胞数组的元素均为字符向量，则称为字符向量元胞数组。将用单引号括起来的每个字符向量分别用逗号、空格或者分号分隔，再用大括号括起来，即可创建字符向量元胞数组。

例如，如下命令创建一个字符向量元胞数组：

```
>> chrArr = {'张三','李四','Alice'}
chrArr = 1×3 cell 数组
    {'张三'}    {'李四'}    {'Alice'}
```

在得到的结果中，每个字符向量都用大括号括起来，表示一个元胞。比较如下命令及其结果：

```
>> chrArr1 = ['张三','李四','Alice']
chrArr1 = '张三李四 Alice'
```

得到的 charArr1 为一个新的字符向量。

用 whos 命令查看上述两个变量的数据类型如下：

```
>> whos
  Name      Size              Bytes  Class     Attributes
  chrArr    1 × 3               330  cell
  chrArr1   1 × 9                18  char
```

由此说明，chrArr 是一个元胞数组（**cell**），而 chrArr1 是一个字符向量（**char**），二者的大小和占用的内存字节数也各不相同。

在字符向量元胞数组中，每个元胞存储的都是一个字符向量，因此可以通过内容索引获取其中的各字符向量，然后对字符向量中保存的字符和字符串进行操作。此外，还可以利用元胞数组的访问操作方法对整个字符向量元胞数组进行访问。

2．元胞数组维数的获取

前面章节介绍的内置函数 **strlength** 用于获取用双引号括起来的字符串的长度。对于字符向量元胞数组，该函数用于获取元胞数组中每个元胞字符向量的长度，返回结果是一个数值型数组，其维数等于元胞数组的维数。例如：

```
>> chrArr = {'张三','李四','Alice'}
>> strlength(chrArr)
ans = 2    2    5
```

**注意**：对字符向量元胞数组，**length** 函数返回的是元胞数组中元胞的个数，即字符向量的个数。比较两段程序结果：

```
>> length(chrArr)
ans = 3
```

3．字符向量的比较

前面章节介绍的 **strcmp** 和 **strcmpi** 等函数用于比较字符向量、字符串和字符串数组，也可以用于对两个字符向量元胞数组进行比较。

参加比较的可以是一个字符向量和一个字符向量元胞数组，也可以是两个字符向量元胞数组。如果参加比较的是两个字符向量元胞数组，则两个数组的大小必须相同。此时，返回结果是一个大小等于元胞数组大小的逻辑型数组。

例如：

```
>> s1 = 'upon';
>> s2 = {'Once','upon';'a','time'};      % 字符向量与字符向量元胞数组进行比较
>> tf = strcmp(s1,s2)
tf = 2 × 2 logical 数组                   % 返回大小与元胞数组相同的逻辑型数组
   0   1
   0   0
```

再如：

```
>> s1 = {'Time','flies','when'; 'you''re','having','fun.'};
s2 = {'Time','drags','when';'you''re','anxiously','waiting.'};
tf = strcmp(s1,s2)                    % 两个 2×3 元胞数组进行比较
tf = 2×3 logical 数组
  1  0  1
  1  0  0
```

#### 4. 元胞数组与字符串数组的转换

新版的 MATLAB 支持字符串数组,因此建议使用字符串数组而不是字符向量元胞数组。不过,为了兼容性,接收字符串数组作为输入参数的很多内置函数,也接收字符向量和字符向量元胞数组作为函数的参数。

利用 string 函数,可以将字符向量元胞数组转换为字符串数组。例如:

```
>> C = {'Li','Sanchez','Jones','Yang','Larson'}
C = 1×5 cell 数组
    {'Li'}    {'Sanchez'}    {'Jones'}    {'Yang'}    {'Larson'}
>> str = string(C)
str = 1×5 string 数组
    "Li"    "Sanchez"    "Jones"    "Yang"    "Larson"
```

实际上 string 函数可以将任何元胞数组转换为字符串数组,元胞数组中的各元胞不一定都要求是字符向量。例如:

```
>> C2 = {5, 10, 'some text', datetime('today')}
C2 = 1×4 cell array
    {[5]}    {[10]}    {'some text'}    {[31 - Jan - 2020]}
>> str2 = string(C2)
str2 = 1×4 string
    "5"    "10"    "some text"    "31 - Jan - 2020"
```

## 6.1.4  元胞数组与函数的可变个数参数

元胞数组是 MATLAB 中一种重要的数据类型,具有很强的灵活性,利用这一特点可以实现高级功能和操作。例如,利用元胞数组可以存储任意类型和任意个数的数据,如果将元胞数组作为函数的参数,则可以允许函数接收不同类型和个数的参数,并据此实现不同的功能。

#### 1. 可变个数参数的定义

在定义函数时,如果用 varargin 和 varargout 关键字作为函数的输入和输出参数,则表示该函数可以接收不同个数的参数。此外,在自定义的函数体中,还可以通过 nargin 和 nargout 关键字获取调用自定义函数时所给定的输入、输出参数的个数。

关键字 varargin 的全称是 Variable-length Input Argument List(可变长度输入参数列表),varargout 的全称是 Variable-length Output Argument List(可变长度输出参数列表)。

这两个关键字通常放在函数声明语句中,分别作为函数的输入参数和输出参数,从而使

得函数能够接收任意数量的输入参数,返回需要个数的输出参数。

具体使用时,将这两个关键字分别放在函数输入参数和输出参数列表的最后。在调用执行函数时,varargin 和 varargout 都是 $1 \times N$ 的元胞数组,其中 $N$ 是函数接收到的输入参数个数,但不包括在函数中明确声明的其他参数。如果除了这些明确声明的参数以外,函数没有接收或返回任何其他参数,则 varargin 和 varargout 为空的元胞数组。

例如,定义如下函数:

```
function myFun(varargin)
    celldisp(varargin)
end
```

如下语句调用上述函数,并向其传递了 3 个输入参数:

```
myFun(ones(3),'some text',pi)
```

其中,第一个参数是利用内置函数 ones 产生的 $3 \times 3$ 数组,数组中的所有元素都为 1;第二个参数是一个字符向量;第三个参数为常量 pi,近似等于 3.1416。

执行上述语句调用函数 myFun 时,3 个输入参数赋给元胞数组变量 varargin,再执行函数体中的 **celldisp** 函数,显示出其中 3 个元胞的内容:

```
varargin{1} =
    1    1    1
    1    1    1
    1    1    1
varargin{2} = some text
varargin{3} = 3.1416
```

2. 参数个数的检查和获取

如果在函数定义中,参数的个数是确定的,则 MATLAB 能够自动检查函数的入口参数个数是否正确,当发现调用时所给实参个数与函数定义中规定的形参个数不一致时,会自动发出提示。

例如,假设有如下函数定义:

```
function [x,y] = myFun(a,b,c)
```

该函数需要 3 个输入参数,2 个输出参数。如果用如下语句调用上述函数:

```
[X,Y] = myFun(1,2,3,4)
```

由于给定的实际参数(简称实参)有 4 个,因此执行时,将显示如下错误提示:

```
错误使用 myFun
输入参数太多。
```

在 MATLAB 程序中,函数的入口参数可以有可选位置参数、重复参数以及不同个数的名-值对参数,同一个函数也可以根据实现的具体功能返回不同个数的出口参数等,这就需要在函数体中自动确定参数的个数。这是通过调用 MATLAB 中提供的 **nargin** 和 **nargout** 两个专用内置函数实现的。

**nargin** 和 **nargout** 函数分别返回的是调用时主程序向函数传递的入口和出口参数的个数,这两个函数只能用在自己定义的函数中,不能用在主程序中。注意,nargin 函数返回的入口参数个数中包括位置参数、可选位置参数和重复参数,但不包括名-值对参数。

下面举例说明。

---

**实例 6-1　函数的可变个数参数 1。**
完整的程序如下:

```
% 文件名: ex6_1.m
[a,b,c,d] = varg(1,2,3)                              % 主程序
% ======================================================
function varargout = varg(varargin)                  % 函数定义
    fprintf("输入参数的个数 % d; \n",nargin);
    fprintf("输出参数的个数 % d。",nargout);
    for k = 1:nargout                                 % 函数功能代码
        varargout{k} = k;
    end
end
```

---

在上述程序的函数定义中,入口和出口参数分别设置为 varargin 和 varargout,因此函数可以接收不同个数的入口参数,返回不同个数的出口参数。在函数体中,调用 nargin 和 **nargout** 获取实参的个数,再利用 for 循环语句将从 1 开始的连续整数依次保存到元胞数组 **varargout** 中,作为出口参数。

在主程序中,调用所定义的 varg 函数时,给定了 3 个入口参数和 4 个出口参数。程序执行结果如下:

```
输入参数的个数 3;
输出参数的个数 4。
a = 1.00
b = 2.00
c = 3.00
d = 4.00
```

---

**实例 6-2　函数的可变个数参数 2。**
定义一个函数,比较若干字符向量是否以参考字符向量开头。程序代码如下:

```
% 文件名: ex6_2.m
str1 = 'abc1';                                       % 定义待比较的字符向量
str2 = 'ABC1';
```

```
    str3 = 'abdc_123';
    fprintf("待比较字符串:%s, %s, %s\n",str1,str2,str3);
    [res1,res2,res3] = strc('abc',str1,str2,str3);              % 参考字符向量设为'abc'
    fprintf(" 比较结果:%3d %3d %3d\n",res1,res2,res3);
    % =====================================================
    function varargout = strc(str,varargin)
    % 比较给定的字符向量是否以参考字符向量 str 开头
        m = length(str);                                        % 获取参考字符向量的长度
        n = nargin - 1;                                         % 获取待比较字符向量的个数
        for i = 1: n
            stri = varargin{i};                                 % 获取一个比较字符向量
            res = strncmp(str,stri,m);                          % 比较,并保存结果
            varargout{i} = res;
        end
        fprintf(" 出口参数:");
        fprintf(" %3d ",varargout{1:n});
        fprintf("\n")
    end
```

在上述代码中,所定义的 strc 函数共有两个入口参数,其中第二个参数为 varargin,代表可变个数的入口参数,用于传递若干参加比较的字符向量。输出参数 varargout 为可变个数的出口参数。

在函数体中,首先将参考字符向量的长度存入变量 $m$,并利用 nargin 获取入口参数的个数。注意,这里 nargin 返回的是所有入口参数的个数,包括参考字符向量 str 以及与 varargin 参数对应的可变个数入口参数(即待比较的字符向量)。因此,需要将 nargin 返回的结果减 1 后才能得到待比较的字符向量的个数,并存入变量 $n$。

在之后的 for 循环语句中,将 varargin 视为元胞数组,利用内容索引方法从中依次获取各个待比较的字符向量,再调用 strncmp 函数进行比较。比较结果为逻辑型数据 1(true)或 0(false),同样利用内容索引方法存入元胞数组 varargout 中。

在函数体的最后 3 条 fprintf 语句中,利用内容索引的方法获取并显示元胞数组 varargout 中的所有元素。

在主程序中,调用上述函数时,直接将参考字符向量 'abc' 与待比较的 3 个字符向量 str1、str2 和 str3 作为入口参数,而 3 个出口参数分别为 res1、res2 和 res3,用于接收函数返回的 3 个比较结果。

由此可见,在函数体中,将 varargin 和 varargout 都视为元胞数组,其作用仅仅是指明函数可以有不同个数的参数。在主程序中,与 varargin 和 varargout 相对应的实参都是普通类型的数据,不是元胞数组。

程序执行结果如下:

```
待比较字符串:abc1,ABC1,abdc_123
    出口参数:  1   0   0
    比较结果:  1   0   0
```

实例 6-3　**参数个数的检查**。

定义函数如下：

```
% 文件名: fNargin.m
function result = fNargin(a,b,c,nameval)
    arguments                        % 参数声明模块
        a (1,1) double               % 位置参数
        b (1,1) double               % 位置参数
        c (1,1) single = 1           % 可选位置参数
        nameval.paraName             % 名-值对参数
    end
    fprintf("入口参数的个数: % d",nargin)
    switch nargin                    % 入口参数个数检查
        case 2
            result = a + b;
        case 3
            result = a^c + b^c;
    end
end
```

在上述函数中，由于第 3 个参数 $c$ 给定了默认值 1，因此该参数是可选位置参数，在调用时可以不给定。另外，还定义了一个名-值对参数 nameval。

在函数体的参数声明模块之后，调用 **nargin** 函数获取入口参数的个数，之后利用 **switch** 语句根据实参个数实现不同的运算，得到结果通过 result 返回。

将上述函数保存为同名 M 文件后，在命令行窗口输入如下命令调用上述函数：

```
>> result = fNargin(3.1,4.2)          % 给定两个实参
入口参数的个数: 2
result = 7.3000
>> result = fNargin(3.1,4.2,2.0)      % 给定 3 个实参
入口参数的个数: 3
result =
  single
        27.2500
```

而如下调用命令

```
>> result = fNargin(3.1,4.2,paraName = 2)
```

给定了两个位置参数和一个名-值对参数，执行结果为

```
入口参数的个数: 2
result = 7.3000
```

实例 6-4　**输出参数个数的获取**。

创建一个函数求入口向量参数中所有元素的累加和，如果有两个出口参数，则同时返回

入口向量参数中所有元素的平均值。

函数文件代码如下：

```
%文件名：am.m
function [sumA, avgA] = am(A)
%求向量中所有元素的累加和与平均值
    sumA = sum(A);              %如果只有一个出口参数,则只返回累加和
    if nargout > 1              %如果有多个出口参数,则同时返回平均值
        avgA = sumA/length(A);
    end
end
```

在命令行窗口输入的命令及执行结果如下：

```
>> X = [1  2  3  4];
>> [sum,avg] = am(X)
sum = 10.00
avg = 2.50
```

在上述第二条命令中,将向量 **X** 作为输入参数调用函数 am,得到向量中所有元素的累加和与平均值,分别返回变量 sum 和 avg。

---

同步练习

6-1　如下命令创建了一个元胞数组：

```
>> arr = {'a','b','c';1,2,[1,2]};
```

分析如下命令执行后的结果：

```
>> arr(1,1:2)
>> arr{2,1:2}
>> arr{2,3}
```

6-2　编程实现如下功能：

(1) 将整数 $1 \sim 10$ 依次存入 $2 \times 5$ 元胞数组 arr 中；

(2) 提取 arr 中的第 3 和第 4 列,存入元胞数组 arr1 中；

(3) 将元胞数组 arr1 转换为数值型数组 arr2。

6-3　分析比较如下命令执行结果的区别,并用 whos 命令查看各变量的类型：

```
>> str1 = ['a','b','c']
>> str2 = {'a','b','c'}
>> str3 = {"a","b","c"}
>> str4 = ["a","b","c"]
```

6-4　创建一个可变个数参数的函数,计算长方体的底面积和体积。要求：

(1) 如果输入参数只有 2 个,则返回长方体的底面积；

（2）如果输入参数有 3 个，则同时返回长方体的底面积和体积。

6-5　创建如下函数：

```
function varargout = addsum(a,varargin)
```

要求该函数实现的功能为：

（1）如果输入只有一个参数，求该参数的 2 倍值；

（2）如果输入有多个参数，求所有入口参数的和；

（3）如果输出有两个参数，第二个参数返回平均值。

视频讲解

# 6.2　结构体数组

结构体数组（Structure Array）中的每个元素是一个结构体（Structure），每个结构体由多个字段或者域（Field）构成，每个字段有一个字段名和字段值，各字段的值可以是不同类型的数据。因此与元胞数组类似，结构体数组是一种可以存储多个不同类型数据的数据容器。

结构体数组的基本组成可以用图 6-1 表示。与其他数组类似，结构体数组可以具有任意维度，同时具有以下属性：

（1）结构体数组中的所有元素（结构体）都具有相同名称和个数的字段。

（2）同一个元素的各字段值可以具有不同的数据类型。

（3）不同元素中的同名字段可以包含不同类型或大小的字段值。

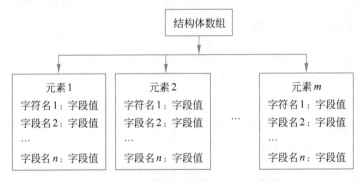

图 6-1　结构体数组的基本组成示意图

## 6.2.1　结构体数组的创建

结构体数组中的每个元素都是一个结构体，一个结构体是一个标量。这里首先介绍结构体标量的创建和访问方法，体会什么是结构体。在此基础上，介绍如何创建和访问结构体数组。

1. 结构体标量的创建

创建结构体标量时,只需要依次给定该元素的各字段名,并为其赋值即可。具体格式如下:

```
结构体名.字段名 = 字段值
```

例如,如下命令:

```
>> student.name = "张三";
>> student.number = 1234;
>> student.score = [92  65  74];
```

创建了一个名为 student 的结构体,每个结构体包含的字段有 name(姓名)、number(学号)、score(3 次测验成绩),并且直接用赋值语句为 3 个字段赋值。

执行上述命令后,在命令行窗口用 whos 命令可以查看该结构体的相关属性:

```
>> whos
  Name         Size                 Bytes  Class      Attributes
  student      1×1                    686  struct
```

其中的类型(Class)属性为 **struct**,说明这是一个结构体。

2. 结构体数组的创建

由多个具有相同字段的结构体可以构成一个结构体数组,其中的每个元素都是结构体。要创建这样的结构体数组,对数组中的每个结构体分别设置字段值即可。在程序中,首先用索引下标访问结构体数组中指定的结构体元素,然后用前面创建结构体相同的方法为该元素设置各字段值。

例如,如下语句创建了结构体数组 s:

```
s(1).name = "张三";s(1).number = 1234;s(1).score = [92  65  74];
s(2).name = "李四";s(1).number = 1235;s(1).score = [60  85  90];
```

其中有两个元素,每个元素包括 name、number 和 score 3 个字段。

用上述方法创建结构体数组时,不必为每个结构体的所有字段赋值。例如,向上述结构体数组 s 中添加一个新的结构体元素如下:

```
s(3).name = "王五";
```

其中只设置了字段 name 的值。该结构体的另外两个字段将被分别初始化为一个空数组。

3. struct 函数

除上述方法外,还可以调用内置函数 **struct** 创建结构体和结构体数组,该函数的基本调用格式如下:

```
s = struct(field1,value1,…,fieldN,valueN)
```

其中,field1,field2,…,fieldN 为字段名,可以是字符向量或者字符串;value1,value2,…,valueN 为各字段的取值。

在调用 **struct** 函数时,如果所有字段名和字段值都不是元胞数组,则返回一个结构体或者结构体数组中的一个元素。例如,如下命令

```
>> s = struct('x','a','y',[1 2 3])
```

创建了一个结构体 s,其中包括 x 和 y 两个字段,第 2 和第 4 个参数分别为两个字段的值。命令执行结果如下:

```
s =
    包含以下字段的 struct:
      x: 'a'
      y:[1 2 3]
```

如果用这种方法创建的多个结构体具有相同的字段,则这些结构体可以构成一个结构体数组。例如,用如下两条命令:

```
>> s(1) = struct('x','a','y',[1 2 3]);
>> s(2) = struct('x','b','y',[4 5 6]);
```

分别创建了结构体 s(1)和 s(2),这两个结构体分别作为两个元素,构成结构体数组 s。

具体使用时,还可以有如下几种特殊用法。

(1) 如果给定的某个字段值是非标量元胞数组(数组中有多个元胞),则可以用一条语句创建得到结构体数组 s。元胞数组中的各元素分别作为结构体数组中各元素对应字段的值,而其他非元胞数组的字段值将作为结构体数组中所有元素对应的字段值。

例如,如下命令及其执行结果为:

```
>> s1 = struct('x',{'a','b';'c','d'},'y',[1  2  3])
s1 =
    包含以下字段的 2×2 struct 数组:
      x
      y
```

其中,第一个字段值是一个 2×2 字符向量元胞数组,因此得到的 s 是一个 2×2 结构体数组,元胞数组中的各元素分别作为 s 中 4 个元素的第一个字段值,而 s 中所有元素的第二个字段值相同,都等于数组[1 2 3]。

(2) 如果给定多个字段值是非标量元胞数组,所有这些元胞数组必须具有相同的维数。

例如,在命令

```
>> s1 = struct('x',{'a','b';'c','d'},'y',{1  2  3})
```

中,两个字段值分别是 2×2 和 1×3 元胞数组,因此执行后将显示如下错误提示:

```
错误使用 struct
```

输入 '4' 的数组维度必须与输入 '2' 的数组维度匹配或者为标量。

其中，'4'和'2'分别表示上述命令中的第 4 和第 2 个参数。

（3）如果某个字段值是空元胞数组，即只有一对大括号，则返回一个空的结构体数组，维度为 0×0。如果某个字段不需要给定字段值（空字段），必须将该字段值指定为一对中括号。

例如，如下两条命令：

```
>> s2 = struct('x',{},'y','c')
>> s3 = struct('x',{'a','b'},'y',[])
```

创建的 s2 是一个空的结构体数组，而 s3 是 1×2 结构体数组，其中两个元素的第二个字段都为空。

---

**实例 6-5　结构体数组的创建。**

用 3 种方法创建一个 1×2 结构体数组 sarr，其中包括 f1、f2 和 f3 3 个字段。程序如下：

```
% 文件名: ex6_5_1.m
% 方法1
clear
clc
sarr(1).f1 = [0,0];                         % 结构体1
sarr(1).f2 = 'a';
sarr(1).f3 = pi;
sarr(2).f1 = [0,0];                         % 结构体2
sarr(2).f2 = 'b';
sarr(2).f3 = pi^2;
% 文件名: ex6_5_2.m
% 方法2
clear
clc
sarr(1) = struct('f1',[0,0],'f2','a','f3',pi);    % 结构体1
sarr(2) = struct('f1',[0,0],'f2','b','f3',pi^2);  % 结构体2
% 文件名: ex6_5_3.m
% 方法3
clear
clc
field1 = 'f1';   value1 = [0,0];            % 字段1
field2 = 'f2';   value2 = {'a', 'b'};       % 字段2
field3 = 'f3';   value3 = {pi, pi^2};       % 字段3
sarr = struct(field1,value1,field2,value2,field3,value3)
                                            % 创建结构体数组
```

---

上述程序的执行结果如下：

```
sarr =
  包含以下字段的 1×2 struct 数组:
    f1
    f2
    f3
```

## 6.2.2　结构体数组的访问和操作

结构体数组的访问和操作主要包括结构体数组的查看、读取或者修改结构体中的各字段名、读取或者修改结构体数组中的字段值、增加或者删除字段等。

### 1. 结构体数组的查看

用前面介绍的方法创建的结构体标量或者结构体数组,可以调用 **disp** 函数查看。

例如,对前面创建的 student 结构体标量,用如下命令

```
>> disp(student)
```

查看,得到如下结果:

```
name: "张三"
number: 1234
score: [92  65  74]
```

对于实例 6-5 中创建的结构体数组 sarr,如下命令及其执行结果为:

```
>> disp(sarr)
包含以下字段的 1×2 struct 数组:
    f1
    f2
    f3
```

由此可见,调用 **disp** 函数,对于结构体标量,可以显示所有的字段名和字段值;对于结构体数组,只显示字段名,不显示字段值。如果希望同时显示出字段名和字段值,需要分别对其中的各元素调用 **disp** 函数。例如,如下命令及其执行结果为:

```
>> disp(sarr(1))
    f1: [0  0]
    f2: 'a'
    f3: 3.1416
```

除了上述方法外,也可以通过变量观察窗口观察所创建的结构体数组。具体操作方法是:在工作区子窗口中双击结构体数组变量名,即可打开变量观察窗口,在其中以表的形式显示结构体数组。

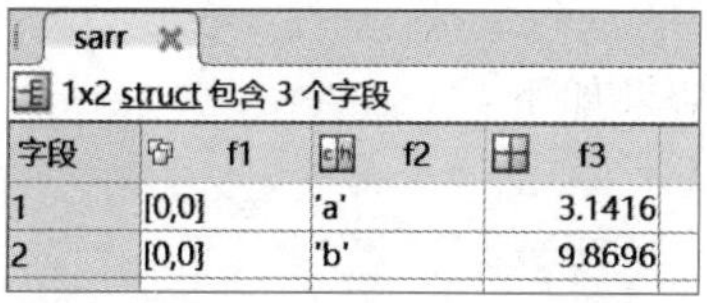

例如,对前面创建的结构体数组 sarr,变量观察窗口的显示如图 6-2 所示。其中每行对应结构体数组中

| 字段 | f1 | f2 | f3 |
|------|------|------|--------|
| 1 | [0,0] | 'a' | 3.1416 |
| 2 | [0,0] | 'b' | 9.8696 |

图 6-2　变量观察窗口的结构体数组 sarr

的一个元素,每列对应一个字段,每格显示相应的字段值。

2. 字段名和字段值的访问

在程序中,调用内置函数 **fieldnames** 可以获取结构体数组的字段名,返回一个由所有字段名构成的元胞数组。

例如,对实例 6-5 中创建的结构体数组 sarr,如下命令

```
>> fd = fieldnames(sarr)
```

返回元胞数组列向量 fd,结果如下:

```
fd =
  3×1 cell 数组
    {'f1'}
    {'f2'}
    {'f3'}
```

之后即可采用内容索引方法获得用字符向量表示的各字段名称。例如,如下命令

```
>> fd{1}
```

获取第一个字段的字段名,结果如下:

```
ans = 'f1'
```

而如下命令可以获取结构体中字段的个数:

```
>> length(fd)
ans = 3
```

访问结构体中指定字段值的基本方法是使用小圆点运算符,也可以调用内置函数 **getfield** 和 **setfield** 实现。例如,对前面创建的 student 结构体,如下两条命令:

```
>> student.number
>> getfield(student,"number")
```

都是访问其中的 number 字段,得到如下结果:

```
ans = 1234
```

而如下命令

```
>> setfield(student,"number",1235)
```

将结构体 student 中的 number 字段值修改为 1235,执行结果如下:

```
ans =
  包含以下字段的 struct:
    name: "张三"
```

```
      number: 1235
       score: [92  65  74]
```

对于含有多个元素的结构体数组,调用 **getfield** 和 **setfield** 函数时,还可以指定元素下标。例如,对实例 6-5 中创建的结构体数组 sarr,如下命令:

```
>> getfield(sarr,{1},'f2')
```

访问其中第一个元素的 $f2$ 字段,得到如下结果:

```
ans = 'a'
```

需要注意的是,下标必须放在一对大括号中。

3. 结构体数组元素的遍历

对结构体数组,根据程序的需要,可能一次访问一个元素的多个字段值,也可能一次访问多个元素的同一个字段值,还可能一次访问多个元素的多个字段值甚至是整个结构体数组。

例如,首先用如下命令创建结构体 stu:

```
>> stu = struct('name',{'张三','李四','王五'}, …
               'ID',{'001','002','003'}, …
               'score',{90,80,'缺考'})
```

在变量观察窗口得到的结构体 stu 如图 6-3 所示。该结构体数组中有 3 个元素,每个元素有 3 个字段。3 个元素的字段 name 和 ID 的取值都为字符向量,而第 1 和第 2 个元素中score 字段的取值为数值型数据,第 3 个元素的 score 字段取值为字符向量。

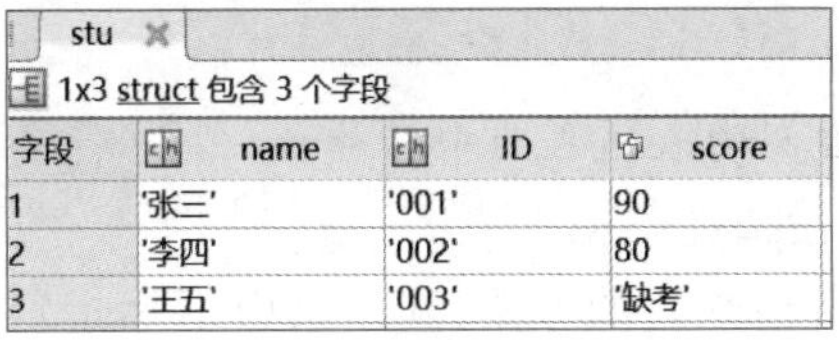

| 字段 | name | ID | score |
|---|---|---|---|
| 1 | '张三' | '001' | 90 |
| 2 | '李四' | '002' | 80 |
| 3 | '王五' | '003' | '缺考' |

图 6-3　变量观察窗口的结构体 stu

(1) 多个元素同一个字段值的访问。

为了访问结构体数组 stu 中多个元素的同一个字段,基本的方法是在结构体数组名后用小圆点运算符直接加上字段名。例如 score 字段,可以用如下命令:

```
>> stu.score
```

此时在命令行窗口将依次返回各元素的 score 字段值,得到如下结果:

```
ans = 90
ans = 80
ans = '缺考'
```

需要注意的是,如果在上述命令中给定了返回值变量,并且是一个标量,则只返回结构体数组中第一个元素的 score 字段值。为了同时返回所有元素的字段值,可以设置与元素个数相同的返回值变量列表。例如:

```
>> s = stu.score
s = 90
>>[s1, s2, s3] = stu.score
s1 = 90
s2 = 80
s3 = '缺考'
```

此外,由于元胞数组中各元素可以是不同的数据类型,因此上述返回结果也可以指定保存到一个元胞数组中。例如:

```
>> s = {stu.score}
s =
  1×3 cell 数组
    {[90]}    {[80]}    {'缺考'}
```

注意在命令中右侧的表达式加上大括号,表示将各返回结果分别作为元胞,从而得到元胞数组赋给变量 s。

如果结构体数组中多个元素的某字段值都是相同类型的数据,则可以将其保存到一个普通的数组中。例如,如下命令:

```
s = [stu(1:2).score]
```

返回结构体数组 stu 中前面两个元素的 score 字段值,得到如下长度为 2 的行向量:

```
s = 90.00        80.00
```

**注意**:在这种情况下,右侧的表达式为中括号。

(2) 同一个元素多个字段值的访问。

在这种情况下,首先用普通数组的方法,利用索引下标指定数组中需要访问的元素,之后用小圆点运算符依次访问指定字段即可。由于一般情况下各字段值的数据类型不相同,因此一般将返回结果放到元胞数组中。

例如,要显示结构体 stu 中第一个学生的所有字段信息,可以用如下命令:

```
>> s1 = {stu(1).name,stu(1).ID,stu(1).score}
s1 =
  1×3 cell 数组
    {'张三'}    {'001'}    {[90]}
```

而如下命令:

```
>> fprintf('姓名: % s,学号: % s,成绩: % 3d\n', …
        stu(1).name,stu(1).ID,stu(1).score)
```

可以访问第一个元素的所有字段值,并显示在命令行窗口:

```
姓名:张三,学号:001,成绩:90
```

(3) 结构体数组元素的遍历。

所谓遍历,是依次访问结构体数组中所有元素的所有字段,或者多个元素的若干字段值。为了实现遍历,只需要将前述两种情况综合应用,并进行循环访问即可。

例如,将 stu 结构体中所有学生的所有信息以列表的形式显示,可以用如下程序实现:

```
n = length(stu);                    % 获取结构体数组中元素的个数
fprintf('姓名    学号    成绩\n');
fprintf('------------------ \n');
for i = 1:n
    fprintf('% s    % s    % 3d\n',stu(i).name,stu(i).ID,stu(i).score);
end
```

执行上述程序前,首先创建结构体 stu,并设置 3 个元素的 score 字段值为数值型数据(例如 70)。执行结果如下:

```
姓名    学号    成绩
------------------
张三    001     90
李四    002     80
王五    003     70
```

**实例 6-6**　**结构体数组的创建与访问。**

创建一个结构体数组 stu,其中的字段 name、ID、score 和 avg 分别用于存放各学生的姓名、学号、4 门课程的测验成绩和平均成绩。之后实现如下功能:

(1) 计算每个学生 4 门课程的平均成绩,并保存到结构体中;

(2) 求所有学生的平均成绩 avg0。

程序代码如下:

```
% 文件名: ex6_6.m
clc
clear
name = {'张三','李四','王五'};          % 创建结构体数组
ID = {1000,1001,1002};
score = {[90,80,92,60],[30,45,60,72],[85,50,70,0]};
stu = struct('name',name,'ID',ID,'score',score,'avg',[])
for i = 1:length(stu)
    stu(i).avg = mean(stu(i).score);    % 求每个学生的平均成绩,并添加到结构体中
end
avg0 = mean([stu.avg])                  % 求所有学生的平均成绩
fprintf("所有学生的平均成绩: %.2f\n",avg0)
```

在上述程序中，设置 name 字段的值是 1×3 元胞数组行向量，因此得到的 stu 也是 1×3 结构体数组，其中每个元素有 4 个字段，字段名分别为 name、ID、score 和 avg。字段 avg 的值设为空数组，在程序后面通过 for 循环计算得到各学生的平均成绩后，再作为字段值保存到结构体中。

由于 score 字段中每个学生 4 门课程的成绩是普通的数值型数组，因此在 for 循环中，stu(i).score 返回的是一个普通的数值型数组，调用内置函数 **mean** 即可求得数组中 4 门课程的平均值。

在程序的最后，表达式[stu.avg]返回的也是一个数值型数组，因此也是通过内置函数 mean 求得 3 个学生的平均成绩。

程序运行后，在变量观察窗口和命令行窗口显示的结果如图 6-4 所示。

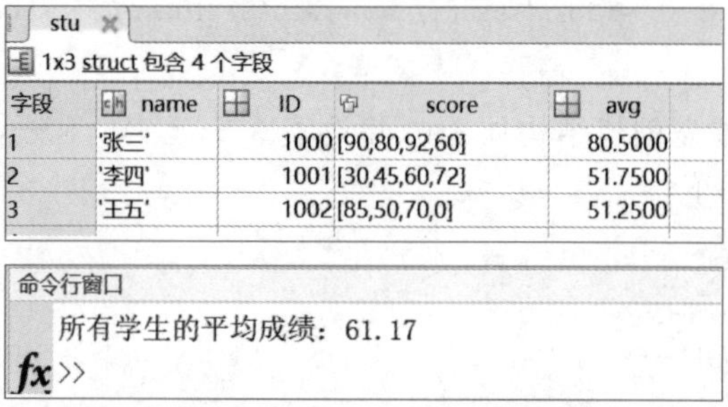
stu
1x3 struct 包含 4 个字段
字段 name ID score avg
1 '张三' 1000 [90,80,92,60] 80.5000
2 '李四' 1001 [30,45,60,72] 51.7500
3 '王五' 1002 [85,50,70,0] 51.2500
命令行窗口
所有学生的平均成绩：61.17
fx >>

图 6-4　实例 6-6 两个窗口程序运行结果

### 4. 字段的增加和删除

要在已有的结构体数组中增加一个字段，直接为数组中某个指定的元素对该字段赋值即可。例如，要向实例 6-6 中所创建的结构体数组 stu 中增加一个字段 total，可以用如下命令：

```
>> stu(1).total = []
```

执行结果如下：

```
stu =
  包含以下字段的 1×3 struct 数组:
    name
    ID
    score
    avg
    total
```

**注意**：在上述命令中将该字段的值赋值为一个空数组。如果没有右侧的"=[]"，表示访问原结构体数组 stu 中名为 total 的字段，而原结构体数组中没有该字段，因此执行时将报错。

如果需要删除结构体数组中的指定字段，可以调用内置函数 **rmfield**。例如，如下命令：

```
>> stu = rmfield(stu,'total')
```

删除结构体数组 stu 中刚增加的 total 字段。如果要同时删除多个字段,将各字段名放在一对大括号中,再作为 **rmfield** 的第 2 个参数引用。

## 6.2.3　嵌套结构体

所谓嵌套结构体,指的是在结构体数组中,某个字段的取值本身又是一个结构体。例如,一条线段的结构体可以由两个端点字段构成,而每个端点分别是一个结构体,其中有坐标 $x$ 和 $y$ 两个字段。

创建嵌套结构体可以有如下 3 种方法。

(1) 调用 **struct** 函数实现。例如,如下命令:

```
>> lineStru = struct('p1',struct('x',0,'y',0),…
                     'p2',struct('x',4,'y',3))
```

创建了线段结构体 lineStru,其中包含 $p1$ 和 $p2$ 两个字段,而两个字段值再通过调用 **struct** 函数定义为一个结构体。执行结果如下:

```
lineStru =
  包含以下字段的 struct:
    p1: [1×1 struct]
    p2: [1×1 struct]
```

(2) 将两个端点分别创建为一个结构体变量,或者创建为一个结构体数组变量,再将这两个变量作为外层结构体的字段值。例如,如下命令:

```
>> p1 = struct('x',0,'y',0)          % 创建嵌套结构体 p1
p1 =
  包含以下字段的 struct:
    x: 0
    y: 0
>> p2 = struct('x',4,'y',3)          % 创建嵌套结构体 p2
p2 =
  包含以下字段的 struct:
    x: 4
    y: 3
>> lineStru = struct('p1',p1,'p2',p2)   % 创建外层结构体 lineStru
lineStru =
  包含以下字段的 struct:
    p1: [1×1 struct]
    p2: [1×1 struct]
```

(3) 使用两次小圆点运算符,直接访问嵌套结构体中的各字段。这是一种最简便的方法。例如:

```
>> lineStru.p1.x = 0;
```

```
>> lineStru.p1.y = 0;
>> lineStru.p2.x = 4;
>> lineStru.p2.y = 3;
>> lineStru
lineStru =
  包含以下字段的 struct:
    p1: [1×1 struct]
    p2: [1×1 struct]
```

利用这种方法也可以访问嵌套结构体中的字段值。例如，要显示上述 lineStru 结构体中第二个端点的 $x$ 坐标，可以用如下命令：

```
>> lineStru.p2.x
ans = 4
```

要同时显示嵌套结构体的所有字段，例如端点 $p2$ 的字段 $x$ 和 $y$ 坐标，可以用如下命令：

```
>> lineStru.p2
ans =
  包含以下字段的 struct:
    x: 4
    y: 3
```

**实例 6-7    嵌套结构体的使用。**

将实例 6-6 中结构体数组 stu 的 score 字段定义为嵌套结构体，其中包括 **Language**、**Math**、**English** 和 **Physic** 字段。

```
% 文件名: ex6_7.m
clc
clear
s1 = struct('Language',90,'Math',80, …          % 创建嵌套结构体
            'English',92,'Physic',60);
s2 = struct('Language',30,'Math',45, …
            'English',60,'Physic',72);
s3 = struct('Language',85,'Math',50, …
            'English',70,'Physic',0);
score = {s1,s2,s3};                              % 外层结构体的 score 字段值
name = {'张三','李四','王五'};                    % 创建外层结构体
ID = {1000,1001,1002};
stu = struct('name',name,'ID',ID,'score',score,'avg',[]);
for i = 1:length(stu)                            % 求平均成绩
   total = stu(i).score.Language + stu(i).score.Math + …
            stu(i).score.English + stu(i).score.Physic;
   stu(i).avg = total/4;                         % 求每个学生的平均成绩,并添加到结构体中
end
avg0 = mean([stu.avg]);                          % 求所有学生的平均成绩
fprintf("所有学生的平均成绩: %.2f\n",avg0)
```

在上述程序中,首先调用 struct 函数创建嵌套结构体 $s1 \sim s3$,每个结构体有 4 个字段,分别用于保存 3 个学生 4 门课程的测验成绩。之后,由这 3 个结构体构造元胞数组 score,作为外层结构体的 score 字段值。

之后,调用 **struct** 函数构造外层结构体 stu。由于该结构体的 name、ID 和 score 字段值都是长度为 3 的元胞数组,因此创建的外层结构体共有 3 个元素,第 4 个字段值都初始化为空白字段。

在变量观察窗口观察到所创建的外层结构体数组 stu 如图 6-5(a)所示。双击第一行的 score 字段,其属性如图 6-5(b)所示。

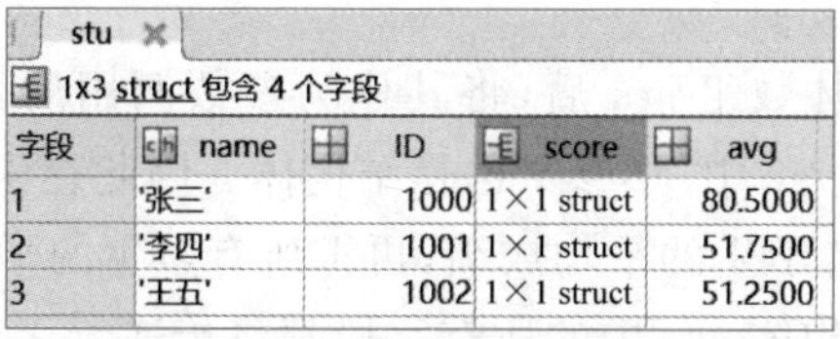

| stu |  |  |  |  |
|---|---|---|---|---|
| 1x3 struct 包含 4 个字段 |  |  |  |  |
| 字段 | name | ID | score | avg |
| 1 | '张三' | 1000 | 1×1 struct | 80.5000 |
| 2 | '李四' | 1001 | 1×1 struct | 51.7500 |
| 3 | '王五' | 1002 | 1×1 struct | 51.2500 |

(a) 外层结构体数组stu

| stu | stu(1).score |
|---|---|
| stu(1).score |  |
| 字段 ▲ | 值 |
| Language | 90 |
| Math | 80 |
| English | 92 |
| Physic | 60 |

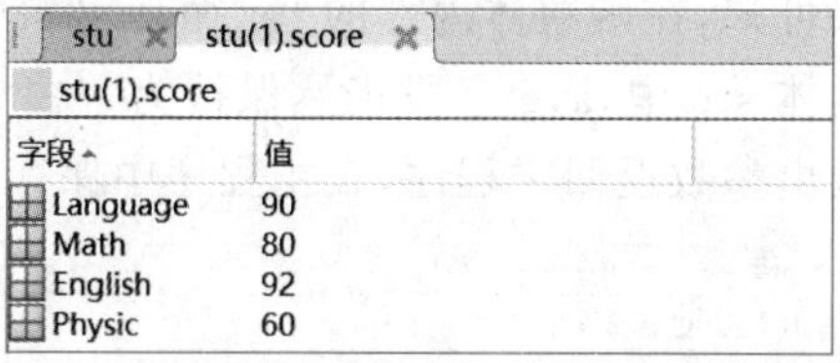

(b) 嵌套结构体score字段属性

图 6-5　实例 6-7 中创建的嵌套结构体

程序中后面的语句用于求各学生 4 门课程的平均成绩和所有学生所有课程的平均成绩。在 for 循环中,利用 stu(i).score.Language 等表达式访问结构体中各学生的各门课程成绩。注意与实例 6-6 对应语句的区别。

## 6.2.4　函数的结构体参数

创建的结构体变量可以作为实参,传递给函数。在具体程序中,可以将整个结构体作为参数,也可能只需要将结构体中的某些字段作为参数。下面结合具体实例说明。

---

**实例 6-8　结构体作为函数参数。**
将实例 6-6 中求所有学生所有课程平均成绩的功能用函数实现。
(1)将结构体作为参数。
完整的程序代码如下:

```
% 文件名: ex6_8_1.m
clc
clear
name = {'张三','李四','王五'};                    % 创建结构体数组
ID = {1000,1001,1002};
```

```
score = {[90,80,92,60],[30,45,60,72],[85,50,70,0]};
stu = struct('name',name,'ID',ID,'score',score,'avg',[]);
fprintf("所有学生的平均成绩：% .2f\n",avgc(stu))              % 求解并显示平均成绩
% ========== 定义函数求平均值 ==============
function avg0 = avgc(s)
    for i = 1:length(s)
        s(i).avg = mean(s(i).score);
    end
    avg0 = mean([s.avg]);
end
```

在主程序中，创建结构体数组 stu 后，将其作为参数调用后面定义的 avgc 函数求所有学生的平均成绩。在函数 avgc 中，形参 s 也是结构体。因此在函数体中利用同样的方法访问其中的 score 字段，求得各学生的平均成绩，再求所有学生的平均成绩。

在这种方法中，实参结构体 stu 中的所有字段都将传递给函数 avgc。但是，由图 6-6 所示变量观察窗口显示的结果可知，在函数体内部的 for 循环语句中，求得的各学生的平均成绩并未保存到主程序的结构体 stu 中，avg 字段仍然保持为空白。如果需要保存，可以考虑将各学生的平均成绩作为输出参数返回主程序，在主程序中保存到结构体中。

| 字段 | name | ID | score | avg |
|---|---|---|---|---|
| 1 | '张三' | 1000 | [90,80,92,60] | [] |
| 2 | '李四' | 1001 | [30,45,60,72] | [] |
| 3 | '王五' | 1002 | [85,50,70,0] | [] |

图 6-6　实例 6-8 程序运行结果

（2）将字段作为参数。

完整的程序代码如下：

```
% 文件名：ex6_8_2.m
clc
clear
name = {'张三','李四','王五'};                          % 创建结构体数组
ID = {1000,1001,1002};
score = {[90,80,92,60],[30,45,60,72],[85,50,70,0]};
stu = struct('name',name,'ID',ID,'score',score,'avg',[]);
ss = [stu.score]
fprintf("所有学生的平均成绩：% .2f\n",avgc(ss))            % 求解并显示平均成绩
% ========== 定义函数求平均值 =====================
function avg0 = avgc(s)
    avg0 = mean(s);
end
```

在该程序中，语句

```
ss = [stu.score];
```

获取结构体数组 stu 中所有元素的 score 字段值,由于所有元素的该字段都是数值型数据,因此利用中括号运算符将其串联合并,得到一个普通的数值型数组 ss,结果如下:

| ss = 90 | 80 | 92 | 60 | 30 | 45 | 60 | 72 | 85 | 50 | 70 | 0 |

在 avgc 的函数体中,相应的形参 s 也是一个普通的数值型数组,因此直接调用 mean 函数可以求得数组中所有数值型数据的平均值。

**同步练习**

6-6　用 3 种方法创建一个 1×3 结构体数组 goods,其中保存某商场某日售出 3 种商品的相关信息,如表 6-1 所示。

表 6-1　商场某日售出部分商品明细

| 商品名称<br>name | 成本单价<br>price | 销售单价<br>price0 | 销售数量<br>num | 利　润<br>gain |
|---|---|---|---|---|
| 水果 | 10.0 | 12.0 | 20 | |
| 蔬菜 | 5.0 | 5.5 | 36 | |
| 衣物 | 50.0 | 60.0 | 12 | |

6-7　定义函数 function disps(struc,fnum),在主程序中调用,以表 6-1 的格式显示同步练习 6-6 中所创建的结构体数组,其中 struc 为结构体数组,fnum 为需要显示的字段数。

6-8　求出同步练习 6-6 中各种商品的利润＝销售数量×(销售单价－成本单价),保存到结构体数组中,重新显示结构体数组。

## 6.3　表

在 MATLAB 中,表(Table)也是一种高级的数据结构或者数据容器,与元胞数组和结构体数组类似,其中可以保存多种不同类型的数据。

表适用于列向数据或表格数据,这些数据通常以列形式存储于文本文件或电子表格中。一般情况下,表中的每一列对应一个变量,称为列变量。

图 6-7 是在 MATLAB 变量观察窗口中显示的一个表及其中保存的数据,该表共有 5 行 4 列,因此共有 4 个列变量,变量名为 Gender 和 Age 等。

表中每一行的所有列构成一条记录。同一行的各列变量取值可以具有不同的数据类型,但必须具有相同的行数。每个列变量的取值也可以是具有多列的矩阵,但是行数必须与其他列变量相同。

由此可见,表可以认为是结构体数组的推广。表中的每一行相当于结构体数组中的一个元素,而每一列相当于结构体数组中的一个字段。

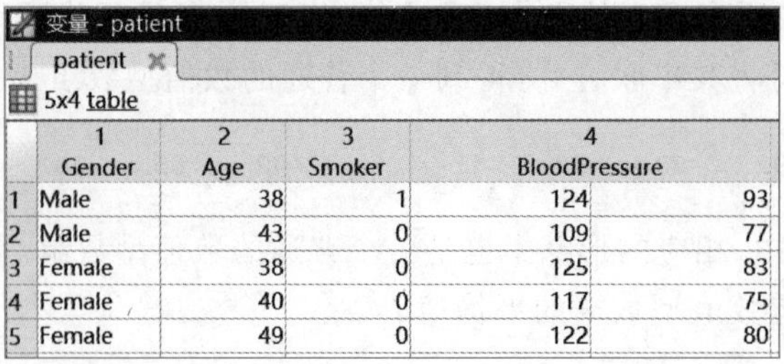
变量 - patient
patient
5x4 table

| | 1 Gender | 2 Age | 3 Smoker | 4 BloodPressure | |
|---|---|---|---|---|---|
| 1 | Male | 38 | 1 | 124 | 93 |
| 2 | Male | 43 | 0 | 109 | 77 |
| 3 | Female | 38 | 0 | 125 | 83 |
| 4 | Female | 40 | 0 | 117 | 75 |
| 5 | Female | 49 | 0 | 122 | 80 |

图 6-7　变量观察窗口中的表及数据

### 6.3.1　表的创建和查看

创建表的基本实现方法是调用 table 函数，此外，还可以用图形化的方法创建并将数据保存到表中。

1．table 函数

在程序中，创建表最常用的实现方法是调用 table 函数。该函数具有多种调用格式，下面分别介绍。

（1）第一种调用格式。

```
T = table(var1,var2, … ,varN)
```

在这种调用格式中，参数 var1，var2，…，var$N$ 为列变量，变量的个数即为列数。各变量的取值一般为多行数组，可以是普通数组、元胞数组、结构体数组等，数组的行数决定表的行数。

例如，如下命令分别创建了 6 个变量：

```
>> LastName = {'Sanchez';'Johnson';'Li';'Diaz';'Brown'};
>> Age = [38;43;38;40;49];
>> Smoker = logical([1;0;1;0;1]);
>> Height = [71;69;64;67;64];
>> Weight = [176;163;131;133;119];
>> BloodPressure = [124 93; 109 77; 125 83; 117 75; 122 80];
```

将这 6 个变量作为列变量，用如下命令即可创建一个表：

```
>> T = table(LastName,Age,Smoker,Height,Weight,BloodPressure)
```

得到如下结果：

```
T =
  5×6 table
     LastName        Age     Smoker    Height    Weight     BloodPressure
    ___________      ___     ______    ______    ______     _____________

    {'Sanchez'}      38      true        71       176        124      93
    {'Johnson'}      43      false      69       163        109      77
    {'Li'     }      38      true        64       131        125      83
```

| {'Diaz' } | 40 | false | 67 | 133 | 117 | 75 |
| {'Brown' } | 49 | true | 64 | 119 | 122 | 80 |

由于列变量共有 6 个,所有列变量的取值都是 5 行的数组,因此创建的表共有 5 行 6 列,称为 5×6 表。

（2）第二种调用格式。

```
T = table('Size',sz,'VariableTypes',varTypes)
```

在这种调用格式中,创建一个表,并为具有指定数据类型的变量预分配空间。其中参数 sz 是一个只有 2 个元素的数值型向量,向量中的第 1 个元素指定表的行数,第 2 个元素指定表的列数。参数 varTypes 为字符向量元胞数组,用于指定各列变量的数据类型,可以是 'double'、'single'、'int8'、'int16'、'uint32'、'uint64'、'logical'、'string'、'cell'、'struct'等。

例如,如下命令:

```
>> sz = [4  3];
>> varTypes = {'double','datetime','string'};
>> T = table('Size',sz,'VariableTypes',varTypes)
```

创建一个表 T,其中数组 sz 的 2 个元素 4 和 3 分别指定表共有 4 行 3 列。元胞数组 varTypes 长度为 3,等于表的列数,其中的 3 个元素指定表的 3 个列变量取值类型分别为双精度型、日期时间型和字符串型。创建的表如下:

```
T =
  4×3 table
    Var1    Var2       Var3
    ____    ____    _____
     0      NaT     <missing>
     0      NaT     <missing>
     0      NaT     <missing>
     0      NaT     <missing>
```

**注意**：这种调用格式没有指定各列变量的名称。默认情况下,各列变量依次命名为 Var1,Var2,…。

（3）第三种调用格式。

```
T = table(___,'VariableNames',varNames,'RowNames',rowNames)
```

这种格式是在前面两种格式的基础上,附加名-值对参数,用于指定表中列变量（varNames）和各行（rowNames）的名称,其中 varNames 必须为行向量,rowNames 必须为列向量,一般情况下都是字符向量元胞数组。

从 MATLAB R2019b 版本开始,列变量名称和行名称可以包含任何字符,包括空格和非 ASCII 码字符,也可以由任何字符（而不仅仅是字母）开头。

例如,如下命令:

```
>> sz = [4  3];
>> varTypes = {'double','datetime','string'};
>> varNames = {'score','date time','name'};
>> rowNames = {'1#';'2#';'3#';'4#'};
>> Tab0 = table('Size',sz,'VariableTypes',varTypes, …
                'VariableNames',varNames,'RowNames',rowNames)
```

创建的表如下：

```
Tab0 =
  4×3 table
        score    date time      name
        _____    _____    _____
   1#      0        NaT       <missing>
   2#      0        NaT       <missing>
   3#      0        NaT       <missing>
   4#      0        NaT       <missing>
```

其中增加了表头，即每行和每列都分别增加了一个名称。

需要注意的是，采用后面两种格式，创建得到的是一个空表。后面将继续介绍如何将数据保存到表中，或者从已有数据的表中读出数据。

2. 图形化创建方法

这种方法主要利用变量观察窗口实现，不仅可以随意设置列变量和行，还可以很方便地设置列变量的数据类型，及向表中添加记录数据等。下面介绍具体操作步骤。

(1) 在命令行调用 table 函数创建一个空表。

```
>> T = table
```

在工作区中双击所创建的表变量 T，打开变量观察窗口，其中显示一个空表，表中还没有任何变量和数据，如图 6-8(a)所示。

(2) 双击某单元格，进入编辑状态，将数据填入指定的单元格，如图 6-8(b)所示。

(3) 一旦填入数据，将自动为该列分配一个列变量，默认变量名依次为 Var1、Var2 等。依次双击各变量名，进入编辑状态，可以为列变量重新命名，如图 6-8(c)所示。

在为列变量命名的操作过程中，将在命令行窗口同步自动生成相关操作对应的命令。例如，在为第一个列变量命名时，命令行窗口将自动显示并执行如下命令：

```
>> T.Properties.VariableNames{1} = 'ID';
```

该命令表示将表 T 属性（Properties）中第一个变量名（VariableNames）设为'ID'。

(4) 在命令行窗口输入如下命令：

```
>> T.Properties.RowNames{1} = '1#';
```

将设置表第一行的名称为'1#'。执行后，将第一行按语句中设置的字符向量命名，同时后面各行自动命名为'Row2'、'Row3'等。之后，双击各行名，可以根据需要对其重新命名，如图 6-8(d)所示。

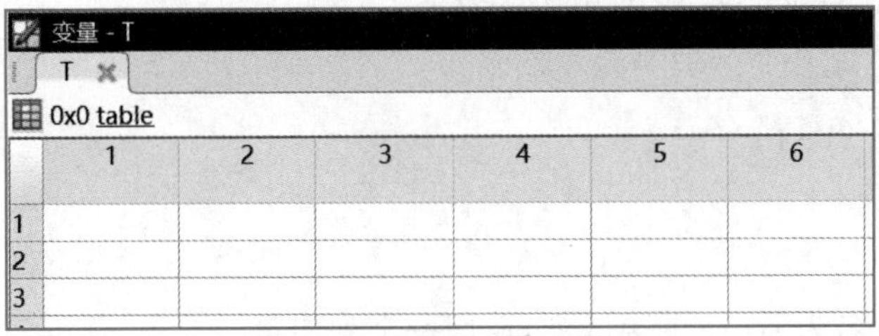


| | 1 | 2 | 3 | 4 | 5 | 6 |
|---|---|---|---|---|---|---|
| 1 | | | | | | |
| 2 | | | | | | |
| 3 | | | | | | |

(a) 变量观察窗口的空表

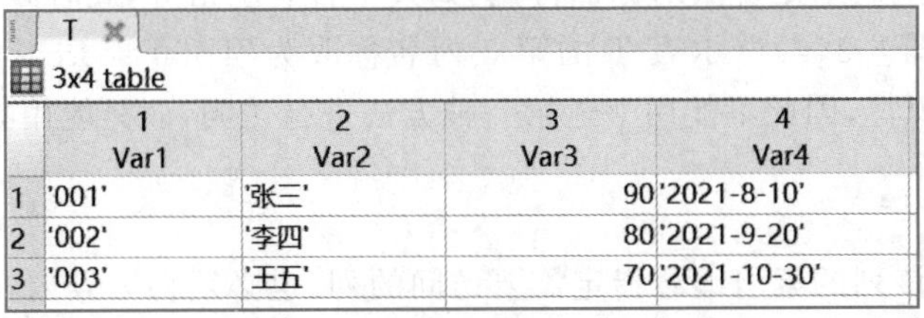


| | 1 Var1 | 2 Var2 | 3 Var3 | 4 Var4 |
|---|---|---|---|---|
| 1 | '001' | '张三' | 90 | '2021-8-10' |
| 2 | '002' | '李四' | 80 | '2021-9-20' |
| 3 | '003' | '王五' | 70 | '2021-10-30' |

(b) 向空表添加数据

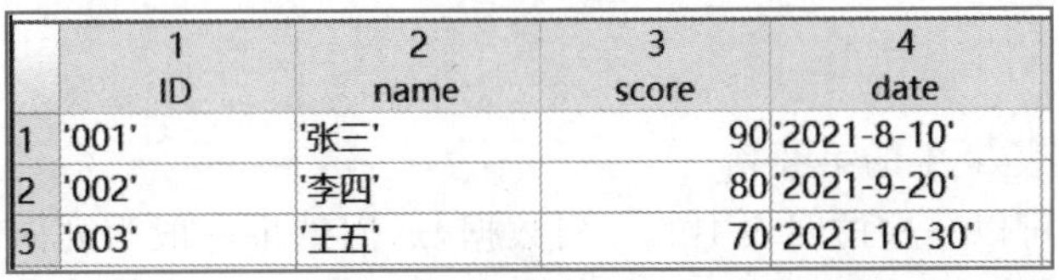

| | 1 ID | 2 name | 3 score | 4 date |
|---|---|---|---|---|
| 1 | '001' | '张三' | 90 | '2021-8-10' |
| 2 | '002' | '李四' | 80 | '2021-9-20' |
| 3 | '003' | '王五' | 70 | '2021-10-30' |

(c) 设置列变量名

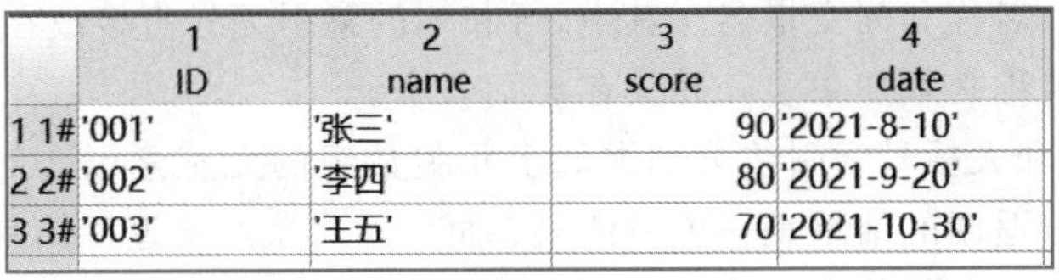

| | 1 ID | 2 name | 3 score | 4 date |
|---|---|---|---|---|
| 1 1# | '001' | '张三' | 90 | '2021-8-10' |
| 2 2# | '002' | '李四' | 80 | '2021-9-20' |
| 3 3# | '003' | '王五' | 70 | '2021-10-30' |

(d) 设置行名

图 6-8 表的图形化创建方法

## 6.3.2 表中数据的访问

在 MATLAB 中，可以通过名称、数值索引或数据类型指定行和变量，使用小括号、大括号或点索引对表进行索引访问。其中，使用小括号可以选择表中的一个数据子集，返回一个新的表；使用大括号和点索引可以对表中指定的单元格进行访问，返回单元格中保存的数据。利用这些基本方法都可以实现表数据的添加和删除等。

### 1. 表数据的基本访问方法

点索引访问法类似于结构体数组的访问，具体格式是在表名后面紧跟一个小圆点，之后给定需要访问的列变量。其中列表量的给定方式可以有如下两种。

（1）当列变量名是合法的 MATLAB 标识符时，可以将其直接放在小圆点后面，以指定需要访问的列。其中合法的标识符以字母开头，只能包括字母、数字和下画线。

例如,对图 6-8(d)所示表 T,使用如下命令:

```
>> T.score
ans =
    90
    80
    70
```

访问表 T 中列变量名为 score 的第 3 列,返回一个列向量。

(2) 如果列变量名不是合法的标识符,例如其中含有空格等,此时必须将其放在小括号中。例如,假设将图 6-8(d)所示表 T 的第 3 列名称改为'Total score',由于中间有一个空格,不是合法的标识符,因此不能用上述第一种方法进行访问,而只能用如下命令:

```
>> T.('Total score')
```

(3) 如果利用该列的索引编号指定需要访问的列,也必须将编号放在小括号中。例如,用如下命令

```
>> T.(3)
```

访问图 6-8(d)所示表 T 中的第 3 列。

上述点索引法可以一次访问表中的一列数据,返回结果一般为列向量。为了访问表中指定行和指定列,可以使用小括号或大括号索引法。在这两种方法中,需要同时指定行和列的索引编号,或者行名称和列变量名。其中,行和列的索引编号直接放在小括号或者大括号中,而行或列变量名称必须加单引号并放在大括号中。

小括号索引法和大括号索引法分别类似于元胞数组的元胞索引访问和内容索引访问。其中,小括号索引法返回的结果是一个新的表;而大括号索引法返回结果是一个数组(数值型数组、字符串数组或元胞数组)。

例如,如下两条命令采用小括号索引法:

```
>> T(2,3)
>> T({'2#'},{'score'})
```

可以访问图 6-8(d)所示表 T 中的第 2 行第 3 列,得到一个只有一行一列的新表:

```
ans =
  table
        score
        _____
    2#     80
```

如下命令可以访问表中第 2 行所有数据,得到只有一行的新表:

```
>> T({'1#'},:)
ans =
  1×4 table
```

|  | ID | name | score | date |
|---|---|---|---|---|
|  | ———— | ———— | ——— | ———————— |
| 1# | {'001'} | {'张三'} | 90 | {'2021 - 8 - 10'} |

而如下命令可以访问表中名为 score 的列,返回只有一列数据的新表:

```
>> T(:,{'score'})
ans =
  3×1 table
        score
        —————
    1#     90
    2#     80
    3#     70
```

如下命令采用大括号索引法:

```
>> T{2,3}
```

访问图 6-8(d)所示表 T 中的第 2 行第 3 列,返回一个数值型标量:

```
ans = 80
```

如下命令访问图 6-8(d)所示表 T 中第 1 列,返回一个 3×1 元胞数组:

```
>> T{:,1}
ans =
  3×1 cell 数组
    {'001'}
    {'002'}
    {'003'}
```

需要注意的是,如果要采用大括号索引法从多个列变量中提取值,则这些列的数据必须能够合并拼接,例如都是同样大小的数组。因此,如下命令:

```
>> T{:,{'score'}}
```

返回一个数值型列向量,结果为:

```
ans =
    90
    80
    70
```

而如下命令:

```
>> T{1,:}
```

试图访问第一行所有数据,但该行各列具有不同的数据类型,因此无法合并拼接得到向量,执行后将提示如下错误:

无法串联表变量 'ID' 和 'score',因为这两个变量的类型为 cell 和 double。

### 2. 表数据的添加和删除

在 MATLAB 编程应用中,除了对表中指定的数据进行读写访问以外,还经常需要进行表行和列数据的添加和删除等操作。这些操作大多数都可以通过程序语句或者命令来实现,也可以在变量观察窗口直接进行操作。

这里仍然根据图 6-8(d)所示表 T,介绍如何在程序中实现表数据的添加和删除等操作。

要修改指定单元格的数据,可以采用前面的点索引或大括号索引法指定需要修改的单元格,并将数据赋给单元格。例如,如下两条命令

```
>> T{1,3} = 100
>> T{1,'score'} = 100
```

的功能都是将表 T 中第 1 行第 3 列数据修改为 100,执行后返回修改后的完整表 T。

需要注意以下几点:

(1) 如果需要修改的指定单元格是数值型标量,则可将数据直接作为上述赋值语句右侧的表达式。

(2) 如果需要修改的指定单元格是字符向量,则必须将字符向量放在大括号中,再作为上述赋值语句右侧的表达式。例如:

```
>> T{1,1} = {'011'}
```

(3) 要同时修改多行多列数据,可以将这些数据按照所处的行列位置构成二维数组。如果这些数据都是数值型数据,则可以构成普通的数值型数组;如果这些数据具有不同的数据类型,或者有些数据是字符串,则可以构成元胞数组。

例如,如下命令将表 T 中 score 列的 3 行数据都清零:

```
>> T{:,'score'} = [0;0;0]
```

而如下命令:

```
>> T{:,1} = {'100';'101';'102'}
```

将修改第 1 列的 3 行数据。

### 3. 行和列的添加和删除

对已经保存有数据的表,可以向其中追加一些记录数据,或者删除不需要的记录。由于同一行的不同列可能具有不同的数据类型,因此要向表中添加新行,可以将需要添加的各列数据构成一个元胞数组,然后用数组按行拼接的方法将元胞数组垂直串联到表的末尾。

例如,如下命令向图 6-8(d)所示表 T 中添加一行新记录:

```
>> newLine = {'004','孙六',85,datetime('2021-10-20')}
newLine =
```

```
    1×4 cell 数组
        {'004'}      {'孙六'}      {[85]}      {[2021 - 10 - 20]}
>> T = [T;newLine]
T =
    4×4 table
               ID            name         score            date
            _____       _____       _____       _____
    1#      {'001'}       {'张三'}         90           2021 - 08 - 10
    2#      {'002'}       {'李四'}         80           2021 - 09 - 20
    3#      {'003'}       {'王五'}         70           2021 - 10 - 30
    Row4    {'004'}       {'孙六'}         85           2021 - 10 - 20
```

需要注意以下两点：

(1) 需要添加新行的元胞数组列数必须与表的列数相同，并且各元胞的内容必须与对应列变量的类型一致。

(2) 新添加的行名称默认设置为 Row$i$。

为表添加一个新的列，可以采用点索引方法。例如，如下命令：

```
>> T.age = [18;20;19]
```

向初始表 T 中添加一个列变量，变量名称为 age，并用一个长度为 3 的列向量为该列赋值。如果该列中的数据为字符向量，必须采用字符向量元胞数组赋值。无论什么数据类型，行数必须与表的原来行数相同，这里表 T 的初始行数为 3。

如果需要删除表中某一行或某一列数据，可以索引到指定行或列，然后用一个空数组为其赋值。例如，要删除前面添加的第 4 行数据，可以用如下命令：

```
>> T('Row4',:) = []
```

要删除前面添加的 age 列，可以用如下命令：

```
>> T(:,5) = []
```

## 6.3.3  表数据的统计和排序

对表中保存的各种数据，可以利用前面的方法进行访问和读取，然后自行编制程序对其进行各种统计计算和分析处理。此外，MATLAB 中也提供了一些函数，可以直接调用，实现相应的功能。

### 1. 表数据的统计

调用 **summary** 函数可以实现表的汇总，包括查看表中每个变量的数据类型、说明、单位和其他统计信息。

例如，对图 6-8(d)所示表 T，执行如下命令：

```
>> summary(T)
```

将在命令行窗口显示如下汇总结果：

```
Variables:
     ID: 3×1 cell array of character vectors
     name: 3×1 cell array of character vectors
     score: 3×1 double
         Values:
             Min          70
             Median       80
             Max          90
     date: 3×1 cell array of character vectors
```

其中列出了表 T 中所有 4 个列变量。每个列变量的大小都为 3×1，其中第 1、2 和 4 列为字符向量元胞数组，score 列为双精度型数组。

对于数值型数据列，还将汇总该列所有数据的最小值（Min）、最大值（Max）和中间值（Median）等统计信息。

如果表中某些行或者某些列都是数值型数据，调用 **mean**、**max** 和 **min** 等内置函数可以求取这些数据的平均值、最大值和最小值。

例如，在表 T 中，score 列中的数据都是双精度数值型，则如下命令：

```
>> mean(T{:,3})
>> max(T{:,3})
>> min(T{:,3})
```

分别计算该列数据的平均值、最大值和最小值。

**实例 6-9** **表数据的统计。**

将实例 6-6 的功能用表实现。完整的程序代码如下：

```
% 文件名：ex6_9.m
clc
clear
name = {'张三';'李四';'王五'};
ID = {1000;1001;1002};
score = {90,80,92,60;30,45,60,72;85,50,70,0};
stu = table(name,ID,score);                    % 创建表
avg0 = zeros(3,1);                             % 求每个学生的平均成绩
for i = 1:size(stu,1)
    avg0(i) = mean(cell2mat(stu{i,'score'}));
end
stu.avg = avg0;
avg1 = mean(avg0);                             % 求所有学生的平均成绩
fprintf("所有学生的平均成绩：%.2f\n",avg1)
```

在上述程序中，首先创建了如图 6-9(a)所示表 stu，其中有 3 列，分别用于保存学生的姓名（name）、学号（ID）和 4 门课程成绩（score）。注意到程序中定义的 score 列变量取值为

3×4 矩阵，因此表中的 score 字段共包括 4 列。

stu
3x3 table

| | 1<br>name | 2<br>ID | 3<br>score | | | |
|---|---|---|---|---|---|---|
| 1 | '张三' | 1000 | 90 | 80 | 92 | 60 |
| 2 | '李四' | 1001 | 30 | 45 | 60 | 72 |
| 3 | '王五' | 1002 | 85 | 50 | 70 | 0 |

(a) 初始表stu

stu
3x4 table

| | 1<br>name | 2<br>ID | 3<br>score | | | | 4<br>avg |
|---|---|---|---|---|---|---|---|
| 1 | '张三' | 1000 | 90 | 80 | 92 | 60 | 80.5000 |
| 2 | '李四' | 1001 | 30 | 45 | 60 | 72 | 51.7500 |
| 3 | '王五' | 1002 | 85 | 50 | 70 | 0 | 51.2500 |

(b) 添加平均成绩(avg列)后的表

图 6-9　实例 6-9 创建的表 stu

在上述程序的 for 循环语句中，表达式 stu{i. 'score'}返回第 $i$ 行学生的 4 门课程成绩，返回的是一个长度为 4 的元胞数组。以第一行为例，返回结果为：

```
ans =
  1 × 4 cell 数组
    {[90]}    {[80]}    {[92]}    {[60]}
```

因此，调用 **cell2mat** 函数将其转换为普通的数值型数组，得到如下结果：

```
ans = 90    80    92    60
```

之后，调用 **mean** 函数即可求得这 4 门课程成绩的平均值。

在 for 循环语句的条件表达式中，**size**(stu,1)返回表的行数，因此循环结束后，得到每个学生的平均成绩，保存在 avg0 数组中。

在计算得到各学生的平均成绩后，程序中用如下语句：

```
stu.avg = avg0
```

向表中添加一列名为 avg 的字段，并将平均成绩保存到该列，得到如图 6-9(b)所示结果。最后，调用 **mean** 函数，求数组 avg0 中各元素的平均值，得到所有学生的平均成绩，显示在命令行窗口，结果如下：

```
所有学生的平均成绩: 61.17
```

### 2. 表数据的排序

表由行和列变量构成，每一行还可以有一个行名称。对表进行排序，指的是根据指定的列变量或者行名称进行按行排序，因此一般用 sortrows 函数对表进行排序。

利用 **sortrows** 函数对表进行排序时，其基本调用格式如下：

```
B = sortrows(tbl,var,dir)
```

其中,参数 tbl 为表名称,var 可以为行名称或列变量名称,dir 指定递增或递减排序。
下面举例说明。

---

实例 6-10 **表数据的排序**。
程序代码如下:

```
% 文件名: ex6_10.m
clear
clc
Name = {'Zhang';'Li';'Wang';'Sun'};
Age = [19,20,19,18]';
Height = [164,166,170,180]';
Weight = [85,70,75,90]';
tblA = table(Age,Height,Weight,'RowNames',Name)     % 创建表
fprintf("按行名称排序:\n")                            % 表排序
sortrows(tblA,'RowNames')
fprintf("按年龄和身高排序:\n")
sortrows(tblA,{'Age','Weight'},{'ascend','descend'})
```

---

在上述程序中,首先创建了一个 4 行 3 列的表 tblA,并指定行名称,得到的表如下:

```
tblA =
  4×3 table
            Age      Height      Weight
            ___      _____      _____

    Zhang   19       164         85
    Li      20       166         70
    Wang    19       170         75
    Sun     18       180         90
```

之后,第一次调用 sortrows 函数,指定根据行名称递增排序,排序结果如下:

```
按行名称排序:
ans =
  4×3 table
            Age      Height      Weight
            ___      _____      _____

    Li      20       166         70
    Sun     18       180         90
    Wang    19       170         75
    Zhang   19       164         85
```

在第二次调用 sortrows 函数时,指定分别根据 Age 和 Weight 列进行递增和递减排序,
结果如下:

按年龄和体重排序:
```
ans =
  4×3 table
            Age     Height     Weight
            ___     _____     _____

    Sun     18       180         90
    Zhang   19       164         85
    Wang    19       170         75
    Li      20       166         70
```

同步练习

6-9　创建 3 行 5 列表 goodsTable,用于保存同步练习 6-6 中表 6-1 所示售出商品明细,分别在命令行窗口和变量观察窗口观察所创建的表。

6-10　要计算表 6-1 中各种商品的销售利润,写出相关的命令。

6-11　在表最后增加一行,其中"商品名称"设为"合计",最后一列为所有商品的合计利润,其余列设为 0,写出相关命令。

# 第 7 章

# 文件及文件操作

为了长期保存程序中的数据,经常涉及文件的访问和操作,例如将程序的运算结果、程序中创建的表数据等保存到文件,或者将文件中的数据读取到程序中参加运算,根据读取的数据创建表等。

本章简要介绍 MATLAB 中常用的 **MAT** 文件、文本文件、电子表格文件和图像文件的基本概念及使用方法,以及常用的低级文件操作方法,主要知识点有:

7.1  MATLAB 中常用的文件格式

了解文件的概念以及 MATLAB 中常用的文件格式。

7.2  MAT 文件

了解 MAT 文件的作用及其与 M 文件的区别,掌握利用 MAT 文件实现 MATLAB 工作区中变量的保存、加载以及文件内容查看的方法。

7.3  文本文件和电子表格文件

了解文本文件和电子表格文件的概念及其作用,掌握这两种文件中数据的导入和导出方法。

7.4  低级文件操作

了解文件中数据的两种基本保存格式(文本格式和二进制格式),掌握文本格式和二进制格式下文件的低级操作和基本访问方法。

## 7.1  MATLAB 中常用的文件格式

MATLAB 中的文件可以用多种格式分别存储程序和不同的数据,典型的有 **M** 文件、**MAT** 文件和各种数据文件(文本文件、图像和音视频文件、电子表格、科学数据文件等)。一般情况下,文件保存在硬盘和 U 盘等存储介质中,停电或者关闭 MATLAB 后,文件中保存的数据信息不会丢失。

所有的文件都有一个文件名作为标识,同时有扩展名以说明文件的属性。例如,前面介绍的 M 文件,扩展名为.m,用于保存 MATLAB 程序或者函数,而用于保存数据的 MAT 文件,扩展名为.mat。MATLAB 中支持的常用数据文件格式如表 7-1 所示。

表 7-1　MATLAB 中支持的常用数据文件格式

| 文件内容 | 扩展名 | 说　　明 | 导入函数 | 导 出 函 数 |
|---|---|---|---|---|
| MATLAB 格式化数据 | .mat | MATLAB 工作区变量 | load | save |
| 文本 | .txt .csv | 分隔数字 | readmatrix | writematrix |
| | | 分隔数字或者文本和数字混合 | textscan | 无 |
| | | 列向分隔数字或者文本和数字混合 | readtable readcell readvars | writetable writecell |
| 电子表格 | .xls, .xlsx,… | 工作表或电子表格中的列向数据 | readmatrix readtable readcell readvars | writematrix writetable writecell |
| 科学数据 | .cdf | 常用数据格式（CDF） | cdfread | cdflib |

上述各种格式的数据文件,除了可以调用表中相应的高级导入导出函数实现读写访问以外,还可以使用 MATLAB 中的导入数据工具,以交互方式导入文本或电子表格文件,或者利用 MATLAB 中提供的低级文件 I/O 操作函数实现读写访问。

# 7.2　MAT 文件

**MAT 文件**是 MATLAB 中专用的二进制文件,用于存储工作区中的变量。在MATLAB 版本不断更新的过程中,相应的 MAT 文件版本也从 4.0 更新到最新的 7.3。该版本的 MAT 文件使用基于 **HDF5**(Hierarchical Data Format 5,层次数据格式 5),可以存储不同类型的图像和数码数据,并且可以在不同类型的机器上传输,同时还有统一处理这种文件格式的函数库。

HDF5 的格式文件要求使用一些存储空间容量来描述文件内容,因此当存储元胞数组、结构体数组等数据容器时,MAT 文件将比较大。为此,当将数据写入 MAT 文件时,MATLAB 会对数据进行压缩以节省存储空间。数据压缩和解压缩会降低所有保存和部分加载操作的速度。在大多数情况下,降低文件大小所花费的额外时间是值得的。

## 7.2.1　工作区变量的保存和加载

在启动 MATLAB 工作的过程中,工作区将保存所有的变量。退出 MATLAB 时,工作区中所有的变量都将被清除。如果在下次工作时,还希望能够使用和访问这些变量,可以将当前工作区中的所有变量保存到后缀为 **.mat** 的 **MAT 文件**。之后,只需重新加载该文件,即可使用文件中保存的这些工作区变量。

### 1. 变量的保存

要将所有工作区变量保存到 MAT 文件,可以在 MATLAB 主页选项卡的"变量"选项组中单击"保存工作区"按钮。如果只需要保存部分变量,可以在工作区窗口中选择所需保存的变量,之后右击,在弹出的快捷菜单中再单击"另存为…"按钮。此外,还可以将所选的变量从工作区窗口拖放到当前文件夹窗口,此时将自动创建一个名为 untitled.mat 的文件,并将所有选中的变量保存到该文件中。

除了上述交互方式以外,还可以调用 save 函数,以编程方式保存工作区变量。例如,要将所有当前工作区变量保存到文件 var.mat,可以使用如下命令:

```
>> save('var')
```

其中的参数指定保存的文件名,文件后缀默认为.mat,不需要给出。

如下命令

```
>> save('var','a','b')
```

将只保存变量 $a$ 和 $b$ 到 var.mat 文件中。

2. 变量的加载

要将原来保存在 MAT 文件中的变量重新加载到工作区,可以在当前文件夹窗口中双击该 MAT 文件。

如果只需要从 MAT 文件中加载部分变量,可以在主页选项卡的"变量"选项组中,单击"导入数据"按钮,之后选择并打开要加载的 MAT 文件。此时,将打开"导入向导"对话框,如图 7-1 所示。在对话框左侧的变量列表中,单击某变量,将在对话框右侧对变量的值和属性进行预览。通过单击勾选变量名前面的复选框,可以选择需要导入的变量。

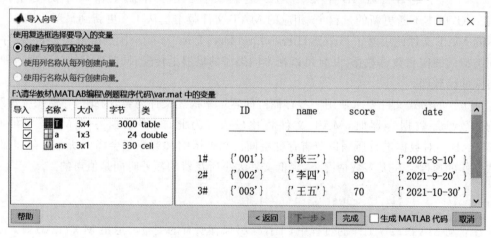

图 7-1 "导入向导"对话框

除此之外,还可以在程序或者在命令行窗口通过调用 load 函数加载保存的变量。例如,要加载文件 var.mat 中的所有变量,可以使用如下命令:

```
>> load('var')
```

如果只需要加载文件中的部分变量,可以使用如下格式:

```
>> load('var','T','a')
```

将数据加载到 MATLAB 工作区时,导入的变量将会覆盖工作区中同名的现有变量。为了避免覆盖,可以使用 **load** 函数将变量加载到结构体中。例如,$S = load('var')$ 会将文件 var.mat 中的所有变量加载到结构体 $S$ 中。需要时,只需要从该结构体中获取指定的变量即可。

## 7.2.2 MAT 文件内容的查看

MAT 文件是 MATLAB 中的标准格式文件,文件中所有信息采用 Unicode 编码表示,因此这种文件不能用记事本等应用程序查看或编辑,只能在 MATLAB 环境中查看文件内容。

要在 MAT 文件加载到工作区之前查看该文件中的变量,可以在当前文件夹窗口中单击选中该文件。此时,该文件中保存的所有变量信息将显示在详细信息子窗口中,如图 7-2 所示。一般情况下,该子窗口位于当前文件夹窗口下面。

此外,在命令行窗口输入如下命令:

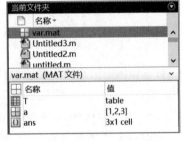

图 7-2 文件详细信息子窗口

```
>> whos - file var
```

将显示名为 var.mat 的 MAT 文件中所有变量的属性,包括名称、维度、大小和类,执行结果如下:

```
Name      Size          Bytes    Class      Attributes
T         -             3000     table
a         1 × 3           24     double
ans       3 × 1          330     cell
```

其中,Bytes 属性表示将变量加载到 MATLAB 工作区以后在内存中占用的字节数。由于压缩、数据编码和元数据的原因,变量在文件中占用的空间可能与在内存中的大小不同。

---

同步练习

7-1 在命令行窗口输入命令,任意创建一些变量(数值型变量、数组、元胞数组、字符串等)。之后,将其保存到 MAT 文件。

7-2 在命令行窗口输入 clear 命令,将同步练习 7-1 创建的变量清除。之后,从保存的 MAT 文件中将所有变量加载到工作区,观察各变量的取值。

## 7.3　文本文件和电子表格文件

文本文件通常用于保存数值和文本数据以及变量名称和行名称等信息,在 MATLAB 程序中,可以使用导入工具或内置函数将数据从文本文件导入表格中,也可以将表、元胞数组或数值数组中包含的数据从 MATLAB 工作区导出到文本文件。

电子表格文件通常指的是 Microsoft Excel 电子表格。在电子表格文件中读写数据,包括将扩展名为.xls 和.xlsx 的文件中的数据写入 MATLAB 中的表、矩阵或数组。

对上述两种文件的数据导入和导出操作,大多数情况都是类似的。所以这里合并在一起介绍。

### 7.3.1　数据的导出

将数据导出到文本文件和电子表格文件,导出的数据可以是工作区中的数值型数组、元胞数组和表。对这 3 种数据,MATLAB 中都提供了专门的函数。

#### 1. 相关内置函数

对工作区中的普通数组、元胞数组和表数据,MATLAB 分别提供了内置函数 **writematrix**、**writecell** 和 **writetable**,将这些数据导出到文本文件。3 个函数具有类似的调用格式和用法。这里以 **writematrix** 函数为例进行介绍。

**writematrix** 函数将数组中的所有数据写入文本文件,其基本调用格式为:

```
writematrix(A,filename,Name,Value)
```

其中,参数 A 为需要导出的数组名,参数 filename 指定文件名,后面的 Name 和 Value 可以有多个参数名-值对,用于指定导出时的属性。

对上述函数的用法,需要说明以下几点:

(1) 如果没有 filename 参数,则默认将数组变量的名称作为文件名,并附加扩展名 .txt。如果需要另外指定文件名,则必须同时包括文件名和扩展名。其中,扩展名决定导出文件的格式。对文本文件,扩展名可以是 **.txt**、**.dat** 或 **.csv**;对电子表格文件,扩展名可以是 **.xls** 或 **.xlsx** 等。

(2) 默认情况下,导出的文件位于当前文件夹。在参数 filename 中,也可以根据需要指定其他文件夹。例如,'C:\myFolder\myTextFile.csv'。

(3) 如果参数 filename 指定的文件不存在,则执行该函数导出数据时会自动创建该文件。如果指定的文件存在,则导出的数据将覆盖原文件。

#### 2. 数据导出的属性设置

在调用内置函数 **writematrix**、**writecell** 和 **writetable** 实现数据的导出和保存时,可以用参数名-值对设置导出数据的一些附加属性选项。这里介绍几种常用的属性及其设置。

(1) **'WriteMode'**：写入模式。

对文本文件,该参数值可以是'overwrite'或'append',分别表示覆盖文件和将数据追加到文件。默认是覆盖文件,则保存数据时,将清除文件中原来的内容。如果指定的文件不存在,则直接创建一个新的文件,并将数据保存到文件中。

对电子表格文件,该参数值可以是'inplace'、'overwritesheet'、'append'或'replacefile'。当参数值为默认的'inplace'时,表示仅更新输入数据占用的范围。如果没有指定工作表,则写入函数会将输入数据写入第一个工作表。如果该参数值设置为'overwritesheet',则保存数据时将清空指定的工作表,并将输入数据写入已清空的工作表。如果没有指定工作表,则写入函数会清空第一个工作表,并将输入数据写入其中。如果该参数值设置为'append',则将输入数据追加到指定工作表的底部。如果没有指定工作表,则写入函数会将输入数据追加到第一个工作表的底部。当该参数值设置为'replacefile'时,则保存数据前将从文件中删除所有其他工作表,然后清空指定的工作表并将输入数据写入其中。如果未指定工作表,则写入函数会从文件中删除所有其他工作表,然后清空第一个工作表并将输入数据写入其中。如果指定的文件不存在,则写入函数会创建一个新文件,并将输入数据写入第一个工作表。

(2) 'Delimiter':数据分隔符。

该参数只适用于文本文件,可以是逗号(','或'comma')、空格(' '或'space')、制表符('\t'或'tab')、分号(';'或'semi')或垂直分隔条('|'或'bar')。默认取值为逗号。

(3) 'Sheet':要写入的工作表。

该属性只适用于电子表格文件,用于指定要写入的工作表,参数值可以是工作表名称或指示工作表索引的正整数。

如果文件中不存在指定的工作表名称,则写入函数将在工作表集合的末尾添加一个新工作表。如果指定的工作表索引大于工作表数,则写入函数会在文件中追加空的工作表,直至工作簿中的工作表数等于工作表索引。

(4) 'Range':写入范围。

该参数只适用于电子表格文件,用于设置数据写入工作表的哪一块矩形区域。参数值必须用单引号包围,其中内容可以是一个单元格或者用冒号隔开的两个单元格。

例如,'D5'表示将一个数据写入工作表的 D 列 5 行,从该单元格开始向右向下占据由若干单元格构成的矩形区域,区域的实际大小决定了保存的数据个数。

再如,参数值'D2:H4'表示该矩形区域左上角和右下角分别为单元格 D2 和 H4。如果指定的范围小于输入数据的个数,则只写入该范围能容纳的输入数据子集。如果指定的范围大于输入数据的大小,则指定区域中的其他部分数据保持不变。

3. 应用举例

下面举几个例子,说明上述 3 个专用函数实现数据导出到文本文件和电子表格文件的基本方法。

实例 7-1  **数值型数组数据的导出**。

程序代码如下:

```
% 文件名: ex7_1.m
% 相关文本文件: myData1.dat
clear
clc
Arr1 = [1  2  3;4.5  6.7  8.9];               % 产生一个数值型数组
writematrix(Arr1,'myData1.dat','Delimiter',';')   % 导出到文件
fprintf("文本文件中的内容: ")
type myData1.dat                              % 显示文件内容
writematrix(Arr1,'myData1.xls','Sheet','数据 1','Range','B2:D3')
```

在上述程序中，指定了文件名为 myData1.dat，分隔符指定为 ';'。调用内置函数 **writematrix** 导出数据后，用内置函数 **tpye** 查看文件的内容如下：

```
文本文件中的内容:
1;2;3
4.5;6.7;8.9
```

上述结果表示文件中共有两行，每行 3 个数据之间用分号分隔。

程序的最后一条语句将数组 Arr1 保存到名为 myData1.xls 的电子表格中，并指定保存到"数据 1"工作表中 B2:D3 单元格。运行程序后，可以在 Windows 资源管理器中打开该文件，查看其中的内容，如图 7-3 所示。

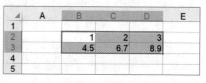

图 7-3  数组数据导出到电子表格文件的内容

**实例 7-2  元胞数组数据的导出。**

创建一个元胞数组，并将其追加到实例 7-1 的 mydata1.dat 和 mydata1.xls 文件中。

程序代码如下：

```
% 文件名: ex7_2.m
% 相关数据文件: myData1.dat
clear
clc
cellA = {'张三',18,[90,80,85];
         '李四',20,[80,65,72];};
writecell(cellA,'myData1.dat','WriteMode','append','Delimiter',';') ;
type myData1.dat
writecell(cellA,'myData1.xls','WriteMode','append') ;
```

注意到，在程序中调用 **writecell** 函数，由名-值对参数指定导出数据的方式（WriteMode）为 'append'，因此执行后显示 mydata1.dat 文件中的内容如下：

```
1;2;3
4.5;6.7;8.9
```

```
张三;18;90;80;85
李四;20;80;65;72
```

其中，前面两行为原来文件中保存的数组 Arr1 中的数据，后面两行对应的是元胞数组 cellA 中的数据。

程序中最后一条语句将元胞数组 cellA 的数据保存到电子表格文件 myData1. xls 中。由于 **WriteMode**（写入模式）参数值为 **'append'**，则新的数据保存到实例 7-1 中创建的同一个文件工作表“数据 1”的底部，可在 Windows 资源管理器查看该文件的内容，如图 7-4 所示。

| | A | B | C | D | E | F |
|---|---|---|---|---|---|---|
| 1 | | | | | | |
| 2 | | 1 | 2 | 3 | | |
| 3 | | 4.5 | 6.7 | 8.9 | | |
| 4 | | 张三 | 18 | 90 | 80 | 85 |
| 5 | | 李四 | 20 | 80 | 65 | 72 |

图 7-4　元胞数组数据导出到电子表格文件的内容

实例 7-3　**表数据的导出。**

创建一个表，并将其保存到文本文件和电子表格文件中。程序代码如下：

```
% 文件名: ex7_3.m
% 相关电子表格文件: myData2.csv
clear
clc
name = {'张三';'李四';'王五'};
age = [18;20;19];
score = [90,80,85;80,65,72;77,91,84];
T = table(name,age,score);
T.Properties.RowNames = {'1#';'2#';'3#'}
writetable(T,'myData2.csv','WriteRowNames',true) ;
type myData2.csv
writetable(T,'myData1.xls','Sheet','表数据','WriteRowNames',true) ;
```

程序中首先创建了一个表 T，其中有 3 个列变量，第 3 个列变量 score 的每一行有 3 个数据。表 T 中共有 3 行记录，每行有一个名称。命令行窗口显示所创建的表 T 如下：

```
T =
  3×3 table
            name       age         score
          ________     ___    ______________
    1#    {'张三'}     18     90    80    85
    2#    {'李四'}     20     80    65    72
    3#    {'王五'}     19     77    91    84
```

在调用 **writetable** 函数中，指定将表保存到名为 myData2. csv 的文本文件，并用名-值对参数 **writRowNames** 设置将表中的行名称也保存到文件。最后，执行 **type** 命令显示文件中的内容如下：

```
Row,name,age,score_1,score_2,score_3
1#,张三,18,90,80,85
2#,李四,20,80,65,72
3#,王五,19,77,91,84
```

注意以下几点：

(1) 默认情况下，表中同一行的各数据之间用逗号分隔，也可以用 **Delimiter** 参数自行指定分隔符。

(2) 文件中的第一行保存所有列变量名称。如果某个列变量有多列数据，各列名称依次在其后附加顺序编号，如该例中的 score_1、score_2 等。

(3) 如果指定需要保存行名称，则在文件的第一行中，第一个数据为字符串 Row。字符串 Row 和各行名称与后面的各数据之间仍然用指定的分隔符进行分隔。

在程序的最后，调用 **writetable** 函数将表 T 的数据保存到前面创建的 myData1. xls 文件中。由于没有指定 **WriteMode** 参数，因此默认该参数为 **'inplace'**。由于指定了 Sheet 参数，因此在原来的电子表格中创建了一个新的工作表"表数据"，并将数据保存到该工作表中以 A1 单元格为左上角的矩形区域，如图 7-5 所示。

| | A | B | C | D | E | F |
|---|---|---|---|---|---|---|
| 1 | Row | name | age | score_1 | score_2 | score_3 |
| 2 | 1# | 张三 | 18 | 90 | 80 | 85 |
| 3 | 2# | 李四 | 20 | 80 | 65 | 72 |
| 4 | 3# | 王五 | 19 | 77 | 91 | 84 |
| 5 | | | | | | |
| 6 | | | | | | |

数据1　表数据　+

图 7-5　表数据导出到电子表格文件

## 7.3.2　数据的导入

与数据的导出相反，数据的导入指的是将文本文件或电子表格文件中保存的数据读出，存入 MATLAB 工作区中指定的数组、元胞数组或表变量中，以便利用 MATLAB 程序进行进一步处理和运算。

根据文件和导入数据类型的不同，可以在程序中或者在命令行窗口调用相应的内置函数实现数据的导入，也可以利用 MATLAB 中提供的数据导入工具实现数据的导入。

### 1. 专用内置函数

与数据导出类似，可以从文本文件或者电子表格文件中读出数据，保存到 MATLAB 工作区中的数组、元胞数组或者表中。根据导出数据存放变量的不同，相应地，有 3 个内置函数，即 **readmatrix**、**readcell** 和 **readtable**。3 个内置函数具有类似的调用格式和使用方法，这里主要以 readtable 函数为例介绍。

**readtable** 函数的基本调用格式为：

```
T = readtable(filename,opts,Name,Value)
```

调用时,将根据读取的文件内容创建一个表,并通过一个或多个名-值对参数指定其他选项。例如,可以指定数据导入时,将文件的第一行读取为列变量名称或是数据。

默认情况下,**readtable** 函数将为指定的文本文件或者电子表格文件中的每一列在表 T 中创建一个变量,并从文件的第一行中读取变量名称,而且会根据在文件的每列中检测到的数据值来创建具有适当数据类型的表变量。

例如,对实例 7-3 中创建的文本文件 myData2.csv,如下命令及其执行结果为:

```
>> Tin = readtable('myData2.csv')
Tin =
  3×6 table
    Row          name        age    score_1    score_2    score_3
    _____      _____     ___    _____    _____    _____
    {'1#'}       {'张三'}     18       90         80         85
    {'2#'}       {'李四'}     20       80         65         72
    {'3#'}       {'王五'}     19       77         91         84
```

### 2. 数据导入的属性设置

在导入数据的过程中,可以为数据设置特定的导入选项。可以使用 **opts** 参数,也可以通过指定名-值对参数进行设置。下面介绍常用的几个名-值对参数。

(1)**'FileType'**:文件类型。

当 **filename** 参数中不包含文件扩展名或扩展名不是默认的 **.txt**、**.dat**、**.csv** 或 **.xls**、**.xlsx** 时,可以利用该参数确定文件类型是文本文件还是电子表格文件。对这两种文件,该参数取值分别为 **'text'** 和 **'spreadsheet'**。

(2)**'ReadVariableNames'**:是否将文件第一行作为列变量名称。

该参数取值可以为逻辑型数据 true、false 或 1、0。如果设置为 true 或 1,则表示读取文件中的第一行作为表中列变量的名称。

如果文件中第一行保存的不是变量名称而是表中的数据时,必须将该参数设为 false 或者 0。此时,导入数据到表时,列变量名称将自动命名为'Var1','Var2',…,'VarN'。

(3)**'ReadRowNames'**:是否将文件第一列作为行名称。

该参数用于指示是否将文件中的第一列作为表中的行名称。默认取值为 false,表示文件中的第一列为数据。

需要注意的是,如果 **ReadRowNames** 参数值设置为 true,则可以通过继续使用 **RowNamesRange** 或 **RowNameColumn** 属性从指定的文件中读取行名称。

此外,如果通过前面两个名-值对参数设置需要读取行或列变量名称,并且读取的名称中含有非法标识符,例如空格、中文字符等时,必须另外设置 **VariableNamingRule** 名-值对参数为'preserve',才能将文件中的这些非法标识符读入 MATLAB 工作区。

(4)**'TextType'**:导入文本数据的类型。

该参数值可以为'char'或'string',用于指定导入文本数据的类型。默认为'char',表示将文本数据作为字符向量导入。如果参数值为'string',则表示将文本数据作为字符串数组导入。

（5）'Delimiter'：字段分隔符。

该参数值只适用于文本文件,可以为字符向量、字符向量元胞数组或字符串,用于指定表格数据各列在文件中的分隔字符。

（6）'EndOfLine'：行尾字符。

该参数值适用于文本文件,用于指示文件中一行数据的结束。参数值可以是换行符'\n'、回车符'\r'或者'\r\n',也可以是在文件中使用的其他字符,例如冒号':'。

（7）'Sheet'：要读取的工作表。

该参数只适用于电子表格文件,参数值可以是正整数、字符向量或字符串,用于指定要读取数据的工作表。

（8）'Range'：要读取的工作表的范围。

该参数值可以是字符向量或字符串标量,指定要读取数据所在工作表中的区域范围。该范围是指电子表格中实际包含数据的矩形部分。读取数据时,会通过删减不包含数据的前导和尾随的行和列,自动检测数据所占用的范围。

可以先通过使用 Excel 行标志符指定开始行和结束行来标识范围。然后,readtable 函数会自动在指定的行中检测使用的列范围。例如,参数值'1:7'表示读取第 1 行到第 7 行的所有列。也可以通过使用 Excel 列标志符指定开始列和结束列来标识范围。例如,参数值'A:F'用于读取 A 到 F 列的所有行。

---

**实例 7-4　数据从文本文件导入表中**。

首先在 Windows 中用记事本创建文本文件 myData3.txt,并将其放在当前文件夹中。文件内容如图 7-6 所示。

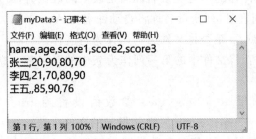

图 7-6　用记事本创建文本文件

之后,在命令行窗口输入如下命令:

```
>> T = readtable('myData3.txt')
```

以默认属性读取文件中的数据,并保存到表 T 中。执行结果如下:

```
T =
  3×5 table
     name      age     score1     score2     score3
    _____    ___     _____     _____     _____

    {'张三'}    20       90         80         70
    {'李四'}    21       70         80         90
    {'王五'}    NaN      85         90         76
```

由此可见,默认情况下,在文本文件中,表中的各行数据单独占文件中的一行,同一行各列数据之间用逗号分隔。导入数据时,MATLAB 会自动识别文本文件中的第一行,并将该行中用逗号分隔的各字符串作为表中各列变量的名称。同时,各行数据中的字符串会以字符向量元胞数组的形式作为表中相应的列变量取值。

注意,在文本文件中,最后一行数据有一项为空,导入表中时,对应列自动赋值为 NaN,表示该列值不确定。

**实例 7-5 数据从电子表格文件导入表中。**

首先在 Windows 中用 Office 应用程序创建电子表格文件 myData4.xlsx,并将其放在当前文件夹中。文件内容如图 7-7 所示。

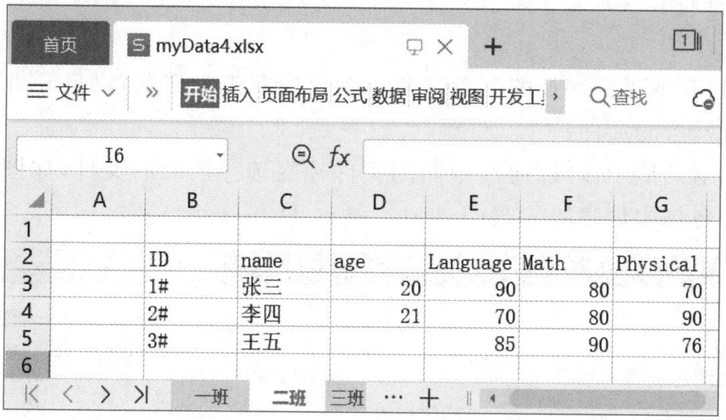

图 7-7 用 Office 创建电子表格文件

之后,执行如下命令:

```
>> T = readtable('myData4.xlsx','Sheet','二班','ReadRowNames',true)
```

该命令中指定从名为"二班"的工作表中读取数据,并且文件中数据区的第一列(B 列)存放有行名称,因此设置名-值对参数 **ReadRowNames** 指定将该列数据作为表 T 的行名称。执行结果如下:

```
T =
  3 × 5 table

         name       age    Language    Math    Physical
        _____    ___    _____    ____    _____

   1#    {'张三'}    20        90        80        70
   2#    {'李四'}    21        70        80        90
   3#    {'王五'}    NaN       85        90        76
```

### 3. 数据导入工具

在 MATLAB 中,从各种格式的文件中导入运算处理所需要的数据,这是大量用到的操作。为了方便用户,MATLAB 中提供了专门的数据导入工具,可以用交互方式从电子表格文件和文本文件中预览和导入数据。

(1) 数据导入工具的启动及文件的打开。

在 MATLAB 主页选项卡中的变量选项中单击"导入数据"按钮,即可启动数据导入工具。也可以在命令行窗口中输入如下命令:

```
>> uiimport(filename)
```

启动导入工具,并自动打开参数 filename 指定的文本文件或电子表格文件。

如果用第一种方法启动,将打开一个对话框,以便选择需要导入数据的文件。默认情况下,在对话框中将列出当前文件夹中所有的数据文件和电子表格文件。选择文件后,再进入数据导入对话框。

此外,还可以在 MATLAB 的当前文件夹窗口中双击文件名,以打开导入对话框,对话框中将自动打开双击的文件。

在数据导入对话框中,可以通过中间的文件标签选择所需的文件,如图 7-8 所示,其中同时打开了前面各例中创建的 myData1.dat 和 myData1.xls 文件。

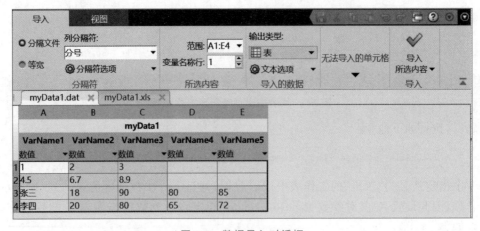

图 7-8　数据导入对话框

（2）数值型数据导入数值型数组。

这里以图 7-8 中的 myData1.dat 文件为例,介绍利用工具进行文本文件数据导入的方法。该文本文件中共有两部分数据,分别是实例 7-1 中导出的数据和实例 7-2 中追加的数据。假设需要将实例 7-1 中导出的数据再从该文件中导入数值型数组中,可以进行如下操作：

首先在数据导入对话框中利用鼠标拖动选中前面两行数据。之后,在"输出类型"下拉列表中选择"数值矩阵"。再双击 myData1 行,该行默认显示的是文本文件名(不包括扩展名),在其中输入新的名称 importArr。该名称将作为导入数值型数组变量的名称,出现在MATLAB 工作区。

最后,单击对话框中的"导入所选内容"按钮,即可将所选数据导入工作区,得到数值型数组变量 importArr。在命令行窗口执行如下命令：

```
>> importArr
```

可以查看该数组中的数据如下：

```
importArr =
    1.0000    2.0000    3.0000
    4.5000    6.7000    8.9000
```

也可以在工作区窗口双击该变量名,在变量观查窗口查看数据的内容,如图 7-9 所示。

（3）导入数据到元胞数组。

在文本文件 myData1.dat 文件中,后面两行数据既有数值,也有字符串,可以导入元胞数组中。

为此,在图 7-8 所示数据导入对话框中,单击选中第一列,单击该列列标题 VarName1 下面的下拉

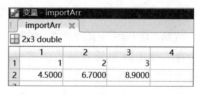

图 7-9　在变量观察窗口查看导入的
　　　　数组变量

箭头,在下拉列表中设置这一列的数据类型为文本,其他列的数据类型保持为默认的数值类型。通过鼠标拖动选中后面两行,在"输出类型"下拉列表中选择"元胞数组",并将导入数据变量命名为 cellArr。单击"导入所选内容"按钮,将在工作区中得到同名的元胞数组变量。结果如下：

```
>> cellArr
cellArr =
  2×5 cell 数组
    {'张三'}    {[18]}    {[90]}    {[80]}    {[85]}
    {'李四'}    {[20]}    {[80]}    {[65]}    {[72]}
```

（4）导出数据到表。

在实例 7-5 中创建了一个电子表格文件 myData4.xlsx,假设现在需要用导入工具将其内容导入 MATLAB 工作区。为此,首先用数据导入工具打开该文件,在数据导入对话框中

的显示如图 7-10 所示。

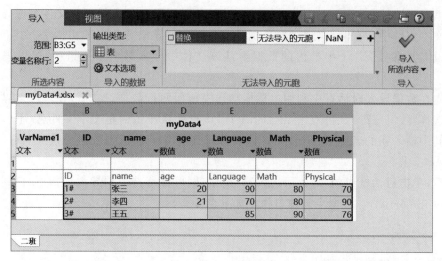

图 7-10　电子表格数据的导入

**注意**：在数据导入对话框，除了以表格形式显示文件中的内容以外，还自动识别并设置了每一列的标题和数据类型。在显示的数据行中，第二行自动识别出是文件中各列的列标题，在对话框中以灰色显示，而真正的数据区域用一个方框包围起来。

此外，导入工具会突出显示无法导入的单元格，其中的数据无法按照该列指定的格式导入。例如，图 7-10 中的 D5 单元格为空白，而该列其他单元格为数值。

为了导出数据到表格，在"变量名称行"输入框中确保参数设置为 2，以指定导入数据到表时，以第 2 行作为各列变量名称。在"输出类型"下拉列表中，选择"表"，以指定导入数据到表中。之后，鼠标拖动选中需要导出的数据区域。

按照图 7-10 中的默认设置，单击"导入所选内容"按钮，在 MATLAB 工作区中将得到一个表变量 myData4。在命令行窗口输入如下命令：

```
>> myData4
```

将显示出该表变量如下：

```
myData4 =
  3 × 6 table
     ID         name        age    Language    Math    Physical
    _____    _____    _____   _____    ____    _____

   {'1#'}     {'张三'}     20        90         80        70
   {'2#'}     {'李四'}     21        70         80        90
   {'3#'}     {'王五'}    NaN        85         90        76
```

注意到由于在对话框中选中了 B 列，因此在得到的表中，第一列名称为 ID。如果重新选择需要导出的数据区域为 C3:G5，即不包括行名，则导出的表变量只有 5 列，结果如下：

```
>> myData41
myData41 =
  3 × 5 table
      name        age     Language     Math     Physical
    _____     ___     _____     ____     _____

    {'张三'}      20        90          80         70
    {'李四'}      21        70          80         90
    {'王五'}     NaN        85          90         76
```

此外,在电子表格文件中,D5 单元格为空。对这样的单元格,在导入表时,可以自行指定将其内容替换为合适的数据。由于该列数据类型为"数值",因此可以在"替换""无法导入的元胞"框中输入希望替换的数值,例如 0.0。此时,得到的结果如下:

```
>> myData42
myData42 =
  3 × 5 table
      name        age     Language     Math     Physical
    _____     ___     _____     ____     _____

    {'张三'}      20        90          80         70
    {'李四'}      21        70          80         90
    {'王五'}       0        85          90         76
```

其中,第三行的 age 字段被替换为 0,而不是默认的 NaN。

> **同步练习**
>
> 　7-3　将同步练习 6-2 中的元胞数组 arr 和 arr2 保存到文件 cellfile.txt 中,其中 arr2 中的数据追加到 arr 数据的后面各行,arr 中的各数据以逗号分隔,arr2 中的各数据以空格分隔。
>
> 　7-4　将同步练习 6-9 创建的 goodsTable 保存到电子表格文件 goodstable.xls 中。
>
> 　7-5　将同步练习 7-4 中的表数据从 goodstable.xls 文件导入 gt 表变量中。计算出各类商品的利润后,再保存回文件的"利润"工作表中。

# 7.4　低级文件操作

　　低级文件操作指的是字节或字符级别的文件访问操作。通过低级文件操作,可以灵活控制文件的读写。但是这些低级文件操作配置的函数在使用时要求指定更为详细的文件信息,才能确保正确访问文件。

　　低级文件操作涉及文件保存数据的格式,具体分为文本格式和二进制格式。在二进制格式下,数据将以在计算机内存中实际存储格式保存到文件中,因此这种格式下数据的存储极为高效,但是不便于用户打开查看。例如,在 Windows 系统中打开时,将呈现为抽象的符号和乱码。对文本格式,数据将被转换为字符文本再保存到文件中,因此这种文件便于用户打开查看,但是访问效率较低。

## 7.4.1　文件的打开和关闭

相对于前面的高级函数实现文本文件和数据文件的访问,低级文件操作在执行具体的文件操作之前,首先需要打开文件。操作访问完毕后,必须关闭文件。在 MATLAB 中,实现文件的打开和关闭是通过两个专门的函数来实现的。

### 1. 文件的打开

实现文件打开的内置函数是 fopen,该函数有多种调用格式,常用的基本调用格式如下:

```
fileID = fopen(filename,permission)
```

其中,filename 指定需要打开的文件名。执行上述语句时,将打开该文件名指定的文件,并返回一个大于或等于 3 的整数作为文件标识符,用于在程序中代表打开的文件。如果无法打开文件,则返回—1。

参数 permission 指定访问类型(读文件、写文件等),可能的取值如表 7-2 所示。

表 7-2　参数 permission 取值及文件的访问类型

| 参数 permission 取值 | 文件的访问类型 |
| --- | --- |
| 'r' | 打开要读取的文件 |
| 'w' | 打开或创建要写入的新文件,如果文件存在,将清除原有内容 |
| 'a' | 打开或创建要写入的新文件,并追加数据到文件末尾 |
| 'r+' | 打开要读写的文件 |
| 'w+' | 打开或创建要读写的新文件,如果文件存在,将清除原有内容 |
| 'a+' | 打开或创建要读写的新文件,并追加数据到文件末尾 |
| 'A' | 打开文件以追加(但不自动刷新)当前输出缓冲区 |
| 'W' | 打开文件以写入(但不自动刷新)当前输出缓冲区 |

当 permission 参数取表 7-2 中的参数值时,是以二进制格式打开文件。要以文本格式打开文件,可以在表中各参数后面附加一个字符 't'。例如 'rt',将指定以文本格式打开文件并进行读取操作。

### 2. 文件的关闭

读写操作结束后,需要关闭文件,否则文件中的内容可能会受到不必要的影响,或者导致后续操作无法正常进行。要关闭已经打开的文件,可以用如下语句:

```
fclose(fileID)
```

其中,参数 fileID 为前面调用 fopen 函数打开文件时返回的文件标识符。

## 7.4.2　文本格式文件的访问

在格式化文本文件中,数据以指定的格式保存。在第 2 章曾介绍过如何控制将数据以指定的格式显示在屏幕上。实际上,相关内容也同样适用于将数据保存到文本文件中,也就是说,这些格式字符串也可用于指定文件中数值数据的保存格式。

### 1. 文本文件的写操作

在第 2 章介绍了利用 **fprintf** 将数据显示在屏幕上(命令行窗口)。此外,该函数还有如下调用格式:

```
fprintf(fileID,formatSpec,A1,A2,…,An)
```

参数 fileID 为文件标识符,用于指定数据导出的文件;参数 formatSpec 为格式字符向量或者格式字符串;$A1,A2,\cdots,An$ 为需要保存到文件中的数据数组,可以是字符向量、数值标量、数值数组等。

上述语句根据指定的格式,按列顺序将数组 $A1,A2,\cdots,An$ 中的数据写入指定的文本文件。如果没有指定文件标识符,则将数据输出并显示在屏幕上。如果给定了返回参数,则执行上述语句将返回写入文件的字节数。

写入时,根据格式字符串中以百分号开头的格式操作符,对后面各数组按列顺序将各元素写入文件,各元素写入的格式依次对应一个格式操作符。当所有格式操作符应用完毕,再对后续数据重复使用指定的格式操作符。

---

**实例 7-6　简单的格式化文本文件写入操作。**

创建文本文件 stu.txt,并向其中写入几个学生的相关信息(姓名、年龄、成绩等)。程序代码如下:

```
% 文件名: ex7_6.m
% 将创建文本文件: stu.txt
clear
clc
fileID = fopen('stu.txt','w');          % 打开文件
name1 = '张三';age1 = 21;score1 = 50.6;
name2 = '李四';age2 = 20;score2 = 85;
n = fprintf(fileID, …                    % 写文件
            '%s:%3d岁,成绩: %3.1f.\n', …
            name1,age1,score1,name2,age2,score2);
fclose(fileID);                          % 关闭文件
fprintf("共写入%d字节到文件: ",n);        % 显示文件内容
type stu.txt
```

---

在上述程序中,第一次调用 **fprintf** 函数,将两个学生的信息写入文本文件 stu.txt 中。注意,该函数的功能是将数据写入文本文件,因此在调用该函数之前,用 **fopen** 函数打开文件时,不用再另外指定用文本格式打开文件。

在 **formatSpec** 参数中,格式操作符"%s"表示将 name1 变量的值以字符串格式写入文件;"%3d"表示将 age1 变量的值以整数格式写入文件,占用 3 个字符的位置;"%3.1f"表示将 score1 的变量值以实数格式写入文件,占用 3 个字符位置,其中小数占一位。

之后,将格式字符串中的 3 个格式操作符重复应用到语句中后面给定的 3 个变量 name2、age2 和 score2,从而将第二个学生的信息写入文件的下一行。

在程序的最后,再调用一次 **fprintf** 函数。由于该语句中没有给定 fileID 参数,因此是在命令行窗口显示写入文件的字节数 $n$,该数据也是在 Windows 中查看到的文件的大小。最后,执行 type 命令显示写入文件的内容。程序运行结果如下:

```
共写入 66 字节到文件:
张三: 21 岁,成绩: 50.6。
李四: 20 岁,成绩: 85.0。
```

**实例 7-7    数组数据的写入。**

将若干组身高、体重信息添加到实例 7-6 所创建的文本文件 stu.txt 的后面。程序代码如下:

```
% 文件名: ex7_7.m
% 将用到上一实例创建的文本文件 stu.txt
clear
clc
h1 = [1.60, 80]
h2 = [1.75, 1.50; 85,62]
formatSpec = '身高 % 4.2fm,体重 % 2dkg\n';
fid = fopen('stu.txt','a');
fprintf(fid,formatSpec,h1,h2);
fclose(fid);
type stu.txt
```

由于题目要求是在原 stu.txt 文件后面追加数据,因此打开文件时,设置文件的访问类型参数为 'a'。程序执行结果如下:

```
张三: 21 岁,成绩: 50.6。
李四: 20 岁,成绩: 85.0。
身高 1.60m,体重 80kg
身高 1.75m,体重 85kg
身高 1.50m,体重 62kg
```

其中,前面两行是文件中原来的内容(实例 7-6 执行的结果),后面三行是本实例程序执行后追加的身高、体重信息。

本实例着重演示了如何将数组数据保存到文件中。程序中随意定义了两个数组 $h1$ 和 $h2$,其中,$h1$ 是一个行向量,两个元素分别为第一个学生的身高和体重;$h2$ 是一个 $2 \times 2$ 矩阵,第一行和第二行分别代表另外两个学生的身高和体重。

在指定的 formatSpec 格式字符串中,有两个以"%"开头的格式操作符,最后有一个换行符"\n"。因此,文件中每一行将写入两个数值数据以及格式字符串中指定的其他字符,也就是每一行为一个学生的身高和体重信息。

需要注意的是,运行该程序之前,必须先执行实例 7-6 中的程序。由于其中指定打开文件的访问类型为'w',因此每次执行都将清除文件 stu.txt 中的原有内容,再写入实例 7-6 程序中的数据。之后执行实例 7-7 中的程序,每次执行都将向同一个文件中追加本实例中的数据,多次运行将重复追加相同的数据到文件末尾。

**实例 7-8　多种类型数据的写入。**

将若干学生的姓名、身高和体重信息写入文件 stu1.txt。

本例中,学生的姓名可以定义为字符向量或字符串数组,而身高和体重一般为数值型数据。因此不可能用一个数组同时记录一个学生的姓名和身高、体重。根据前面的介绍,对这种不同类型的数据,可以用元胞数组、结构体和表等数据类型来记录。但 **fprintf** 函数不能将这些数据类型写入文本文件。为此,本实例考虑将所有学生的姓名和身高、体重分别保存到一个字符串向量和两个数值型向量中。为了按照表的形式写入文件,在程序结构中采用循环结构重复调用 **fprintf** 函数即可实现。

完整的程序代码如下:

```
% 文件名: ex7_8.m
% 将创建文本文件 stu1.txt
clear
clc
name = ["张三","李四","王五"];              % 姓名向量
h = [1.60,1.75,1.50];                       % 身高向量
w = [60,85,62];                             % 体重向量
formatSpec = '%3s: 身高 %4.2fm,体重 %2dkg\n';    % 格式字符串
fid = fopen('stu1.txt','w');                % 打开文件
for i = 1:size(name,2)                      % 循环写入各学生信息
    fprintf(fid,formatSpec,name(i),h(i),w(i));
end
fclose(fid);                                % 关闭文件
type stu1.txt                               % 显示文件内容
```

在上述程序中,根据给定的格式字符串参数,每次将向文件写入 3 个数据。其中第一个数据为字符串,占 3 个字符的位置;第二个数据为浮点数,每个数据值占 4 个字符位置;第三个数据为整数,每个数据占 2 个字符的位置。

在 for 循环中,每次循环,从 3 个向量中取出一个学生的 3 个信息,再写入文件。**fprintf** 语句中的 name(i)、h(i) 和 w(i) 分别为 3 个向量中的一个元素,因此是标量。此时,3 个标量数据依次顺序写入文件。程序执行后,用 **type** 命令显示文件 stu1.txt 的内容如下:

```
张三: 身高 1.60m,体重 60kg
李四: 身高 1.75m,体重 85kg
```

王五：身高 1.50m,体重 62kg

## 2. 文本文件的读操作

读操作是将文件中原有的保存内容读入 MATLAB 工作区。对于格式化文本文件,可以调用 **fscanf** 函数实现,该函数的基本调用格式如下:

```
[A,count] = fscanf(fileID,formatSpec,sizeA)
```

该语句将从文件标识符 fileID 指定的文本文件中逐行读取数据到数组 $A$ 中,并根据 formatSpec 指定的格式解释文件中的数据,得到返回结果。

如果返回结果有两个参数,还会将返回读取的参数个数保存到 count 变量中。sizeA 参数用于指定返回结果数组 $A$ 的维数,具体有如下几种情况。

(1) 如果没有指定 sizeA 参数,或者 sizeA 参数指定为 **Inf**,则读取文件中的所有数据,直到文件末尾,返回结果 $A$ 为列向量。

(2) 如果 sizeA 参数为正整数 $n$,则最多从文件读取 $n$ 个数值或 $n$ 个字符字段。所谓字符字段,指的是格式操作符"%mc"指定的 $m$ 个字符构成的字符串,该格式操作符控制每次从文件中读取 $m$ 个字符,而 sizeA=$n$ 指定连续读取 $n$ 次。

(3) 如果 sizeA 参数设为正整数向量[$m,n$],则最多从文件读取 $m \times n$ 个数值或字符,返回结果 $A$ 是按列顺序填充的 $m \times n$ 数组。其中,列数 $n$ 可以设为 Inf。

在文件读取过程中,会将读取的数据与格式字符串中的格式操作符进行比较。如果二者匹配,则将读取的数据转换为相应的数据类型再存入数据 $A$,直到取得指定个数的数据或者到达文件末尾。如果读取的数据与相应的格式操作符不匹配,将立即停止读取。

下面举一个例子体会上述各种情况。

**实例 7-9** **格式化文本文件的读取**。
程序代码如下:

```
% 文件名: ex7_9.m
% 将创建文本文件 data.txt
clear
clc
A = [1.23,12.34,36.45,49.87];

fid = fopen('data.txt','w');
fprintf(fid,'%4.2f %4.2f\n',A);        % 创建文件
fclose(fid);
type data.txt                          % 显示文件内容

fid = fopen('data.txt','r');           % 情况 1
[X1,C1] = fscanf(fid,'%f')
fclose(fid);
```

```
fid = fopen('data.txt','r');          % 情况 2
[X2,C2] = fscanf(fid,'% f',2)
fclose(fid);

fid = fopen('data.txt','r');          % 情况 3
[X3,C3] = fscanf(fid,'% f',[2,2])
fclose(fid);

fid = fopen('data.txt','r');          % 情况 4
[X4,C4] = fscanf(fid,'% d')
fclose(fid);

fid = fopen('data.txt','r');          % 情况 5
[X5,C5] = fscanf(fid,'% d. % d')
fclose(fid);

fid = fopen('data.txt','r');          % 情况 6
[X6,C6] = fscanf(fid,'% c')
fclose(fid);

fid = fopen('data.txt','r');          % 情况 7
[X7,C7] = fscanf(fid,'% s')
fclose(fid);
```

程序中首先创建了一个文本文件 data.txt,其中存放有如下两行数据:

```
1.23   12.34
36.45   49.87
```

之后,分别用不同的格式字符串和参数从上述文件中读取数据。执行结果如下:

```
X1 =
    1.2300
    12.3400
    36.4500
    49.8700
C1 = 4
X2 =
    1.2300
    12.3400
C2 = 2
X3 = 1.2300    36.4500
     12.3400    49.8700
C3 = 4
X4 = 1
C4 = 1
X5 =
    1
    23
```

```
          12
          34
          36
          45
          49
          87
C5 = 8
X6 = '1.23 12.34
      36.45 49.87'
C6 = 23
X7 = '1.2312.3436.4549.87'
C7 = 4
```

对上述结果解释如下。

（1）情况 1：用格式字符串指定将读取的每个数据都按浮点数的格式保存到数组 $X1$ 中。由于没有指定 sizeA 参数，因此将读取文件中所有的数据。注意，文件中的各数据以空格或换行符分隔。

（2）情况 2：指定 sizeA＝2，则从文件中读取两个数据，得到 $X2$ 是长度为 2 的列向量。

（3）情况 3：指定 sizeA＝[2,2]，则共读取 2×2＝4 个数据，得到 $X3$ 为 2×2 的数组。

（4）情况 4：由于格式操作符指定为"%d"，而文件中所有数据都为浮点数。因此，读出第一个数据时，判断出其与指定格式无法匹配，则立即停止继续读取。

（5）情况 5：格式操作符指定为"%d.%d"，指定将小数点前后的两个数据分别解释为两个整数，因此第一个数据"1.23"读出结果为两个整数 1 和 23，分别保存到 $X5$ 中。第二个数为 12.34，分别表示两个整数 12 和 34，保存到 $X5$ 中，以此类推。

（6）情况 6：指定格式操作符为"%c"，则将文件中所有数据（包括每行末尾的换行符）都依次解释为字符。得到结果与文件中原来的数据及换行格式完全一样，只是整个数组 $X6$ 加了单引号，表示其中的各元素都是字符。

（7）情况 7：指定格式操作符为"%s"，则将文件中所有数据（包括每行末尾的换行符）读出，其中的空行或者换行符被解释为各字符串的分隔符，保存到数组 $X7$ 时，将忽略这些分隔符，把所有字符串拼接为一个字符向量。返回的第二个参数 $C7$ 指示字符串的个数。

本程序中，对同一个文件调用 fscanf 函数，执行了 7 次读操作。需要注意的是，每次读操作结束时，文件指针都将指向文件末尾。因此，如果连续执行多次读操作，只有第一次读操作有效，后面的几次读操作都不会返回任何结果。为此，在程序中，每执行一次读操作都关闭一次文件。下一次读取时，再打开文件，文件指针又指向文件的起始位置。有关文件指针的操作，将在后续章节介绍。

3. 文本文件的按行访问

一般情况下，一个文本文件中会有若干行字符或者数据。利用 fpritnf 和 fscanf 函数可以写入或者读取各行中指定的数据、字符。某些情况下，也需要以行为单位，每次访问文件中的一行。为此，MATLAB 中提供了两个专门的函数 fgetl 和 fgets。

函数 **fgetl** 和 **fgets** 都可以实现一次读取文件中的一行,其中一行指的是通过换行符 "\n"分隔的一串字符或者数据。两个函数的主要区别在于,**fgets** 函数会将数据行和换行符 都复制输出;而 **fgetl** 函数读取时会自动删除换行符,也就是换行符不会返回到输出变量。

**实例 7-10**　**文本文件的按行读取 1。**

按行读取实例 7-8 中创建的文本文件 stu1.txt。程序代码如下:

```
% 文件名: ex7_10.m
% 将访问文本文件 stu1.txt
clear
clc
fid = fopen('stu1.txt','r');        % 打开文本文件
L1 = fgetl(fid)                     % 读取一行,忽略其中的换行符
L2 = fgets(fid)                     % 读取下一行,包括其中的换行符
fclose(fid);
```

程序运行结果如下:

```
L1 = '张三: 身高 1.60m,体重 60kg'
L2 = '李四: 身高 1.75m,体重 85kg'
```

在上述结果中,得到的 $L1$ 和 $L2$ 都为字符向量,分别为文件中的第一行和第二行。但 是,$L1$ 只有一行,而 $L2$ 的显示结果包括两行。这是由于调用内置函数 **fgets** 读取时,返回 结果包括换行符,因此显示完文件中的第二行数据后,再换行。

需要注意的是,每调用执行一次函数 **fgel** 或 **fgets**,只是将当前位置的文件指针自动移 到下一行。因此重复执行多次,将从文件中连续读取若干行。当读到文件末尾时,返回结果 为−1,利用这一特点可以判断何时结束文件的读取访问。

**实例 7-11**　**文本文件的按行读取 2。**

对实例 7-8 中创建的文本文件 stu1.txt,按行读取其中的所有行。程序代码如下:

```
% 文件名: ex7_11.m
% 将访问文本文件 stu1.txt
clear
clc
fid = fopen('stu1.txt','r');
while(1)
    L1 = fgetl(fid);
    if L1 == -1
      break;
    end
    disp(L1)
```

```
end
fclose(fid);
```

执行结果如下：

```
张三：身高 1.60m,体重 60kg
李四：身高 1.75m,体重 85kg
王五：身高 1.50m,体重 62kg
```

**4. 文件的随机读取**

在前面各实例中,文件的读取操作都是顺序进行的,也就是对文件的读取都是从文件的开头部分起,逐字或逐行地顺序读取。有些情况下,需要读取的只是文件中的一部分,比如文件中某些指定位置的字符或者数据,这种方式称为随机读取。

为了实现文件的随机读取,MATLAB 提供了相关的函数,下面逐一进行介绍。

(1) **ftell** 函数。

该函数用于获取文件的当前位置,其基本调用格式为：

```
position = ftell(fileID)
```

执行后,返回文件标识符 fileID 指定文件中的当前位置,position 返回结果是从 0 开始的整数,指示从文件开头到当前位置的字节数。

(2) **frewind** 函数。

该函数的基本调用格式如下：

```
frewind(fileID)
```

实现的功能是在文件标识符 fileID 代表的文件中,将位置指针设置到文件的开头。需要注意的是,文件中存放的字符顺序编号从 0 开始。此外,当利用 **fopen** 函数打开一个文件时,位置指针默认都指向文件的开头。

(3) **feof** 函数。

该函数的基本调用格式如下：

```
status = feof(fileID)
```

执行后,返回文件末尾指示符的状态。如果读取操作已经到了文件末尾,则返回逻辑值 1(true)；否则返回逻辑值 0(false)。

(4) **fseek** 函数。

该函数用于将后面读写操作所需的文件位置指针移到指定的位置,其基本调用格式如下：

```
fseek(fileID, offset, origin)
```

其中,文件标识符 fileID 代表已经打开的文件;origin 为文件中的起始位置,可以是字符向量'bof'、'cof'、'eof'或者数值标量－1、0 和 1,分别代表文件的开头、当前位置和文件末尾;offset 是相对于 origin 参数移动的字节数,可以是正数、负数或零。

例如,如下命令

```
fseek(fileID, 0, 'bof')
```

将文件位置指针从文件的开头移动 0 字节,也就是移动位置指针到文件的开头,因此实现的功能相当于 **frewind**(fileID)。

下面举例说明上述各函数实现文件随机读取的基本方法。

**实例 7-12** **文件的随机读取**。

在 Windows 中新建如下文本文件 a.txt:

```
MATLAB
编程
文本文件的访问
```

分析如下程序执行的结果:

```
% 文件名: ex7_12.m
% 将创建文本文件 a.txt
clear
clc
fid = fopen('a.txt','r');
L1 = fgetl(fid)
p1 = ftell(fid)
fseek(fid, - 8,'cof');
L2 = fgetl(fid)
p2 = ftell(fid)
fseek(fid,14,'cof');
L3 = fgetl(fid)
p3 = ftell(fid)
i = 1;
frewind(fid);
while(～feof(fid))
    L{i} = fgetl(fid)
    i = i+1;
end
fclose(fid);
disp(L)
```

在分析上述程序时,说明两点:

(1) MATLAB 中的文本文件采用 UTF-8 编码,每个英文字符在文件中占 1 字节,每个中文字符在文件中占 3 字节。

（2）在 Windows 中创建的文本文件 a. txt（实例 7-12 创建），其中的每行（最后一行除外）末尾都有两个特殊字符，即回车符和换行符，分别占 1 字节。

在上述程序中，首先打开文件，则位置指针指向文件的开头，之后调用 **fgetl** 函数读取文件的第一行，存入变量 $L1$，并调用 **ftell** 函数获取位置指针的当前位置，存入 $p1$ 变量，从而得到如下结果：

```
L1 = 'MATLAB'
p1 = 8
```

由于文件中第一行共有 6 个英文字符，加上该行末尾的回车符和换行符，共 8 字节。因此得到 $p1=8$，表示位置指针指向第二行第一个字符。接下来调用 **fseek** 函数，将位置指针从当前位置前移 8 字节，则重新指向并读取第一行，得到如下结果：

```
L2 = 'MATLAB'
p2 = 8
```

读完第一行后，位置指针指向第二行第一个字符。之后，再调用 **fseek** 函数，将位置指针从当前位置后移 14 字节，则指向第三行第 3 个字符。接下来执行读取操作，从该字符开始，读取第三行中其后面的所有字符，得到如下结果：

```
L3 = '文件的访问'
p3 = 37
```

其中，$p3$ 表示当前位置指针指向文件中第 37 字节，也就是文件的末尾。这也表明，文件 a. txt 的大小（总字节数）为 37 字节，可以在 Windows 中查看文件属性得到同样的结果。

在执行程序后面的 while 循环之前，先调用 **frewind** 函数将位置指针移动到文件的开头。每次循环，调用 **fgetl** 函数读取文件的一行，该函数会自动将位置指针向后移动一行字符所占用的字节数。当 **feof** 函数返回结果为 true 时，表示已经读到文件的末尾，从而退出循环。因此，while 循环的作用是顺序读取文件的各行，并依次放入元胞数组 $L$ 中，最后得到 $L$ 是一个 $1 \times 3$ 元胞数组，其中的内容如下：

视频讲解

```
{'MATLAB'}    {'编程'}    {'文本文件的访问'}
```

## 7.4.3　二进制格式文件的访问

在二进制格式下，文件中的数据是按照内存中的实际存储格式保存的，典型的就是各种图像文件。对这种文件，MATLAB 提供了内置函数 **fread** 和 **fwrite** 实现文件内容的读取和写入。

### 1. 文件的写操作
**fwrite** 函数将数据写入二进制文件，其基本调用格式如下：

```
fwrite(fileID,A,precision,skip,machinefmt)
```

fileID 为文件标识符；$A$ 是需要写入数据的数组，可以是数值数组、字符数组或字符串数组，这两个参数是必需的。默认情况下，数组 $A$ 中的元素将按列顺序以无符号整数的格式写入文件中。此外，**fwrite** 函数还可以另外附加 3 个参数。其中，精度参数 precision 指定写入数据的形式和大小；参数 skip 设置需要跳过的字节数或位数；机器格式参数 machinefmt 指定字节或位写入的顺序，默认是按照从低位到高位，从低字节到高字节的顺序写入。

调用 **fwrite** 函数时，也可以给定一个出口参数，此参数将返回数组 $A$ 中成功写入文件的元素个数。

下面看一个简单的例子。如下命令：

```
>> fileID = fopen('uintb.txt','w');
>> n = fwrite(fileID,[0:999])
>> fclose(fileID);
```

将 0～999 的整数写入二进制文件 uintb.txt，返回 $n=1000$，表示共写入 1000 个数据。

在 Windows 中，可以查看所创建的文件大小为 1kB。用 **type** 命令或者记事本打开，可以查看内容，但是其中会有大量的乱码，如图 7-11 所示。

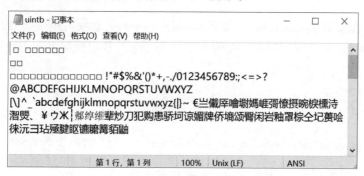

图 7-11 用记事本查看二进制文件

（1）参数 precision。

该参数指定写入数据的类型以及每个数据占用的字节数，不同的参数取值及对应的字节数如表 7-3 所示。

表 7-3 参数 precision 的取值及对应字节数

| 数 值 类 型 | 参 数 值 | 字 节 数 |
|---|---|---|
| 无符号整数 | 'uint8'、'uchar'、'unsigned char' | 1 |
| | 'uint16'、'ushort' | 2 |
| | 'uint'、'uint32'、'ulong' | 4 |
| | 'uint64' | 8 |
| 有符号整数 | 'int8'、'integer * 1' | 1 |
| | 'int16'、'integer * 2'、'short' | 2 |
| | 'int'、'int32'、'integer * 4'、'long' | 4 |
| | 'int64'、'integer * 8' | 8 |

续表

| 数 值 类 型 | 参 数 值 | 字 节 数 |
|---|---|---|
| 浮点数 | 'single'、'float32'、'real * 4' | 4 |
| | 'double'、'float64'、'real * 8' | 8 |
| 字符 | 'char * 1' | 1 |
| | 'char' | 取决于文件的编码方案 |

例如,命令

```
>> n = fwrite(fileID,[0:999],'integer * 4')
```

将同样的 1000 个数据写入 uintb. txt 文件,但指定每个写入数据占用 4 字节。返回结果 $n$ 仍然为 1000,但文件的大小变为 4kB。

(2) skip 参数。

该参数指定写入每个数值之前要跳过的字节数。例如,命令

```
>> n = fwrite(fileID,[0:999],'integer * 4',10)
```

将同样的 1000 个整数写入 uintb. txt 文件,但指定每个写入数据占用 4 字节,并且每个整数写入之前都要跳过 10 字节。因此文件的大小变为 14kB,其中数据占 4kB,另外有 10kB 的数据 0。

2. 文件的读操作

fread 函数从文件读取指定数据流,其基本调用格式如下:

```
A = fread(fileID,sizeA,precision,skip,machinefmt)
```

其中,fileID 为文件标识符,一般设为 fopen 函数的返回值。

(1) 如果只有一个参数 fileID,则将二进制文件中的数据读取到数组 $A$ 中,并将文件指针定位在文件结尾标记处。

(2) 如果指定参数 sizeA,则将文件数据读取到维度为 sizeA 的数组 $A$ 中,读出的数据在数组 $A$ 中按列顺序存放。执行后将文件指针定位到最后读取的数值之后。

(3) 如果指定了精度参数 precision,则根据该参数描述的格式和大小解释文件中的数据。具体用法与 fscanf 相同。

(4) 参数 skip 指定在读取文件中的每个值之后需要跳过的字节或位数,参数 machinefmt 指定在文件中读取字节或位数时的顺序。

(5) 如果给定两个返回参数,则除了返回数据保存到数组 $A$ 以外,还将返回读取到 $A$ 中的字符数,保存到第二个出口参数中。

实例 7-13    二进制文件的读写。

创建一个二进制文件,向其中写入任意数据,之后读出来。完整的程序代码如下:

```
% 文件名: ex7_13.m
% 将创建二进制文件 data.bin
clear
clc
fid = fopen('data.bin','w + ');                  % 打开文件准备读写
fwrite(fid,[100:109],'uint16');                  % 写入原始数据
frewind(fid);A1 = fread(fid,'uint16');           % 第一次读取
frewind(fid);A2 = fread(fid,'uint16',2);         % 第二次读取
frewind(fid);A3 = fread(fid,'uint8');            % 第三次读取
frewind(fid);A4 = fread(fid,'uint8',1);          % 第四次读取
fclose(fid);
disp("A1:");disp(A1');fprintf("\n");             % 显示各次读取结果
disp("A2:");disp(A2');fprintf("\n");
disp("A3:");disp(A3');fprintf("\n");
disp("A4:");disp(A4');fprintf("\n");
```

在上述程序中,打开文件 data.bin,并向其中写入 100~109 范围内的 10 个整数,指定写入格式为 **uint16**,则每个无符号整数占 16 位(2 字节)。由于每个整数实际有效位数都没有超过 1 字节,因此按照默认格式写入时,每个整数占用的 2 字节中,第 1 字节为该整数,第 2 字节是用于扩展位数的 0。

之后每次读之前,调用 **frewind** 函数移动位置指针到文件开头,再调用 **fread** 函数读取文件中的数据。第一次读取时,指定精度参数与写入时的相同(uint16),则每次从文件中读取一个 16 位无符号整数,从而依次读取所有的 10 个整数,保存到 A1 中,得到 A1 结果如下:

```
A1:
  100   101   102   103   104   105   106   107   108   109
```

第二次读取时,给定格式参数仍然为 uint16,skip 参数值为 2,表示每次读取一个整数后跳过 2 字节,即跳过一个整数,因此得到如下结果:

```
A2:
  100   102   104   106   108
```

第三次读取时,给定格式参数为 **uint8**,则每次从文件读取 1 字节。因此,对原来 10 个整数中的每个整数,都将读取并得到两个 8 位无符号数整数,其中第二个整数为 0,因此得到如下结果:

```
A3:
  100     0   101     0   102     0   103     0   104     0   105
    0   106     0   107     0   108     0   109     0
```

第四次读取时,给定格式参数为 **uint8**,同时给定 skip 参数为 1,则每次从文件读取 1 字节,并跳过 1 字节,因此每个整数的第 2 字节 0 都被跳过,从而得到如下结果:

A4:

| 100 | 101 | 102 | 103 | 104 | 105 | 106 | 107 | 108 | 109 |

同步练习

7-6 编制程序,将 $t=0,0.1,0.2,\cdots,\pi$ 的余弦函数 $\cos t$ 值保存到 cos. txt 的文本文件中。

7-7 格式化文本文件的读取。将 $0\sim10$ 整数的平方根表保存到文件文本 sqrt. txt 中,之后读取出来并显示在命令行窗口。

# 第8章

# 数据的可视化

MATLAB除了可以进行各种科学计算外,还提供了强大的图形绘制和数据可视化功能,可以形象直观地将程序运行的结果数据和信号波形等以图形的形式进行展示,以便于用户根据这些可视化数据做进一步分析处理。

MATLAB中能够绘制工程上所需的各种图形,例如各种线图(线图、对数图和函数图)、数据分布图(直方图、饼图、文字云等)、离散数据图(条形图、散点图等)、地理图(在地图上将数据可视化)、等高线图(二维和三维等值线图)、极坐标图(在极坐标中绘图)、向量场图(彗星状图、罗盘状图、羽状图、箭状图和流线图)、曲面、体积和多边形(网格曲面和三维体数据、非网格多边形数据),甚至能够很方便地制作动画等。

限于篇幅,本章主要介绍MATLAB中二维线图绘制的基本方法以及对图形的基本操作,更多图形的绘制方法可以查看MATLAB的帮助文档。本章主要知识点有:

8.1 图形窗口

了解图形窗口的概念,掌握图形窗口的打开和关闭方法,掌握图形窗口的常用属性及设置方法,了解子图和图块的概念,掌握图形叠加显示的基本方法。

8.2 二维线图及属性设置

掌握二维线图的绘制及plot函数的基本使用方法,了解对数坐标图的概念及绘制方法,熟悉常用的图形和坐标区属性及其设置方法。

8.3 图形的交互

了解图形窗口中图形的常用交互方法,以及数据提示和刷亮的概念及相关交互操作方法。

8.4 图形的导出和保存

了解图形窗口中图形的导出和保存方法,以及相关内置函数的基本使用方法。

## 8.1 图形窗口

利用MATLAB程序绘制的所有图形都将显示在一个专门的窗口中,该窗口称为图形窗口(Figure Window)。大多数情况下,调用MATLAB的内置函数绘图时,将自动创建并打开图形窗口。此外,也可以调用相关函数控制图形窗口的打开和关闭,以及设置图形窗口的属性等。

视频讲解

## 8.1.1 图形窗口的创建和关闭

程序中各种计算结果和数据可以直接显示在命令行窗口,程序中创建的所有变量可以显示在工作区窗口。为了绘制图形以实现计算结果数据的可视化,需要创建一个专门的图形窗口。程序运行结束后,需要关闭图形窗口,以节省内存资源,或者在后续程序运行时绘制新的图形。

1. 图形窗口的创建

要创建图形窗口,可以调用 **figure** 函数实现。该函数的基本调用格式为:

```
figure
```

该语句使用默认的属性值创建一个新的图形窗口,程序后面绘制的图形将显示在该图形窗口中。

例如,程序中第一次执行上述语句时,创建的图形窗口如图 8-1 所示。该窗口是一个标准的 Windows 窗口,窗口上部有标题栏、菜单栏和工具栏,而绘制的图形将显示在窗口下面的图形区(坐标区)。

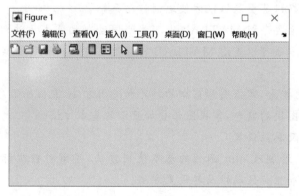

图 8-1 新创建的图形窗口

在程序中,根据需要可能会多次调用 **figure** 函数,以创建和打开多个图形窗口。默认情况下,根据在程序中出现的顺序,各图形窗口的标题依次命名为 **Figure 1**、**Figure 2** 等。在这种情况下,也可以用如下格式调用 **figure** 函数:

```
figure(n)
```

执行时,将创建名为 **Figure n** 的图形窗口。如果已经存在同名窗口,则该语句将指定其为当前窗口,后面的图形将直接显示在该图形窗口中。

2. 图形窗口的关闭

所有的图形窗口都是标准的 Windows 窗口,窗口右上角有 3 个按钮,可以实现图形窗口的最小化、最大化和关闭。也可以在窗口边界上按住鼠标拖动,以调整图形窗口的大小。

此外,调用 close 函数可以关闭指定的图形窗口,其基本调用格式有如下几种:

```
close                    % 关闭当前图形窗口
close all                % 关闭所有图形窗口
close(n)                 % 关闭第 n 个图形窗口,即名为"Figure n"的图形窗口
```

## 8.1.2 图形窗口属性设置

在调用 figure 函数创建和显示图形窗口时,可以根据需要设置窗口的属性,例如窗口的标题、背景颜色等。

为此,可以在调用 figure 函数时附加名-值对参数。例如,如下语句

```
figure('Name','输入信号','Color','b');
```

将打开一个图形窗口,并将窗口标题命名为"**Figure 1**:输入信号",坐标区的背景设置为蓝色,如图 8-2 所示。

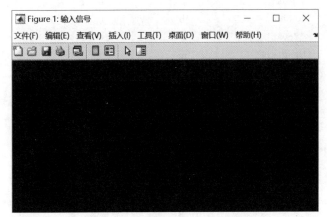

图 8-2

图 8-2　图形窗口的属性设置

图形窗口常用的属性主要有窗口名称、位置和大小、测量单位、背景颜色。

1. 窗口名称

默认情况下,打开的图形窗口名称为 **Figure** $n$,其中 $n$ 是整数。如果指定 **Name** 参数,图形窗口的标题将变为 **Figure** $n$:**Name**。其中 Name 属性参数值可以是字符向量或者字符串。

2. 位置和大小

该参数名为 **Position**,用于绘制图形窗口的位置和大小,参数值为 4 元素行向量,各元素依次指定图形区在屏幕中的左、下、宽和高的值。

3. 测量单位

测量单位参数 **Units** 用于指定图形窗口中各种数据(例如窗口的高度和宽度)的单位,

参数默认值为 'pixels'（像素，1 像素为 1/96 英寸[①]），也可以设置为 'normalized'（相对于上层窗口参数的归一化值）、'inches'（英寸）、'centimeters'（厘米）、'points'（磅，1 磅＝1/72 英寸）、'characters'（字符宽度）。

### 4. 背景颜色

背景颜色参数 Color 用于设置图形区的背景颜色。参数值可以指定为颜色名称或短名称，还可以利用 RGB 三元素向量或十六进制颜色代码设置自定义颜色。其中，RGB 三元素向量是用向量中的 3 个元素分别指定红色、绿色和蓝色分量的强度，强度值必须位于[0,1]范围内，例如[0.4　0.6　0.7]。十六进制颜色代码是以"#"开头的字符向量或字符串，后跟 3 个或 6 个十六进制数字，范围可以是 0～F，这些值不区分大小写。

表 8-1 列出了 MATLAB 中规定的 Color 参数设置值。

表 8-1　Color 参数设置值

| 颜　　　色 | 颜色名称 | 短　名　称 | RGB 三元组 | 颜色代码 |
|---|---|---|---|---|
| 红色 | 'red' | 'r' | [1　0　0] | '#FF0000' |
| 绿色 | 'green' | 'g' | [0　1　0] | '#00FF00' |
| 蓝色 | 'blue' | 'b' | [0　0　1] | '#0000FF' |
| 青色 | 'cyan' | 'c' | [0　1　1] | '#00FFFF' |
| 品红色 | 'magenta' | 'm' | [1　0　1] | '#FF00FF' |
| 黄色 | 'yellow' | 'y' | [1　1　0] | '#FFFF00' |
| 黑色 | 'black' | 'k' | [0　0　0] | '#000000' |
| 白色 | 'white' | 'w' | [1　1　1] | '#FFFFFF' |

视频讲解

## 8.1.3　图形区的划分

为了便于比较多个图形，可以对图形窗口中的图形区进行分隔，划分为若干坐标区，每个坐标区分别绘制不同的图形。为此，MATLAB 中提供了 **subplot** 和 **tiledlayout** 函数，可以实现图形区的划分。

### 1. 坐标区与子图

内置函数 **subplot** 的基本调用格式如下：

```
subplot(m,n,p)
```

参数 $m$、$n$ 和 $p$ 都为正整数。

该语句将当前图形窗口划分为 $m \times n$ 个网格，并在参数 $p$ 指定的位置创建坐标区，在其中绘制子图。各坐标区按行进行编号，第一个子图是第一行的第一列，第二个子图是第一行的第二列，以此类推。如果指定位置的坐标区已经存在，则该坐标区即为当前坐标区，后续的图形将绘制并显示在该坐标区中。

---

① 　1 英寸＝2.54 厘米。

例如,如下程序:

```
subplot(2,2,1)
% 图形 1
subplot(2,2,2)
% 图形 2
subplot(2,2,3)
% 图形 3
subplot(2,2,4)
% 图形 4
```

将图形窗口划分为 $2 \times 2$ 共 4 个图形区,分别在其中绘制图形 1~4,如图 8-3 所示。

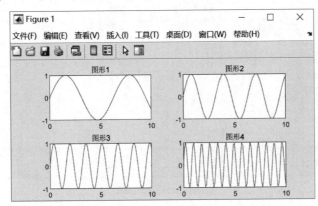

图 8-3　图形窗口的划分

在上述语句(subplot(m,n,p))中,参数 $m$ 和 $n$ 为正整数标量,$p$ 可以是正整数标量或向量。如果 $p$ 是正整数标量,则指定第 $p$ 个图形区为当前图形区。如果 $p$ 是正整数向量,则将跨越向量中各元素对应的网格,得到一个较大的图形区。

例如,subplot(2,3,[2,5])语句将图形窗口划分为 2 行 3 列共 6 个图形区,并且将第 2 和第 5 个图形区(也就是两行中的第 2 个图形区)合并为一个图形区,如图 8-4(a)所示。

再如,subplot(2,3,[2,6])语句指定的第 2 和第 6 个网格分别位于第 1 行第 2 列和第 2 行第 3 列,则将第 1 行和第 2 行中的第 3、4 列,也就是第 2、3、5 和 6 个网格合并为一个图形区,如图 8-4(b)所示。显然,要合并这 4 个图形区,也可以用如下等价语句:

```
subplot(2,3,[2,3,5,6])
```

2. 图块布局

从 MATLAB R2019b 版本开始,MATLAB 中提供了 **tiledlayout** 函数,用于创建图块布局。单词 tiledlayout 的意思为"分层的平面布置图"。

该函数的作用与 **subplot** 函数类似,其基本调用格式如下:

```
tiledlayout(m,n)
```

上述语句在当前图形窗口创建一个分块图布局,用于显示当前图窗中的多个绘图。该

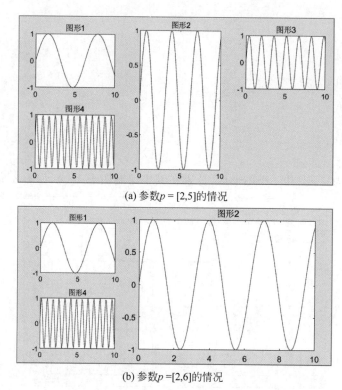

(a) 参数$p$ = [2,5]的情况

(b) 参数$p$ =[2,6]的情况

图 8-4　不同参数的图形窗口划分

布局将图形窗口划分为固定的 $m \times n$ 个图块,最多可显示 $m \times n$ 个图形。如果没有图形窗口,则会自动创建一个图形窗口,并将布局放入其中。如果当前图形窗口已经存在布局,则会用新布局替换该布局。

　　与 **subplot** 函数不同的是,**tiledlayout** 函数只有两个正整数参数。调用该函数创建布局后,需要再调用 **nexttile** 函数(即执行 nexttile 命令),以便将在布局中放置坐标区,然后再调用绘图函数在该坐标区中绘图。

　　例如,如下程序:

```
tiledlayout(2,2);
nexttile
% 图形 1
nexttile
% 图形 2
nexttile
% 图形 3
nexttile
% 图形 4
```

将在当前图形窗口中创建一个分块图布局,其中包括 $2 \times 2 = 4$ 个图块。之后,每执行一次 **nexttile** 命令,顺序地在各布局中放置一个坐标区,并在坐标区中依次绘制显示各图形。

此外，**tiledlayout** 函数的参数可以是字符向量 **'flow'**。在这种情况下，指定图形窗口中各图块的布局方式为流式布局。程序最开始只有一个空图块填充整个布局。每执行一次 **nexttile** 命令，图块个数加 1，同时自动调整各图块的布局，保持所有图块的纵横比约为 4∶3。

函数 **nexttile** 可以没有任何参数，执行一次，按照从上往下、从左往右的顺序依次指向各布局图块。程序中也可以为该函数给定入口和出口参数，具体用法如下：

（1）如果有一个返回参数，则返回一个对象，代表当前图块中的坐标区。

（2）如果有一个正整数标量 $n$ 作为入口参数，则执行时，将原来第 $n$ 个图块作为当前图块，在其中放置坐标区并绘制图形。

（3）如果给定一个 2 元素向量$[r,c]$作为入口参数，则指定坐标区占据 $r$ 行×$c$ 列的图块，其左上角位于第一个空的 $r×c$ 区域。

（4）如果同时有正整数标量 $n$ 和一个 2 元素向量$[r,c]$作为入口参数，即如下语句：

```
nexttile(n,[r,c])
```

将创建一个从第 $n$ 个图块开始，占据多行或多列的坐标区对象。

例如，如下程序段：

```
tiledlayout('flow');
nexttile;
% 图形 1
nexttile;
% 图形 2
nexttile(3,[1,2])
% 图形 3
nexttile(2)
% 图形 4
```

首先指定图形窗口为流式布局。再执行两次 **nexttile** 命令，在第 1 和第 2 个图块中分别绘制图形 1 和图形 2。之后，指定一个参数 3 和一个行向量$[1,2]$，执行该 **nexttile** 命令时，将图形 3 绘制在从第 3 个图块开始的 1 行 2 列两个图块中。执行最后一条 **nexttile** 命令时，由于指定了参数 2，则将第二个图块中原来绘制的图形 2 替换为图形 4。程序执行完后得到的图形窗口如图 8-5 所示。

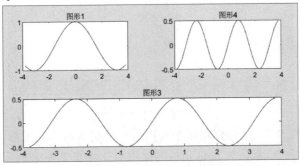

图 8-5　图形窗口（流式布局）

### 3. 图形的叠加

利用 **subplot** 函数或者 **nexttile** 命令在图形窗口中指定坐标区,之后的每条绘图命令绘制一个图形,将显示在当前指定的坐标区。

一般情况下,大多数绘图命令将在一个坐标区中绘制一个图形。为了便于图形之间的比较分析,实际应用中,经常需要在同一个坐标区中同时绘制多个图形,称为图形的叠加。

为此,MATLAB 中提供了 **hold** 命令,该命令后面也可以带上 **on** 或 **off** 参数。其中,**hold on** 命令的作用是,保留当前坐标区中的绘图,从而使新添加到坐标区中的绘图不会删除现有绘图,也就是将两个图在同一个坐标区同时显示。如果不存在坐标区,hold 命令会创建坐标区。

**hold off** 命令的作用是关闭保持功能,从而绘制一个图形时,新绘制的图形将清除坐标区中原来的图形。如果不带 on 和 off 参数,则每执行一次 hold 命令,将在打开和关闭保持功能之间切换一次。

例如,如下程序段:

```
tiledlayout('flow');
nexttile;
% 图形 1
nexttile;
% 图形 2
hold on
% 图形 1
nexttile(3,[1,2])
% 图形 3
% 图形 4
```

首先在第一个图块中绘制图形 1。在第二个图块中,首先绘制图形 2,执行 **hold on** 命令后,再绘制图形 1,因此两个图形在第二个图块的坐标区同时绘制并显示,如图 8-6 所示。

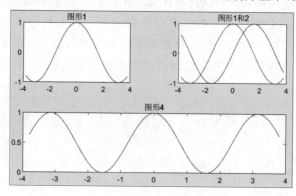

图 8-6　图形的叠加

之后,从第 3 个图块开始,分别用两个绘图命令绘制图形 3 和图形 4。由于两个绘图命令之间没有 **hold on** 命令,默认为 **hold off**,因此图形 4 将覆盖原来的图形 3,最后在该图形区只显示图形 4。

需要注意的是,执行 **hold on** 后,图形的叠加将一直保持为打开状态,除非执行 **hold**、**hold off** 或 **figure** 或者 **nexttile** 命令。因此,如果在程序后面需要将多个绘图命令绘制的图形都叠加显示,无须在每个绘图命令之前都重复执行 **hold on** 命令。

---

同步练习

8-1 在命令行窗口输入相关命令,以便在屏幕上创建和打开若干图形窗口,并任意设置各图形窗口的属性。

8-2 将图形窗口划分为 3 行 4 列子图,写出相关命令。

8-3 观察分析如下程序的执行结果:

```
clear
clc
close all
figure('Color','b')
figure('Name','第二个图形窗口')
subplot(2,3,1)
subplot(2,3,4)
subplot(2,3,[2,3],'Color','g')
subplot(2,3,[5,6],'Color','r')
```

---

## 8.2 二维线图及属性设置

所谓线图(Line Plots),指的是在二维或者三维直角坐标系中,由直线、曲线构成的图形。二维直角坐标系由横轴($X$ 轴)和纵轴($Y$ 轴)构成,在其中绘制的线图称为二维线图。在三维直角坐标系中,除了 $X$ 轴和 $Y$ 轴以外,还有 $Z$ 轴,在其中绘制的图形称为三维线图。这里主要介绍几种常用二维线图的绘制方法。

### 8.2.1 二维线图的绘制

视频讲解

在 MATLAB 中,典型的二维线图有曲线图、阶梯图、带填充区域的曲线图、对数坐标图、函数图形等。本节主要介绍二维曲线图和对数坐标图的绘制方法。

#### 1. 二维曲线图

创建二维曲线图的最基本方法是调用 **plot** 函数,该函数还可以设置所绘图形的各种属性,其基本调用格式为:

```
plot(X1,Y1,X2,Y2,…,Xn,Yn)
```

其中,$X_i$ 和 $Y_i$ 提供曲线上各点的横轴和纵轴坐标,必须是长度相同的向量。其中,$i=1\sim n$,可以用一条 plot 语句在同一个图形窗口中同时绘制 $n$ 个图形曲线。

例如,如下程序:

```
x = linspace(0,2 * pi,100);
y1 = sin(x);
y2 = sin(x - pi/4);
figure                        % 创建并打开一个新的图形窗口
plot(x,y1,x,y2)               % 在图形窗口中绘图
```

将在图形窗口中同时绘制出两个正弦波图形,如图 8-7 所示。

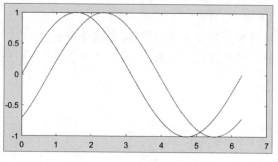

图 8-7　二维曲线图的绘制

需要注意的是,如果之前没有执行 **hold on** 命令,则执行 **plot** 语句时将自动创建并打开一个新的图形窗口,此时程序中可以省略 **figure** 命令。

2. 对数坐标图的绘制

工程上经常需要绘制对数坐标图,可以在更大的数据范围内绘制图形。为此,MATLAB 中提供了 3 个函数,分别绘制全对数坐标图和半对数坐标图。

绘制全对数坐标图用 **loglog** 函数实现,绘制半对数坐标图用 **semilogx** 和 **semilogy** 函数实现。其中,对采用 **loglog** 函数绘制的全对数坐标图,其 $X$ 轴和 $Y$ 轴都采用对数刻度;而用 **semilogx** 和 **semilogy** 函数绘制的半对数坐标图,只有 $X$ 轴或 $Y$ 轴采用对数刻度,另外一个轴采用线性刻度。

以上 3 个函数的调用格式、参数设置与 **plot** 函数完全相同,下面举例说明。

实例 8-1　**对数坐标图的绘制**。

分别用线性刻度和对数刻度坐标绘制指数函数 $y = e^{0.1x}$ 的波形曲线。程序代码如下:

```
% 文件名: ex8_1.m
clear                         % 清除工作区所有变量
clc                           % 清除命令行窗口
close all                     % 关闭之前创建和打开的所有图形窗口
x = linspace(0.01,10,11);
y = exp(0.1 * x);
figure
subplot(2,2,1);plot(x,y)      % 线性坐标绘图
title('plot 函数绘图');
```

```
grid on
subplot(2,2,2);semilogx(x,y)          % 半对数坐标绘图
title('semilogx 函数绘图');
grid on
subplot(2,2,3);semilogy(x,y)
title('semilogy 函数绘图');grid on
subplot(2,2,4);loglog(x,y)            % 全对数坐标绘图
title('loglog 函数绘图');grid on
```

在上述程序中,调用 linspace 函数产生函数的自变量向量 *x*,之后调用绘图函数,在 4 个子图区中分别以线性刻度和全对数刻度、半对数刻度绘制出函数波形曲线,如图 8-8 所示。

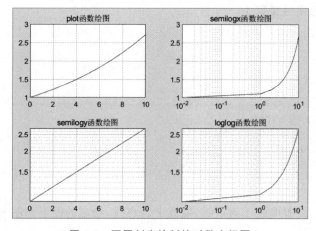

图 8-8　不同刻度绘制的对数坐标图

程序中的 title 函数和 grid on 命令等将在后续介绍。

## 8.2.2　图形属性设置

视频讲解

上述各种绘图函数都可以用附加参数设置图形的各种属性,其中主要包括线型 (LineStyle)、标记(Marker)和颜色(Color)。正确设置所绘制图形的属性,可以使图形清晰、美观,便于观察和分析运行结果。这里以 plot 函数为例,介绍图形属性的设置方法。

### 1. 绘图函数中的图形属性设置

在 plot 函数中,可以通过设置 LineSpec 参数,为绘制的每个图形曲线分别设置不同的显示样式和图形属性。此时,plot 函数的调用格式为:

```
plot(X1,Y1,LineSpec1, … ,Xn,Yn,LineSpecn)
```

其中,LineSpec*i* 是属性设置参数。

表 8-2 总结了常用的属性参数,下面举例说明。

表 8-2　图形常用的属性参数

| 属性取值 | 线　型 | 属性取值 | 标　记 | 属性取值 | 颜　色 |
|---|---|---|---|---|---|
| - | 实线 | o | 用小圆圈标注数据点 | y | yellow(黄色) |
| -- | 虚线 | + | 用加号标注数据点 | m | magenta(品红色) |
| : | 点线 | * | 用星号标注数据点 | c | cyan(青色) |
| -. | 点画线 | . | 用小圆点标注数据点 | r | red(红色) |
| | | x | 用小叉标注数据点 | g | green(绿色) |
| | | s | 用小方框标注数据点 | b | blue(蓝色) |
| | | d | 用菱形标注数据点 | w | white(白色) |
| | | | | k | black(黑色) |

**实例 8-2　图形属性设置 1。**
程序代码如下:

```
% 文件名: ex8_2.m
clear
clc
close all
x = linspace(0,2 * pi,100);
y1 = sin(x);
y2 = sin(x - pi/4);
plot(x,y1,'--',x,y2,':')
```

在上述程序中,设置曲线 1 为虚线,曲线 2 为点线,绘制的图形如图 8-9 所示。

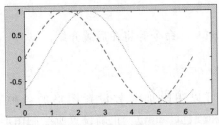

图 8-9　实例 8-2 程序运行结果

**实例 8-3　图形属性设置 2。**
程序代码如下:

```
% 文件名: ex8_3.m
clear
clc
close all
x = linspace(0,2 * pi,25);
```

```
y1 = sin(x);
y2 = sin(x - pi/4);
plot(x,y1,'-- go',x,y2,':r * ')
```

在上述程序的 **plot** 语句中,设置曲线 1 为绿色带小圆圈标记的虚线,设置曲线 2 为红色带星号标记的点线,程序运行结果如图 8-10 所示。

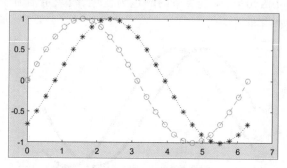

图 8-10

图 8-10 实例 8-3 程序运行结果

**2. 采用名-值对参数设置图形属性**

除了上述方法以外,还可以采用名-值对参数进行线条属性设置。此时,**plot** 函数的调用格式如下:

```
plot(X1,Y1, …,Xn,Yn,Name,Value)
```

其中,Name 为参数名,Value 为该参数对应的取值。常用的属性参数(名-值对)如表 8-3 所示。

表 8-3 图形属性的名-值对参数

| 参 数 名 | 取 值 | 默 认 值 | 属 性 |
|---|---|---|---|
| LineStyle | '-' \| '--' \| ':' \| '-.' \| 'none' | '-' | 线型 |
| LineWidth | 正数 | 0.5 | 线条粗细,以像素为单位 |
| Color | 'r' \| 'g' \| … \| 'none' | [0 0 0] | 线条颜色 |
| Marker | 'none' \| 'o' \| '+' \| '*' \| '.' \| '*' \| … | 'none' | 数据点标记 |
| MarkerSize | 正数 | 6 | 数据点标记的大小 |

需要注意的是,采用这种方法设置图形属性,对同一条 **plot** 语句中绘制的多条曲线都有效。也就是说,这种方法设置的所有图形属性都相同,而不能分开单独设置。

**实例 8-4 图形属性的名-值对参数。**

程序代码如下:

```
% 文件名: ex8_4.m
clear
```

```
clc
close all
x = linspace(0,2 * pi,25);
y1 = sin(x);y2 = sin(x - pi/4);
plot(x,y1,x,y2,'Color','b','LineWidth',4)
```

在上述程序的 **plot** 语句中,设置线条的颜色为蓝色、线条粗细为 4 磅,线型采用默认的实线。程序运行结果如图 8-11 所示。

图 8-11

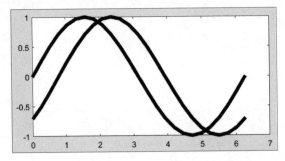

图 8-11　线条属性的名-值对参数设置结果

视频讲解

## 8.2.3　坐标区属性设置

绘制图形时,图形坐标中都应该有标题(Title)、纵横轴标签(XLabel、YLabel)、图例说明(Legend)等附加属性。为了便于观察并从图形中准确读取所需数据等,还需要对坐标区的刻度范围等进行适当设置,并在图形中显示网格线(Grid)等。在 MATLAB 中,这些功能都可以通过调用专门的函数实现。

### 1. 标题和标签的添加和设置

基本的图形标题和坐标轴标签为固定的字符串,可以分别调用 **title**、**xlabel** 和 **ylabel** 函数添加到图形坐标中。这 3 个函数具有基本的调用格式,也都可以附加名-值对参数设置所添加字符串的颜色、字体、字号等属性。

(1) 图形标题的添加。

为图形添加标题,可以调用 **ttile** 函数,其基本调用格式有如下两种:

```
title(txt)                    % 将指定的标题添加到当前坐标区或图形中
title(target,txt)             % 将标题添加到 target 参数指定的坐标区或图形中
```

其中,参数 txt 为标题字符向量或者字符串,参数 target 为需要添加标题的图形、坐标区或者分块图布局(**nexttile** 命令的返回值)。如果没有该参数,则为当前图形添加标题。

(2) 坐标轴标签的添加。

为 X 轴和 Y 轴添加标签,可以分别调用 **xlabel** 和 **ylabel** 函数。与 **title** 函数类似,大多数情况下,也只需要将给定的标签字符向量或者字符串作为函数的参数,即可在坐标区中

$X$ 轴和 $Y$ 轴的旁边添加上相应的标签。

**实例 8-5　图形标题和坐标轴标签的添加**。

程序代码如下：

```
% 文件名：ex8_5.m
clear
clc
close all
tiledlayout(1,2)
ax1 = nexttile;plot([1:10].^2);
ax2 = nexttile;plot([1:10].^3);
title(ax1,'图1');title(ax2,'图2');
xlabel('x');ylabel('y');
```

程序中首先设置图形窗口采用 1 行 2 列布局。之后,调用两次 nexttile 函数指定图形区,在两个图形区中分别绘制两个图形。两个 nexttile 函数返回的坐标区对象 ax1 和 ax2 分别作为后面两条 title 函数的第一个参数,从而在两个坐标区的上端分别添加标题。

之后,调用 xlabel 和 ylabel 函数为图形添加坐标轴标签。由于这两个函数没有指定 target 参数,因此是为当前图形添加标签,也就是前面最近一次绘图命令绘制的图形 2,而图形 1 没有添加标签。程序运行结果如图 8-12 所示。

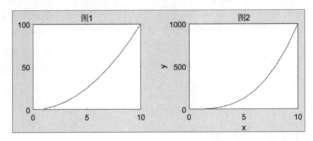

图 8-12　为图形添加标题和坐标轴标签

（3）标题和标签的属性设置。

在调用上述 3 个函数为图形添加标题和坐标轴标签时,也可以附加若干名-值对参数,以设置相关属性。

例如,如下语句：

```
xlabel('t/s','FontSize',12,'FontWeight','bold','Color','r')
```

为当前图形添加 $X$ 轴标签"t/s",并设置标签的字号（Fontsize）为 12 磅,字体（FontWeight）为粗体（bold）,颜色（Color）为红色。

常用的属性参数如表 8-4 所示。特别注意其中所有参数名都必须加单引号,而参数值有些需要加单引号,有些不需要。

表 8-4　图形标题和标签属性的名-值对参数及属性

| 参　数　名 | 参　数　值 | 默　认　值 | 属　　性 |
|---|---|---|---|
| 'FontSize' | 大于 0 的标量 | 11 磅 | 字号 |
| 'FontName' | 支持的字体名称、'FixedWidth' | 系统默认字体 | 字体 |
| 'FontWeight' | 'bold'、'normal' | 'bold'(加粗) | 字体是否加粗 |
| 'Color' | 颜色名称、RGB 向量、十六进制颜色代码 | 'k'(黑色) | 文字颜色 |

### 2. 坐标轴刻度及网格线

通过调用专门的函数,可以自定义沿坐标轴的刻度值和标签、设置坐标轴范围、显示或隐藏网格线等。表 8-5 给出了常用的部分函数及其基本调用格式。下面举例说明。

表 8-5　坐标轴刻度及网格线设置常用函数

| 函数及调用格式 | 参　数　说　明 | 作　　用 |
|---|---|---|
| xlim([xmin,xmax]) | xmin < xmax | 设置或查询 $x$ 坐标轴范围 |
| ylim([ymin,ymax]) | ymin < ymax | 设置或查询 $y$ 坐标轴范围 |
| axis(A) | $A$ 为四元素行向量,指定 $X$ 和 $Y$ 轴刻度的最小值和最大值 | 设置坐标轴范围 |
| xticks(X) | $X$ 为递增向量 | 设置或查询 $x$ 轴刻度值 |
| yticks(Y) | $Y$ 为递增向量 | 设置或查询 $y$ 轴刻度值 |
| xticklabels(labels) | labels 为字符串数组或字符向量元胞数组 | 设置或查询 $x$ 轴刻度标签 |
| yticklabels(labels) | | 设置或查询 $y$ 轴刻度标签 |
| grid on | | 显示坐标区网格线 |
| grid off | 无须参数 | 隐藏坐标区网格线 |
| grid | | 在显示和隐藏网格线之间切换 |

**实例 8-6　坐标轴刻度及网格线。**

程序代码如下:

```
% 文件名: ex8_6.m
clear
clc
clear
close all
x = linspace( - 2 * pi,2 * pi,100);
plot(x/pi,sin(x),'LineWidth',1)                    % 绘制图形
hold on
plot(x/pi,cos(x),'LineWidth',1)
title('正弦波和余弦波','FontName','黑体', …
                'color','r')                       % 添加标题
xlabel('\omega/\pirad');
```

```
ylabel('幅度/V');                    % 添加坐标轴标签
xticks([-2:0.5:2]);
yticks([-1:0.25:1]);                 % 添加坐标轴刻度
grid on;                             % 显示网格线
```

程序中,调用两次 **plot** 函数和 **hold on** 命令,在同一个图形窗口同时绘制出两个图形。之后,调用 **title** 函数为图形添加标题,并设置标题的字体为黑体及颜色为红色。

在 **xlabel** 函数中,"\omega"和"\pi"分别用于在 $X$ 轴标签中显示希腊字母 $\omega$ 和 $\pi$。此外,调用 **xticks** 和 **yticks** 函数设置 $X$ 轴和 $Y$ 轴刻度线间距分别为 0.5 和 0.25,刻度范围分别为 $-2\sim2$ 和 $-1\sim1$。程序运行结果如图 8-13 所示。

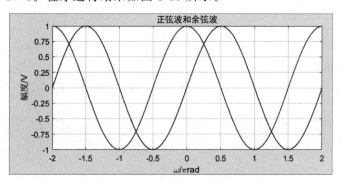

图 8-13

图 8-13    为图形添加标题和坐标轴标签

### 3. 图例和数据点标注

在同一个坐标区可以绘制多条曲线,图例是对各条曲线进行命名和描述的说明性文字。此外,还可以根据需要在图形中添加各种文本和标注数据等。

(1)图例的添加和设置。

要添加图例,可以调用 **legend** 函数,该函数的具体调用格式如下:

```
legend(label1,label2,…,labelN)
```

其中,各入口参数都为字符向量,依次对坐标区中各曲线进行说明和描述。可以将所有入口参数合并为一个字符向量元胞数组或字符串数组。

当在坐标区上添加或删除曲线时,图例会自动更新。如果坐标区不存在,则执行上述语句将自动创建坐标区。

此外,**legend** 函数也可以附加名-值对参数,用于指定图例显示的字体、字号和颜色,以及指定图例在坐标区中的 'location'(位置)和 'orientation'(排列方向)等。其中,排列方向参数的可能取值为 'vertical'(垂直排列)和 'horizontal'(水平排列),图例位置参数的可能取值如表 8-6 所示。

表 8-6　图例位置参数及其取值

| 参数设置值 | 图例位置 | 参数设置值 | 图例位置 |
| --- | --- | --- | --- |
| 'north' | 坐标区中的顶部 | 'northoutside' | 坐标区的上方 |
| 'south' | 坐标区中的底部 | 'southoutside' | 坐标区的下方 |
| 'east' | 坐标区中的右侧区域 | 'eastoutside' | 坐标区外的右侧 |
| 'west' | 坐标区中的左侧区域 | 'westoutside' | 坐标区外的左侧 |
| 'northeast' | 坐标区中的右上角 | 'northeastoutside' | 坐标区外的右上角 |
| 'northwest' | 坐标区中的左上角 | 'northwestoutside' | 坐标区外的左上角 |
| 'southeast' | 坐标区中的右下角 | 'southeastoutside' | 坐标区外的右下角 |
| 'southwest' | 坐标区中的左下角 | 'southwestoutside' | 坐标区外的左下角 |
| 'best' | 坐标区内与绘图数据冲突最小的位置 | 'bestoutside' | 坐标区的右上角之外(当图例为垂直方向时)或坐标区下方(当图例为水平方向时) |

**实例 8-7　图例的添加。**

为实例 8-6 所绘制的图形添加图例。例如,在程序的最后添加如下语句:

```
% 文件名: ex8_7.m
…                                              % 同实例 8_6
legend({'正弦','余弦'},'Location','southoutside', …
                'Orientation','horizontal')
```

则得到如图 8-14 所示图形。其中,在坐标区的下方水平排列添加了图例。

图 8-14

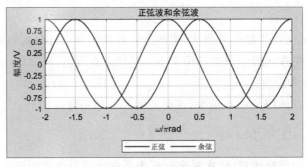

图 8-14　图例的添加

(2) 数据点的标注。

除了图例外,还经常需要将图形中一些特殊的数据点标注出来,并为其添加一些说明文字等。为此,可以调用 text 函数实现。该函数的常用调用格式如下:

```
text(x, y, txt)
```

其中,字符向量参数 txt 指定需要添加的标注文字;参数 $x$ 和 $y$ 指定需要添加标注的数据点,可以是标量常数或者向量,如果是向量,长度必须相同,此时两个向量中的每一对元素指定一个数据点,因此可以标注多个数据点。

---

**实例 8-8** **数据点的标注**。

为实例 8-7 所绘制的图形添加数据点标注,语句如下:

```
% 文件名: ex8_8.m
…                                    % 同实例 8-7
text([1, - 0.5],[0,0],{'sin(\pi) = 0', 'cos(0.5\pi) = 0'})
```

---

上述语句在图形中添加两个数据点标注,两个数据点分别位于 $(1,0)$ 和 $(-0.5,0)$,标注文本用一个长度为 2 的字符向量元胞数组给定。程序运行结果如图 8-15 所示。

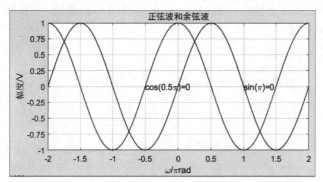

图 8-15

图 8-15 数据点标注

---

同步练习

8-4 观察分析如下程序绘制的图形:

```
x1 =  - 10:0.01:10;
f1 =  x1.^2 + 2 * x1 + 5;
f2 =  3 * x1 + 10;
x2 =  - 10:1:10;
f3 =  - 3 * x2 + 20;
plot(x1,f1,'g',x1,f2,' -- b','linewidth',2)
hold on
plot(x2,f3,'or -- ','linewidth',2)
legend('曲线','正斜率直线','负斜率直线')
grid on
```

8-5 将图形窗口划分为 2 行 2 列子图区,分别绘制出正弦、余弦、反正弦、反余弦函数的波形,注意设置各种不同的图形属性,并为每个波形添加标题和 $X$ 轴标签。

8-6 已知函数 $f(x) = 10/(x+10)$,分别采用线性刻度、$X$ 轴对数刻度、$Y$ 轴对数刻度和全对数刻度绘制其在 $x=0\sim1000$ 内的波形。

## 8.3　图形的交互

MATLAB 不仅提供了大量内置函数以实现各种图形的绘制和数据的可视化,还具有强大的图形交互功能,可以交互式探查和编辑绘图数据,以改善数据的视觉效果或显示有关数据的其他信息。

实现图形交互可以通过图形窗口的工具菜单进行,也可以利用专门的坐标区工具栏实现交互,有些交互功能(例如图形的拖动平移或滚动缩放)可以在坐标区绘制的图形上直接通过鼠标实现。

将鼠标悬停在坐标区时,即可在坐标区左上角显示出该工具栏,如图 8-16 所示。当前可用的图形交互功能取决于坐标区的内容,通常包括图形的缩放、平移和旋转,数据选择和提示,以及还原原始视图等。

图 8-16　坐标区工具栏

### 8.3.1　图形的缩放和平移

通过缩放、平移和旋转坐标区,可以从不同的角度探查数据。默认情况下,可以通过滚动鼠标滚轮放大和缩小坐标区视图。此外,还可以通过拖动鼠标实现二维图形的平移和三维图形的旋转。

通过单击坐标区工具栏中的“放大”、“缩小”和“平移”按钮,可以启用更多交互操作。例如,单击工具栏中的“放大”按钮,再在图形中单击。每次单击,将以当前单击点为中心,将图形放大一次。也可以在单击工具栏上的“放大”按钮后,通过鼠标拖动在图形区选择一个矩形区域,松开鼠标后,所选区域的图形将实现局部放大。还可以通过快捷菜单实现更多操作。例如,单击“放大”按钮对图形进行放大操作后,在图形区任意位置右击,将弹出如图 8-17所示的快捷菜单,利用该菜单可以还原视图、选择图形各种缩放方式。

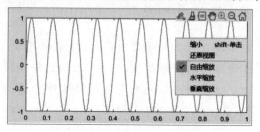

图 8-17　图形区的快捷菜单

需要注意的是,单击图形区工具栏中的不同按钮后,弹出的快捷菜单有所不同。例如,单击工具栏上的"平移"按钮,之后在图形区右击,在弹出的快捷菜单中将出现"自由平移"、"水平平移"和"垂直平移"3个菜单命令,而没有缩小命令。

## 8.3.2　数据提示和数据点的刷亮

在图形窗口的坐标区,可以利用数据提示标识图中的数据点,还可以使用数据刷亮功能选择、删除或替换单个数据值。

### 1. 数据提示

将鼠标悬停在图中的数据点上时,将立即在光标旁出现数据提示,如图8-18所示。

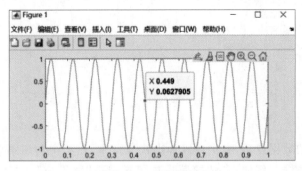

图 8-18　数据提示

移动鼠标后,上述数据提示会立即消失。要使数据提示固定显示而不消失,可以在图形上单击数据点,也可以选择坐标区工具栏中的"数据提示"按钮,然后单击希望有数据提示的数据点。

除上述基本操作外,对数据提示的操作还可以有如下几种情况:

(1)如果需要同时显示多个数据点,可以按住 Shift 键,之后依次单击各数据点。

(2)如果多个数据提示之间有重叠,可以通过单击将需要的数据点提示显示在最前面;也可以按住鼠标并拖动,将数据提示区(图8-18中显示 X 和 Y 轴坐标值的区域)移动到合适的位置。

(3)通过在数据点(图 8-18 中的小黑点)上拖动,可以改变需要显示数据提示的数据点。

(4)在某个数据提示上右击,可以弹出如图 8-19 所示快捷菜单。通过该菜单可以实现数据提示的字体及字号设置、删除数据提示等操作。

### 2. 数据刷亮

所谓数据刷亮(Data Brush),指的是将图形中的某些数据点用指定的颜色高亮显示。要刷亮和选择数据,可以单击坐标区工具栏中的"刷亮/选择数据"按钮,之后在图形上单击,将高亮显示所单击的数据点,也可以拖动鼠标在图形区选择多个数据点区域,从而突出显示选中范围内的所有数据点,如图 8-20 所示。

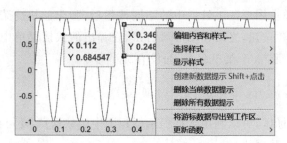

图 8-19　数据提示快捷菜单

图 8-20

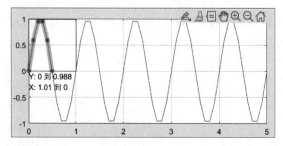

图 8-20　数据刷亮(突出显示选中的数据)

　　突出显示所需的数据点后,右击可以弹出快捷菜单,在其中利用菜单命令实现删除、替换或复制数据点的数据。例如,在快捷菜单中依次单击"替换为"→"定义常量"命令,输入"0",则所选中的数据点值全部替换为0,得到如图 8-21 所示图形。如果在快捷菜单中选择"将数据粘贴到命令行"命令,则可以在命令行窗口得到所选中所有数据点的值如下:

图 8-21

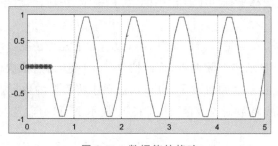

图 8-21　数据值的修改

```
0    0
0.1  0.587785252292473
0.2  0.951056516295154
0.3  0.951056516295154
0.4  0.587785252292473
0.5  1.22464679914735e - 16
```

　　**注意**:在图 8-20 所示框选的矩形区域中,横轴方向 0.5~1.01 内没有数据点,因此上述运行结果中只显示出 0~0.5 内共 6 个数据点。

同步练习

8-7　已知 $f_1(t) = \sin(10\pi t)$，$f_2(t) = \cos[200\pi t + 5f_1(t)]$，绘制在 $t = 0 \sim 1\mathrm{s}$ 范围内的函数波形。注意在程序中设置合适的图形属性，运行后在图形窗口对波形做适当缩放，以便观察细节。

8-8　已知 $f_1(x) = -x + 5$，$f_2(x) = 4x + 20$。

(1) 绘制两个函数对应的直线；

(2) 在图形窗口观察两条直线的交点对应的 $x$ 值和两个函数值，并手工验证结果。为保证读数精度，注意对图形做适当缩放和平移。

# 8.4　图形的导出和保存

利用绘图命令和函数绘制的图形直接显示在图形窗口，当关闭图形窗口或者退出 MATLAB 后，所绘制的图形也将关闭。

为了使绘制的图形永久保存，以便作后续处理和分析变换等，需要将其导出到指定的文件中。在 MATLAB 中，根据保存图形文件类型的不同，可以分为如下 3 种情况：

(1) 保存坐标区中的图形到 **MAT** 文件，实际上是保存绘制图形所用的工作区变量到 MAT 文件。当需要重新绘制图形时，可以加载该 MAT 文件，用相应的绘图命令重新将图形绘制出来即可。

(2) 保存整个图形窗口到 **FIG**(FIGure，图形)文件。

(3) 将图形保存为图像文件或者向量图文件。

对于前面两种情况，保存的文件只能在 MATLAB 中打开。第三种情况得到的图像文件或者向量图文件，可以用其他应用软件打开，也可以在 MATLAB 中用专门的命令打开。

## 8.4.1　FIG 文件的导入和导出

对图形的保存和导出操作，既可以在图形窗口采用交互方式进行，也可以在程序中利用专门的语句和函数实现。这里主要介绍后一种操作方法。

为了保存整个图形窗口，可以将其保存到 MATLAB 中专用的 FIG 文件中。之后，在 MATLAB 中打开该文件，即可重新显示完整的图形窗口及其中的图形。

在 MATLAB 程序中，实现 FIG 文件的保存和打开功能的内置函数是 **savefig** 和 **openfig**。这两个函数都只需要给定字符向量或者字符串形式的文件名即可，文件的扩展名必须是 **.fig**，也可以省略不写。

例如，如下程序：

```
t = 0:0.001:1;
y = sin(20 * pi * t);
```

```
plot(t,y);
savefig('sin.fig')
```

首先用 **plot** 函数在图形窗口绘制出图形，之后调用 **savefig** 函数将该图形窗口保存到 sin. fig 文件中。

如果之后关闭了图形窗口，或者退出并重新进入 MATLAB，则可以用如下命令：

```
>> openfig('sin.fig')
```

调用 **openfig** 函数，重新打开图形窗口，并在其中显示出图形。

## 8.4.2　图形保存为图像文件

从 MATLAB R2020a 版本开始，可以通过调用 **exportgraphics** 函数，将绘制的图形另存为图像文件或向量图形文件。两种文件在保存图形的质量、文件大小和格式要求等方面有所区别。

图像文件适用于表示绘画图像和复杂的曲面，并且可以用很多应用软件打开。由于文件中图像由像素组成，因此当在具有不同分辨率的设备上打印或显示时，不一定能够得到很好的缩放效果。

向量图形文件包含绘制线、曲线和多边形的说明，适用于表示由线、曲线和纯色区域组成的内容。这些文件包含可缩放到任意大小的高质量内容，但是某些过于复杂的曲面和网格图无法用向量图形来表示。某些特定应用程序支持对向量图形文件进行广泛的编辑，但其他应用程序仅支持调整图形大小。

1. saveas 函数

在早期的 MATLAB 版本中，利用 **saveas** 和 **print** 函数可以将图形窗口保存为各种不同的图像文件格式。两者的主要区别在于，利用 **print** 函数可以指定更多的格式选项，可以控制保存的图形的尺寸和分辨率，还可以将图形文件送到打印机进行打印。这里主要介绍简单的 **saveas** 函数。

**saveas** 函数的基本调用格式如下：

```
saveas(fig,filename,formattype)
```

该语句将参数 fig 指定的图形窗口保存到名为 filename 的文件中。其中参数 fig 指定需要保存的图形窗口对象，一般参数值设为 **gcf**，代表当前图形窗口。

参数 filename 为文件名，可以是字符向量或字符串，其中必须包括文件扩展名用于定义文件格式。如果不指定文件扩展名，则默认保存为 FIG 文件；如果指定了文件扩展名，则使用相关联的文件格式。表 8-7 列出了部分常用的文件扩展名及对应的文件格式。

表 8-7　saveas 函数中常用的文件扩展名及对应的文件格式

| 文件扩展名 | 文 件 格 式 | 文件扩展名 | 文 件 格 式 |
|---|---|---|---|
| .fig | MATLAB 专用 FIG 文件 | .emf | 增强型图元文件 |
| .jpg | JPEG 图像 | .pbm | 可移植位图 |
| .png | 可移植网络图形 | .pcx | 画笔 24 位 |
| .eps | EPS 3 级黑白 | .pgm | 可移植灰度图 |
| .pdf | 可移植文档 | .ppm | 可移植像素图 |
| .bmp | Windows 位图 | .tif | TIFF 图像,已压缩 |

参数 formattype 用于指定文件格式,其中文件格式可以指定为如下几种情况。

(1) 'fig':将图形窗口保存为具有.fig 扩展名的 FIG 文件。要打开这种文件,可以用前面介绍的 openfig 函数。

(2) 'm' 或 'mfig':将图形窗口保存为 MATLAB 图形文件,并另外创建一个可以打开该图形文件的 MATLAB 程序文件。要重新打开图形窗口,可以运行对应的程序文件。

(3) 位图文件格式。

(4) 向量图形文件格式。

表 8-8 和表 8-9 列出了常用的位图文件和向量图形文件格式。

表 8-8　常用的位图文件格式

| 选　　项 | 文 件 格 式 | 默认扩展名 |
|---|---|---|
| 'jpeg' | JPEG 24 位 | .jpg |
| 'png' | PNG 24 位 | .png |
| 'tiff' | TIFF 24 位(压缩) | .tif |
| 'meta' | 增强型图元文件(仅限 Windows) | .emf |
| 'bmpmono' | BMP 单色 | .bmp |
| 'bmp' | BMP 24 位 | |
| 'bmp16m' | BMP 16 位 | |
| 'bmp256' | BMP 8 位(256 色,使用固定颜色图) | |
| 'hdf' | HDF 24 位 | .hdf |
| 'pbm' | PBM(普通格式)1 位 | .pbm |
| 'pbmraw' | PBM(原始格式)1 位 | |
| 'pcxmono' | PCX 1 位 | .pcx |
| 'pcx24b' | PCX 24 位彩色(3 个 8 位平面) | |
| 'pcx256' | PCX 8 位新彩色(256 色) | |
| 'pcx16' | PCX 旧彩色(EGA/VGA 16 色) | |
| 'pgm' | PGM(普通格式) | .pgm |
| 'pgmraw' | PGM(原始格式) | |
| 'ppm' | PPM(普通格式) | |
| 'ppmraw' | PPM(原始格式) | |

表 8-9  常用的向量图形文件格式

| 选　　项 | 文 件 格 式 | 默认扩展名 |
|---|---|---|
| 'pdf' | 整页可移植文档格式(PDF)颜色 | .pdf |
| 'eps' | PostScript®(EPS)3 级黑白 | .eps |
| 'epsc' | 封装的 PostScript(EPS)3 级彩色 | .eps |
| 'eps2' | 封装的 PostScript(EPS)2 级黑白 | .eps |
| 'epsc2' | 封装的 PostScript(EPS)2 级彩色 | .eps |
| 'meta' | 增强型图元文件(仅限 Windows) | .emf |
| 'svg' | SVG(可伸缩向量图) | .svg |
| 'ps' | 全页 PostScript(PS)3 级黑白 | .ps |
| 'psc' | 全页 PostScript(PS)3 级彩色 | |
| 'ps2' | 全页 PostScript(PS)2 级黑白 | .ps |
| 'psc2' | 全页 PostScript(PS)2 级彩色 | |

需要注意的是,如果 filename 参数中没有指定扩展名,则根据该 formattype 参数自动添加对应的标准扩展名。如果 filename 参数中指定了文件的扩展名,formattype 参数可以省略。如果同时指定了文件扩展名和 formattype 参数,图形按照 formattype 参数指定的格式保存到文件,但文件的扩展名由 filename 参数决定。此时,文件扩展名可能与实际使用的文件格式不匹配。

**实例 8-9　用 saveas 函数实现图形的保存。**
完整的 MATLAB 程序如下:

```
% 文件名: ex8_9.m
clear
clc
close all
% 绘制图形
t = 0:0.001:1;
plot(t,sin(20 * pi * t));
title('正弦波');xlabel('t/s');
grid on
% 保存图形
saveas(gcf,'fig1.bmp')
saveas(gcf,'fig2','tiff')
saveas(gcf,'fig3','pdf')
```

在上述程序,首先利用 **plot** 函数绘制 $t=0\sim1$s 的正弦函数波形。之后,分别将图形窗口保存为 3 种不同格式和扩展名的图形文件,在 Windows 中显示 3 个文件的相关信息如图 8-22 所示,每个文件都可以用 Windows 中支持的任何一种图形处理软件打开和查看。

2. exportgraphics 函数

从 MATLAB R2020a 版本开始,可以使用 **exportgraphics** 函数保存图形窗口和指定的

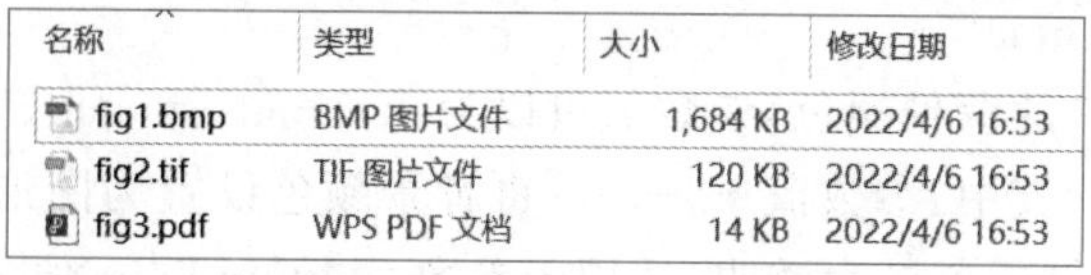

| 名称 | 类型 | 大小 | 修改日期 |
|---|---|---|---|
| fig1.bmp | BMP 图片文件 | 1,684 KB | 2022/4/6 16:53 |
| fig2.tif | TIF 图片文件 | 120 KB | 2022/4/6 16:53 |
| fig3.pdf | WPS PDF 文档 | 14 KB | 2022/4/6 16:53 |

图 8-22    图形窗口保存到图像文件(3 种不同格式和扩展名)

图块布局等。利用该函数可以保存在应用程序中显示的图形、最小化内容周围的空白、图形窗口中内容的一部分,并控制背景颜色,而不必修改图形窗口的属性。

除 exportgraphics 函数以外,MATLAB 还提供了 copygraphics 函数,可以将图形内容复制到系统的剪贴板,并粘贴到其他应用程序中。

这里主要介绍 exportgraphics 函数,该函数的基本调用格式如下:

```
exportgraphics(obj,filename,Name,Value)
```

其中,参数 obj 指定需要保存的图像对象,一般参数值设为 gcf,代表当前图形窗口;参数 filename 指定文件名;后面可以有若干名-值对参数(Name 和 Value)指定保存时的一些附加属性。

参数 filename 用于指定文件名,其中必须有文件扩展名和路径。如果不包含完整路径,则默认保存在当前文件夹中。与 saveas 函数相比,exportgraphics 函数支持的文件格式和文件扩展名要少一些,如表 8-10 所示。

表 8-10    exportgraphics 函数支持的文件格式和文件扩展名

| 文 件 格 式 | 文件扩展名 |
|---|---|
| JPEG 24 位 | . jpg 或 .jpeg |
| PNG 24 位 | . png |
| TIFF 24 位(压缩) | . tif 或 . tiff |
| 增强型图元文件(仅限 Windows) | . emf |
| PostScript® (EPS) 3 级黑白 | . eps |

调用 exportgraphics 函数时,可以用若干名-值对参数指定保存图形时的一些附加属性。常用的名-值对参数如下。

(1) 'ContentType'。

指定保存为 EMF、EPS 或 PDF 文件时要存储内容的类型,参数值可以是 'auto'(由 MATLAB 自动确定保存内容是向量图还是图像)、'vector'(将内容存储为可缩放到任何大小的向量图)、'image'(将内容光栅化到该文件内的一个或多个图像中)。

需要注意的是,JPEG、TIFF 和 PNG 文件不支持 'vector' 选项。

(2) 'Resolution'。

指定保存图形的分辨率,单位为每英寸点数(DPI)。当参数 ContentType 值为 'vector' 时,该参数不起作用。

（3）'BackgroundColor'。

指定保存图形窗口的背景颜色，参数值可以为 'current'、'none'、RGB 三元组、十六进制颜色代码或颜色名称。其中，参数值 'current' 将背景颜色设置为图形窗口上一层窗口的颜色，参数值 'none' 将背景颜色设为透明（适用于参数 ContentType 值为 'vector' 的文件）或白色（适用于图像文件，或 ContentType 值为 'image' 的文件）。

---

**实例 8-10　用 exportgraphics 函数实现图形的保存。**

将实例 8-9 中的程序修改如下：

```
% 文件名：ex8_10.m
clear
clc
close all
% 绘制图形
t = 0:0.001:1;
plot(t,sin(20 * pi * t));
title('正弦波');xlabel('t/s');
grid on
% 保存图形
exportgraphics(gcf,'fig4.tiff')
exportgraphics(gcf,'fig5.pdf')
```

---

同步练习

8-9　用 **saveas** 函数将同步练习 8-5 中所创建的图形窗口保存为文件 fig1.jpg。

8-10　用 **exportgraphics** 函数将同步练习 8-6 中所创建的图形窗口保存到文件 fig2.tif 中。

# 第三篇 MATLAB程序设计的工程应用

MATLAB 在现代各种工程系统的计算机辅助分析、设计和建模仿真等方面得到了大量应用。所有这些工程领域的技术问题都以 4 门工程数学为基础，具体包括线性代数、高等数学中的微积分、复变函数与积分变换、概率论与数理统计。这些工程数学知识建立起了普通数学与实际工程问题之间的联系，是由基础教育和通识教育过渡到专业知识学习的桥梁。

本篇将在前面两篇的基础上，对 MATLAB 程序在这些问题求解和分析方面的典型应用进行简要介绍，具体包括如下章节：

第 9 章　线性代数与矩阵

第 10 章　数值微积分与符号运算

第 11 章　复变函数与积分变换

第 12 章　随机变量与噪声

# 第 9 章

# 线性代数与矩阵

线性代数以行列式、矩阵、向量为工具,主要处理解决方程组和二次型化为标准型的问题。线性代数是科学技术中应用最广的工程数学,线性代数方程组的相关理论在电路网络、线性控制系统的性能分析和数字图像处理等各方面都得到了广泛的应用。

线性代数的研究起源于对线性方程组的求解,线性方程组是科学研究与工程实践中应用最广泛的数学模型。在线性代数的理论中,为了研究方便,引入了矩阵描述线性代数方程组。而 MATLAB 作为一款重要的科学计算工具,能够很方便地实现数组和矩阵的运算处理变换。本章主要介绍利用 MATLAB 中的数组实现矩阵的运算变换和线性代数方程组的求解,关键知识点有:

9.1　矩阵的概念与创建

了解矩阵的概念及创建方法,熟悉常用矩阵的特点及其应用。

9.2　矩阵的基本运算

掌握矩阵的基本运算规则,了解行列式的概念及计算方法,掌握伴随矩阵和逆矩阵的概念及编程求解方法。

9.3　矩阵的变换与分解

掌握矩阵的初等行变换及其 MATLAB 程序实现方法,了解矩阵的三角分解及 MATLAB 中相关内置函数的用法。

9.4　线性代数方程组的求解

掌握线性代数方程组的矩阵形式,掌握常用的线性代数方程组求解方法(直接法、消元法、迭代法等)及其 MATLAB 程序实现方法,了解欠定方程组和超定方程组的概念。

9.5　线性代数的应用

了解线性代数在工程中的典型应用,了解利用 MATLAB 程序进行电路辅助分析和数字图像处理的基本方法。

## 9.1　矩阵的概念与创建

由 $m \times n$ 个数 $a_{ij}(i=1,2,\cdots,m; j=1,2,\cdots,n)$ 排成的 $m$ 行 $n$ 列的数表 $\boldsymbol{A}$

$$A = \begin{pmatrix} a_{11} & a_{12} & \cdots & a_{1n} \\ a_{21} & a_{22} & \cdots & a_{2n} \\ \vdots & \vdots & \ddots & \vdots \\ a_{m1} & a_{m2} & \cdots & a_{mn} \end{pmatrix} \tag{9-1}$$

称为 $m \times n$ 矩阵(Matrix)。

当 $m = n$ 时,称为 $n$ 阶方阵。当 $m = 1$ 时,得到只有一行的矩阵,称为行矩阵。当 $n = 1$ 时,得到只有一列的矩阵,称为列矩阵。

矩阵中所有元素都是 0,称为零矩阵;所有元素都为 1,称为幺矩阵;主对角线上的元素都为 1,其他元素都为 0 的方阵,称为单位矩阵。单位矩阵一般记作 $E$,即

$$E = \begin{bmatrix} 1 & 0 & \cdots & 0 \\ 0 & 1 & \cdots & 0 \\ \vdots & \vdots & \ddots & \vdots \\ 0 & 0 & \cdots & 1 \end{bmatrix} \tag{9-2}$$

### 9.1.1 矩阵的创建

根据上述概念,用 MATLAB 中的二维数组可以很方便地表示矩阵,也可以用普通数组的方法创建所需的矩阵。

对于普通的矩阵,将其中各元素依次罗列在一对中括号中。矩阵中同一行的各元素之间用逗号或空格分隔,不同行之间用分号分隔。

例如,要创建矩阵 $A = \begin{bmatrix} 1 & 2 & 3 \\ 4 & 5 & 6 \end{bmatrix}$,可以用如下命令:

```
>> A = [1,2,3;4,5,6]
```

而如下命令:

```
>> B = [1,2,3]
>> C = [1;2;3]
```

分别创建了一个行矩阵 $B$ 和列矩阵 $C$。

### 9.1.2 特殊矩阵的创建

对于零矩阵、幺矩阵和单位矩阵,也可以用上述方法直接创建。但是,当矩阵中数据较多时,这样并不方便。为此,在 MATLAB 中,提供了一些专门的内置函数,实现这些特殊矩阵的创建。

#### 1. 零矩阵和幺矩阵

调用内置函数 **zeros** 可以创建零矩阵。该函数的基本调用格式有如下两种:

```
X = zeros(n)
```

```
X = zeros(m,n)
```

在第一种调用格式中,只给定一个参数 $n$,返回一个 $n$ 阶零方阵。在第二种调用格式中,给定两个参数 $m$ 和 $n$,返回 $m \times n$ 零矩阵。

调用内置函数 **ones** 可以创建幺矩阵。该函数的基本调用格式有如下两种:

```
X = ones(m,n)
X = ones(n)
```

与 **zeros** 函数类似,根据给定一个或两个参数,分别创建 $n$ 阶全 1 方阵和 $m \times n$ 幺矩阵。

2. 单位矩阵和扩展单位矩阵

调用内置函数 **eye** 可以创建单位矩阵。与 **zeros** 和 **ones** 函数一样,如果只给定一个参数 $n$,则该函数返回一个 $n$ 阶单位矩阵,其主对角线上元素都为 1,而其他元素都为 0。当给定两个参数 $m$ 和 $n$,且 $m \neq n$ 时,创建的单位矩阵称为扩展单位矩阵。例如,命令

```
>> A = eye(2,3)
```

执行后,得到的扩展单位矩阵为:

```
A =
    1    0    0
    0    1    0
```

3. 对角矩阵和三角矩阵

在方阵中,行下标和列下标相同的所有元素构成该方阵的主对角线。如果不在主对角线上的所有元素都为 0,则该方阵称为对角矩阵。

在 MATLAB 中,提供了函数 **diag**,调用该函数可以用指定向量中的所有元素作为对角线,返回一个对角矩阵。

例如,如下命令:

```
>> V = [1 5 4];
>> B = diag(v)
```

将向量 $v$ 中的各元素依次作为主对角线上的各元素,得到如下对角矩阵:

```
B = 1    0    0
    0    5    0
    0    0    4
```

三角矩阵分为上三角矩阵和下三角矩阵。如果方阵中主对角线以下的所有元素都为 0,则称为上三角矩阵。如果主对角线以上的所有元素都为 0,则称为下三角矩阵。

在 MATLAB 程序中,调用内置函数 **triu** 和 **tril**,可以提取一个方阵主对角线一行或者以下的部分,从而得到上三角矩阵和下三角矩阵。例如,如下命令:

```
>> A = randi(10,5,5) - 5
>> B = triu(A)                          % 提取上三角部分
>> C = tril(A)                          % 提取下三角部分
```

执行结果为:

```
A =
    4   -3   -2    0    5
    3    2   -3    4   -2
    5    3   -2    1    2
    1    0    0    5   -2
   -1   -4    1    2    2
B =
    4   -3   -2    0    5
    0    2   -3    4   -2
    0    0   -2    1    2
    0    0    0    5   -2
    0    0    0    0    2
C =
    4    0    0    0    0
    3    2    0    0    0
    5    3   -2    0    0
    1    0    0    5    0
   -1   -4    1    2    2
```

其中,$B$ 和 $C$ 是与方阵 $A$ 相对应的上三角矩阵和下三角矩阵。

4. 稀疏矩阵

在矩阵中,若数值为 0 的元素远远多于非 0 元素,例如矩阵中 95% 以上的元素都为 0,并且非 0 元素分布没有规律时,则称该矩阵为稀疏矩阵;与之相反,若非 0 元素数目占大多数时,则称该矩阵为稠密矩阵。

稀疏矩阵的运算速度快、所需存储容量小,因而在大型的科学工程计算领域得到了广泛应用,例如流体力学、统计物理、电路模拟、图像处理、纳米材料计算等。

在 MATLAB 中,提供了内置函数 **sprand**,用于产生随机的稀疏矩阵。该函数的基本调用格式如下:

```
R = sprand(m,n,density)
```

其中,参数 density 用于指定稀疏矩阵的稠密度,即矩阵中非零元素所占的个数比例,参数值必须在 0～1 范围内。调用上述函数将产生一个随机均匀分布的 $m \times n$ 稀疏矩阵,其中非零元素的个数大约为 density$\times m \times n$。

例如,命令

```
>> A = sprand(10,20,0.1)
```

产生的 $10 \times 20$ 稀疏矩阵如下:

```
A =
   (7,1)     0.8173
   (3,2)     0.9133
   (4,3)     0.9961
   (4,4)     0.0782
  (10,4)     0.8001
   (8,6)     0.8687
   (5,7)     0.1067
   (6,7)     0.9619
   (1,10)    0.0838
   (3,10)    0.1524
   (6,11)    0.0046
   (9,11)    0.3998
   (2,12)    0.2290
   (3,13)    0.8258
   (4,14)    0.4427
   (8,14)    0.0844
   (6,15)    0.7749
   (3,16)    0.5383
   (9,16)    0.2599
  (10,19)    0.4314
```

在上述显示结果中,每一行表示稀疏矩阵中的一个非零元素。例如,根据第一行显示可知,矩阵 **A** 中的第 7 行第一个元素为非零元素,其数值为 0.8173。由于指定 density 参数为 0.1,因此,非零元素的个数为矩阵中元素总数的 10%,即 20(0.1×10×20)个。

上述显示结果不太直观,为此,MATLAB 中提供了 **spy** 函数,可以用图形的形式直观显示稀疏矩阵中所有非零元素在矩阵中所处的位置。例如,执行命令

```
>> spy(A)
>> grid on
```

后,将打开图形窗口,如图 9-1 所示。其中的横轴和纵轴分别代表稀疏矩阵的行和列,每个小黑点代表一个非零元素。此外,在图形区的下方还显示"nz=20",表示矩阵中共有 20 个

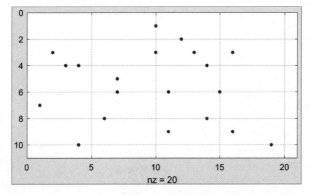

图 9-1  稀疏矩阵的可视化显示

非零元素。

> 同步练习
>
> 9-1　生成 $3 \times 5$ 的零矩阵 $A$、幺矩阵 $B$ 和 $5 \times 5$ 单位矩阵 $C$，写出相关的命令。
>
> 9-2　生成一个密度为 $20\%$ 的 $10 \times 50$ 稀疏矩阵 $A$，得到其对应的上三角矩阵 $A_1$ 和下三角矩阵 $A_2$，并用图形形式显示各矩阵数据。

## 9.2　矩阵的基本运算

在线性代数中，可以实现对矩阵加、减、乘等基本的算术运算，也经常需要实现矩阵的转置和旋转操作。此外，在利用矩阵求解线性代数方程的过程中，还经常需要求方阵的行列式及其逆矩阵。

### 9.2.1　矩阵的基本算术运算

在 MATLAB 程序中，由于矩阵用二维数组表示，也可以用表 2-4（第 2 章）中数组的运算符对矩阵进行各种运算。但利用这些运算符对矩阵进行运算，实际上是对矩阵中各元素做运算，而不是线性代数中所说的矩阵运算。

在 MATLAB 中，要按照线性代数的规则进行矩阵的运算，必须使用表 2-3 中的运算符进行。这些运算包括矩阵的加、减、乘和乘方运算。与对标量和数组的运算不同，大多数对矩阵的运算都要求参加运算的矩阵长度必须满足数学上的要求。例如，矩阵的加、减运算，要求两个矩阵的长度必须相同。要执行矩阵 $A$ 和 $B$ 的乘法运算 $A * B$，要求 $A$ 的列数必须与 $B$ 的行数相同。

例如，如下命令及其执行结果为：

```
>> A = [1 3;2 4]
A =
     1     3
     2     4
>> B = [3 0;1 5]
B =
     3     0
     1     5
>> C = A^2                          %矩阵乘方
C =
     7    15
    10    22
>> D = A * B                        %矩阵相乘
D =
     6    15
    10    20
```

可以将上述结果 **D** 与如下数组乘结果进行比较：

```
>> D = A. * B                          % 数组乘
D =
   3    0
   2   20
```

矩阵也可以与一个标量常数进行加、减、乘运算，此时实现的是将该标量常数与矩阵中的各元素进行加、减、乘运算。但是不能将一个标量除以一个矩阵，除非该矩阵只有一个元素。

## 9.2.2  矩阵的转置与旋转

可以用一个单引号作为转置运算符，求矩阵或者向量的转置。例如，如下命令及其执行结果为：

```
>> A = [1 2 3]
A = 1    2    3
>> B = A'
B =
    1
    2
    3
```

其中，**A** 是一个行向量，通过转置运算得到 **B** 为列向量。

求矩阵 **A** 的转置矩阵也可以调用 transpose 函数实现。例如：

```
>> A = [1 0 2;3 1 4]
ans =
    1    0    2
    3    1    4
>> transpose(A)
ans =
    1    3
    0    1
    2    4
```

MATLAB 还提供了几个对矩阵进行翻转操作的函数，下面通过例子说明。

```
>> A = [1 2 3 4; 5 6 7 8]
A =
    1    2    3    4
    5    6    7    8
>> fliplr(A)                          % 左右翻转,各行元素反序
ans =
    4    3    2    1
    8    7    6    5
>> flipud(A)                          % 上下翻转,各列元素反序
```

```
ans =
    5    6    7    8
    1    2    3    4
>> rot90(A)                            % 转置后再上下翻转
ans =
    4    8
    3    7
    2    6
    1    5
```

### 9.2.3　方阵的行列式

矩阵的行列式(Determinant)是线性代数与矩阵分析领域的重要概念,是求解线性代数方程的重要工具,决定了一个线性代数方程是不是有唯一解。

由 $n \times n$ 构成方阵 $A$ 中的元素的行列式,称为方阵 $A$ 的 $n$ 阶行列式,记为 $|A|$。注意,方阵是多个数据的集合,而方阵的行列式是一个标量数值。

对于一阶方阵,其中只有一个元素,其行列式等于该元素。二阶方阵对应的行列式为:

$$\begin{vmatrix} a_{11} & a_{12} \\ a_{21} & a_{22} \end{vmatrix} = a_{11}a_{22} - a_{21}a_{12} \tag{9-3}$$

三阶方阵的行列式为:

$$\begin{vmatrix} a_{11} & a_{12} & a_{13} \\ a_{21} & a_{22} & a_{23} \\ a_{31} & a_{32} & a_{33} \end{vmatrix} = a_{11}a_{22}a_{33} + a_{12}a_{23}a_{31} + a_{13}a_{21}a_{32}$$

$$- a_{11}a_{23}a_{32} - a_{12}a_{21}a_{33} - a_{13}a_{22}a_{31} \tag{9-4}$$

对 $n$ 阶行列式,其值等于行列式中任一行(或列)元素与其对应的代数余子式的乘积的和,即

$$D = \sum_{j=1}^{n} a_{ij}A_{ij}, \quad i = 1, 2, \cdots, n \tag{9-5}$$

或

$$D = \sum_{i=1}^{n} a_{ij}A_{ij}, \quad j = 1, 2, \cdots, n \tag{9-6}$$

其中,$a_{ij}$ 为行列式中第 $i$ 行第 $j$ 列元素,$A_{ij}$ 是与 $a_{ij}$ 对应的代数余子式。

根据上述结论,用手工计算行列式十分困难。在 MATLAB 程序中,可以采用函数的递归调用实现 $n$ 阶行列式的求解。但当方阵和行列式的阶数较高时,计算所需的时间将很长。为此,在 MATLAB 中,提供了专门的函数 **det**,可以很方便地求解方阵的行列式。

例如,用如下命令分别产生 3 和 5 阶魔方矩阵 $A$ 和 $B$:

```
>> A = magic(3)
>> B = magic(5)
```

得到的两个矩阵分别为：

```
A =
    8    1    6
    3    5    7
    4    9    2
B =
   17   24    1    8   15
   23    5    7   14   16
    4    6   13   20   22
   10   12   19   21    3
   11   18   25    2    9
```

则执行如下命令求解两个矩阵的行列式：

```
>> a = det(A)
>> b = det(B)
a = - 360
b = 5.0700e + 06
```

## 9.2.4 逆矩阵

前面主要介绍了矩阵的加、减、乘运算，而逆矩阵的概念相当于矩阵的除法，在求解代数方程和很多其他领域得到了大量应用。

如果方阵 $A$ 与 $B$ 的乘积等于单位矩阵，则称方阵 $B$ 是 $A$ 的逆矩阵，或者方阵 $A$ 是 $B$ 的逆矩阵。这里首先介绍伴随矩阵及其求法。

### 1. 伴随矩阵及其求法

方阵 $A$ 的伴随矩阵是由方阵 $A$ 中各元素的代数余子式所构成的方阵，记作 $A^*$。

例如，在三阶方阵

$$A = \begin{bmatrix} 2 & 2 & 3 \\ 1 & -1 & 0 \\ -1 & 2 & 1 \end{bmatrix}$$

中，各元素的代数余子式分别为

$$A_{11} = (-1)^{1+1} \begin{vmatrix} -1 & 0 \\ 2 & 1 \end{vmatrix} = -1, \quad A_{12} = (-1)^{1+2} \begin{vmatrix} 1 & 0 \\ -1 & 1 \end{vmatrix} = -1,$$

$$A_{13} = (-1)^{1+3} \begin{vmatrix} 1 & -1 \\ -1 & 2 \end{vmatrix} = 1, \quad A_{21} = (-1)^{2+1} \begin{vmatrix} 2 & 3 \\ 2 & 1 \end{vmatrix} = 4,$$

$$A_{22} = (-1)^{2+2} \begin{vmatrix} 2 & 3 \\ -1 & 1 \end{vmatrix} = 5, \quad A_{23} = (-1)^{2+3} \begin{vmatrix} 2 & 2 \\ -1 & 2 \end{vmatrix} = -6,$$

$$A_{31} = (-1)^{3+1} \begin{vmatrix} 2 & 3 \\ -1 & 0 \end{vmatrix} = 3, \quad A_{32} = (-1)^{3+2} \begin{vmatrix} 2 & 3 \\ 1 & 0 \end{vmatrix} = 3,$$

$$A_{33} = (-1)^{3+3} \begin{vmatrix} 2 & 2 \\ 1 & -1 \end{vmatrix} = -4$$

则方阵 $\boldsymbol{A}$ 的伴随矩阵为：

$$\boldsymbol{A}^* = \begin{bmatrix} -1 & 4 & 3 \\ -1 & 5 & 3 \\ 1 & -6 & -4 \end{bmatrix}$$

在 MATLAB 中，提供了内置函数 **adjoint(A)**，用于求方阵 $\boldsymbol{A}$ 的伴随矩阵。对上述例子，在命令行窗口输入如下命令：

```
>> A = [2  2  3;1  -1  0;-1  2  1];
>> adjoint(A)
```

即可求得矩阵 $\boldsymbol{A}$ 的伴随矩阵为：

```
ans =
   -1.0000    4.0000    3.0000
   -1.0000    5.0000    3.0000
    1.0000   -6.0000   -4.0000
```

### 2. 逆矩阵及其求法

在 MATLAB 中，矩阵 $\boldsymbol{A}$ 的逆矩阵 $\boldsymbol{A}^{-1}$ 可以用乘方运算求得。例如，用如下命令求矩阵 $\boldsymbol{A}$ 的逆矩阵：

```
>> A = [1  2;3  4]
A =
     1     2
     3     4
>> B = A^-1
B =
   -2.0000    1.0000
    1.5000   -0.5000
```

此外，借助于伴随矩阵，也可以用如下公式求方阵 $\boldsymbol{A}$ 的逆矩阵：

$$\boldsymbol{A}^{-1} = \frac{\boldsymbol{A}^*}{|\boldsymbol{A}|} \tag{9-7}$$

例如，对上述矩阵 $\boldsymbol{A}$，用命令

```
>> B = adjoint(A)/det(A)
```

得到的矩阵 $\boldsymbol{A}$ 的逆矩阵 $\boldsymbol{B}$ 与上述结果相同。

在 MATLAB 中，还提供了专门的内置函数 **inv**，用于求矩阵的逆矩阵。例如，用如下命令求方阵 $\boldsymbol{A}$ 的逆矩阵，得到方阵 $\boldsymbol{B}$：

```
>> B = inv(A)
```

用命令

```
>> A * B
```

可以验证方阵 $A$ 和 $B$ 互为逆矩阵,因为得到的结果为单位矩阵:

```
ans =
    1.0000         0
    0.0000    1.0000
```

需要注意的是,不是所有方阵都存在逆矩阵。如果方阵的行列式等于 0,这样的方阵称为奇异矩阵,该方阵不存在逆矩阵。对奇异矩阵调用 inv 函数时,将返回同样大小的方阵,但所有元素都为 Inf(无穷大)。

同步练习

9-3 已知如下两个矩阵:

$$A = \begin{bmatrix} 1 & 2 & 3 \\ 1 & 0 & 1 \end{bmatrix}, \quad B = \begin{bmatrix} 1 & 0 \\ 0 & -1 \end{bmatrix}$$

求 $C = A' * B$。

9-4 分别生成三阶魔方矩阵 $A$ 和三阶单位矩阵 $I$,并验证 $AI = IA = A$。

9-5 求 7 阶魔方矩阵 $B$ 的行列式 $b$、逆矩阵 $C$,并验证 $BC = I$。

# 9.3 矩阵的变换与分解

矩阵的变换与分解是矩阵分析的重要内容,通常可以引入某种变换将一般的矩阵变成更易于处理的形式。本节主要介绍矩阵的初等行变换及常用的分解方法。

## 9.3.1 初等行变换

在利用矩阵求解线性代数方程组的过程中,经常需要对矩阵做一些基本变换,例如,互换矩阵的两行,将某一行所有元素都乘以一个非零的常数,将某一行所有元素乘以一个非零的常数后与另一行对应元素相加、相减等。

上述变换称为矩阵的初等行变换。通过矩阵的初等行变换,可以将一个矩阵变换为三角矩阵、对角矩阵等特殊矩阵,从而便于实现方程组的求解。

3 种常用的矩阵初等行变换方法如下:

(1)将矩阵的某一行元素同时乘以常数 $k$,其他元素不变。

(2)将矩阵的某一行所有元素乘以常数 $k$ 并加到另一行上。

(3)将矩阵的任意两行互换,其他行的元素不变。

初等变换的一个重要作用是用于求方阵的逆(逆方阵)。下面举例说明求解方法。

实例 9-1 **用矩阵的初等变换求逆。**

求如下方阵 $A$ 的逆:

$$A = \begin{bmatrix} 1 & 2 & 3 \\ 2 & 2 & 1 \\ 3 & 4 & 3 \end{bmatrix}$$

首先将矩阵 $A$ 与一个大小相同的单位矩阵相拼接,得到如下扩充矩阵:

$$AE = \left[\begin{array}{ccc:ccc} 1 & 2 & 3 & 1 & 0 & 0 \\ 2 & 2 & 1 & 0 & 1 & 0 \\ 3 & 4 & 3 & 0 & 0 & 1 \end{array}\right]$$

对该扩充矩阵依次进行如下初等变换:

将第一行(各元素)分别乘以 2 和 3,再与第二行和第三行(各元素)分别相减,用结果替换第二行和第三行原有值,得到如下矩阵:

$$\left[\begin{array}{ccc:ccc} 1 & 2 & 3 & 1 & 0 & 0 \\ 0 & -2 & -5 & -2 & 1 & 0 \\ 0 & -2 & -6 & -3 & 0 & 1 \end{array}\right]$$

第一行和第三行分别与第二行相加、相减,得到如下矩阵:

$$\left[\begin{array}{ccc:ccc} 1 & 0 & -2 & -1 & 1 & 0 \\ 0 & -2 & -5 & -2 & 1 & 0 \\ 0 & 0 & -1 & -1 & -1 & 1 \end{array}\right]$$

第三行分别乘以 2 和 5,再与第一行和第二行相减,得到如下矩阵:

$$\left[\begin{array}{ccc:ccc} 1 & 0 & 0 & 1 & 3 & -2 \\ 0 & -2 & 0 & 3 & 6 & -5 \\ 0 & 0 & -1 & -1 & -1 & 1 \end{array}\right]$$

第二行和第三行分别乘以 $-0.5$ 和 $-1$,得到如下矩阵:

$$\left[\begin{array}{ccc:ccc} 1 & 0 & 0 & 1 & 3 & -2 \\ 0 & 1 & 0 & -1.5 & -3 & 2.5 \\ 0 & 0 & 1 & 1 & 1 & -1 \end{array}\right]$$

至此,将扩充矩阵的前三列变为单位矩阵,则后三列即为原矩阵 $A$ 的逆。根据上述计算过程编写如下程序:

```
% 文件名: ex9_1.m
clear
clc
A = [1 2 3;2 2 1;3 4 3];
AE = [A,eye(3,3)];
AE(2,:) = AE(2,:) - 5 * AE(3,:);
AE(1,:) = AE(1,:) - 2 * AE(3,:);
AE(2,:) = AE(2,:) * ( - 0.5);
AE(3,:) = - AE(3,:);
invA = AE(:,4:6)
```

上述程序的执行结果如下:

```
invA =
    1.0000    3.0000    - 2.0000
  - 1.5000    - 3.0000    2.5000
    1.0000    1.0000    - 1.0000
```

在上述程序中,关键是正确写出每一步变换所需的运算方法及语句。为此,可以根据上述手工求解的过程,观察程序逐条语句执行结果,再据此写出下一条语句,直到将扩充矩阵变为主对角线上元素都为1的对角矩阵,再提取右边的各列即可得到求解结果。

## 9.3.2 矩阵的分解

矩阵的分解是将一个普通的矩阵转换为特殊的矩阵,例如三角矩阵。常用的分解方法有三角分解、Cholesky 分解和正交分解等,这里主要介绍三角分解方法。

三角分解又称为 **LU 分解**,是基于线性代数方程组的高斯消元法提出来的。通过三角分解,将任何方阵 $A$ 都表示为一个下三角矩阵 $L$ 和上三角矩阵 $U$ 之积,即 $A = LU$,其中 $L$ 主对角线上的元素都为 1。

### 1. 三角分解的基本原理

设 $n$ 阶方阵 $A$、下三角矩阵 $L$ 和上三角矩阵 $U$ 分别为

$$A = \begin{bmatrix} a_{11} & a_{12} & \cdots & a_{1n} \\ a_{21} & a_{22} & \cdots & a_{2n} \\ \vdots & \vdots & \ddots & \vdots \\ a_{n1} & a_{n2} & \cdots & a_{nn} \end{bmatrix}, \quad L = \begin{bmatrix} 1 & 0 & \cdots & 0 \\ l_{21} & 1 & \cdots & 0 \\ \vdots & \vdots & \ddots & \vdots \\ l_{n1} & l_{n2} & \cdots & 1 \end{bmatrix}, \quad U = \begin{bmatrix} u_{11} & u_{12} & \cdots & u_{1n} \\ 0 & u_{22} & \cdots & u_{2n} \\ \vdots & \vdots & \ddots & \vdots \\ 0 & 0 & \cdots & u_{nn} \end{bmatrix}$$

则由 $A = LU$ 可以得到

$$\left. \begin{array}{llll} a_{11} = u_{11}, & a_{12} = u_{12}, & \cdots, a_{1n} = u_{1n} \\ a_{21} = l_{21}u_{11}, & a_{22} = l_{21}u_{12} + u_{22}, & \cdots, a_{2n} = l_{21}u_{1n} + u_{2n} \\ \vdots & \vdots & \ddots & \vdots \\ a_{n1} = l_{n1}u_{11}, & a_{n2} = l_{n1}u_{12} + u_{22}, & \cdots, a_{nn} = \sum_{k=1}^{n-1} l_{nk}u_{kn} + u_{nn} \end{array} \right\} \quad (9\text{-}8)$$

根据式(9-8)可以得到 $L$ 和 $U$ 中各元素的递推计算公式为

$$l_{ij} = \frac{a_{ij} - \sum_{k=1}^{j-1} l_{ik}u_{kj}}{u_{jj}}, \quad j < i \quad (9\text{-}9)$$

$$u_{ij} = a_{ij} - \sum_{k=1}^{i-1} l_{ik}u_{kj}, \quad j \geqslant i$$

此外,上述递推计算的初值为

$$u_{1j} = a_{1j}, \quad l_{i1} = a_{i1}/u_{11}, \quad i = 1 \sim n, \quad j = 1 \sim n \quad (9\text{-}10)$$

根据上述递推公式可以编制 MATLAB 函数,实现矩阵的三角分解,得到相应的下三角矩阵 $L$ 和上三角矩阵 $U$。下面举例说明。

**实例 9-2　矩阵的三角分解**。

已知方阵

$$A = \begin{bmatrix} 1 & 0 & -1 \\ 2 & 2 & 3 \\ 0 & -2 & -4 \end{bmatrix}$$

将其分解为上三角矩阵和下三角矩阵。

MATLAB 程序如下:

```
% 文件名: ex9_2.m
A = [1  0  -1;2  2  3;0  -2  -4];
[L,U] = ludecop(A)
% =================================================
% 矩阵的三角分解函数
% =================================================
function [L,U] = ludecop(A)
n = length(A);
U = zeros(size(A));
L = eye(size(A));
U(1,:) = A(1,:);L(:,1) = A(:,1)/U(1,1);
for i = 2:n
    for j = 2:i - 1
        L(i,j) = (A(i,j) - L(i,1:j - 1) * U(1:j - 1,j))/U(j,j);
    end
    for j = 1:n
        U(i,j) = A(i,j) - L(i,1:i - 1) * U(1:i - 1,j);
    end
end
```

上述程序的执行结果为:

```
A =
    1      0     -1
    2      2      3
    0     -2     -4
L =
    1      0      0
    2      1      0
    0     -1      1
U =
    1      0     -1
    0      2      5
    0      0      1
```

## 2. MATLAB 中的三角分解函数

在已知的方阵 $A$ 中,如果主对角线上的元素为 0,则无法利用上述递推算法进行三角分解。为此,在 MATLAB 中,对上述递推算法做了修正,提供了专门的 lu 函数实现矩阵的三角分解。

如果方阵 $A$ 主对角线上不含有 0,则可以直接调用 lu 函数,得到分解后的下三角矩阵和上三角矩阵。此时的调用格式为:

```
[L,U] = lu(A)
```

如果方阵 $A$ 主对角线上含有 0,则调用 lu 函数时,首先通过对方阵 $A$ 作行交换,使其主对角线上的元素不为 0,再进行三角分解。因此,返回的矩阵 $L$ 不一定是标准的下三角矩阵。对这种情况,lu 函数除了返回 $L$ 和 $U$ 方阵以外,还返回一个置换矩阵 $P$。具体调用格式为:

```
[L,U,P] = lu(A)
```

例如,命令

```
>> A = [1  0  -1;2  0  3;0  -2  -4];
>> [L1,U1] = lu(A)
>> [L,U,P] = lu(A)
```

的执行结果为:

```
L1 =
    0.5000         0    1.0000
    1.0000         0         0
         0    1.0000         0
U1 =
    2.0000         0    3.0000
         0   -2.0000   -4.0000
         0         0   -2.5000
L =
    1.0000         0         0
         0    1.0000         0
    0.5000         0    1.0000
U =
    2.0000         0    3.0000
         0   -2.0000   -4.0000
         0         0   -2.5000
P =
     0     1     0
     0     0     1
     1     0     0
```

在上述结果中,$L_1$ 和 $U_1$ 是分解方阵 $A$ 得到的两个矩阵。其中 $U_1$ 为标准的上三角矩阵,但 $L_1$ 不是标准的下三角矩阵。

执行上述第三条命令时,返回的 $L$ 和 $U$ 分别是标准的下三角矩阵和上三角矩阵。容易验证,$U_1 = U$,$L_1 = P'L$ 且 $A = L_1U_1 = P'LU$ 或者 $PA = LU$。

同步练习

9-6 调用实例 9-2 中的矩阵三角分解函数,对如下矩阵进行三角分解。

$$A = \begin{bmatrix} -1 & 2 \\ 2 & -1 \end{bmatrix}, \quad B = \begin{bmatrix} 1 & 1 & -1 \\ 2 & 1 & 3 \\ -2 & 1 & 1 \end{bmatrix}$$

9-7 对同步练习 9-6 中的矩阵 $A$ 和 $B$,调用 lu 函数对其进行三角分解。

## 9.4 线性代数方程组的求解

任何一组线性代数方程都可以用矩阵形式来描述,从而将代数方程组的求解问题转换为矩阵的运算和变换。作为科学计算工具和矩阵实验室,MATLAB 提供了大量的内置函数,实现矩阵的运算、变换和线性代数方程组的求解。

### 9.4.1 线性代数方程组的矩阵表示

线性代数方程是具有如下形式的代数方程:

$$a_1 x_1 + a_2 x_2 + \cdots + a_n x_n = b \tag{9-11}$$

其中,$a_i (i = 1, 2, \cdots, n)$ 为常数系数,$x_i (i = 1, 2, \cdots, n)$ 为未知数,$b$ 为常数。

根据矩阵的运算规则,可以将式(9-11)所示线性代数方程用矩阵形式表示为

$$AX = b \tag{9-12}$$

其中,$A = [a_1, a_2, \cdots, a_n]$,$X = [x_1, x_2, \cdots, x_n]'$ 分别为行向量和列向量。

由 $m$ 个线性代数方程可以构成一个线性代数方程组,其一般形式为

$$\begin{cases} a_{11}x_1 + a_{12}x_2 + \cdots + a_{1n}x_n = b_1 \\ a_{21}x_1 + a_{22}x_2 + \cdots + a_{2n}x_n = b_2 \\ \qquad\vdots \\ a_{m1}x_1 + a_{m2}x_2 + \cdots + a_{mn}x_n = b_m \end{cases} \tag{9-13}$$

根据矩阵的运算规则,同样可以将这 $m$ 个线性代数方程构成的方程组用矩阵形式表示为

$$AX = B \tag{9-14}$$

其中,$X = [x_1, x_2, \cdots, x_n]'$ 是由 $n$ 个未知数构成的列向量,而 $B = [b_1, b_2, \cdots, b_m]'$ 是由 $m$ 个常数构成的列向量,$A$ 为 $m \times n$ 系数矩阵,且

$$A = \begin{bmatrix} a_{11} & a_{12} & \cdots & a_{1n} \\ a_{21} & a_{22} & \cdots & a_{2n} \\ \vdots & \vdots & \ddots & \vdots \\ a_{m1} & a_{m2} & \cdots & a_{mn} \end{bmatrix} \tag{9-15}$$

## 9.4.2 线性代数方程组的求解介绍

线性代数方程组的求解,就是在已知系数矩阵 $A$ 和向量 $B$ 的前提下,求解未知数向量 $X$ 及其中的 $n$ 个未知数。在 MATLAB 程序中,可以用多种方法实现方程组的求解,归纳起来可以有直接法、消元法和迭代法。

### 1. 直接法求解

所谓直接法求解,是利用 MATLAB 中提供的专用运算符和内置函数,直接求解代数方程组,这些内置函数主要有 **mldivide**、**mrdivide**、**decomposition** 等。

最简单的直接求解法是利用矩阵运算符实现。对于式(9-14)所示方程组,其解可以表示为

$$X = A^{-1}B = A \backslash B \tag{9-16}$$

其中,$A^{-1}$ 为矩阵 $A$ 的逆,"\" 为矩阵左除运算符。

例如,用如下命令生成系数矩阵 $A$ 和常数向量 $B$:

```
>> A = magic(3)
A = 8    1    6
    3    5    7
    4    9    2
>> B = [15; 15; 15]
```

其中,**magic** 函数产生魔方矩阵。矩阵 $A$ 和 $B$ 表示的线性代数方程组为

$$\begin{cases} 8x_1 + x_2 + 6x_3 = 15 \\ 3x_1 + 5x_2 + 7x_3 = 15 \\ 4x_1 + 9x_2 + 2x_3 = 15 \end{cases}$$

用直接法求解该方程组。

(1)用矩阵运算符求解,命令及求解结果如下:

```
>> x = A\B
x = 1.0000
    1.0000
    1.0000
```

上述执行结果表示解为 $x_1 = 1, x_2 = 1, x_3 = 1$。

(2)用逆矩阵求解,命令如下:

```
>> X = inv(A) * B
```

或者

```
>> X = A^( - 1) * B
```

结果与第一种方法相同。

（3）调用 **mldivide** 函数求解,命令如下：

```
>> X = mldivide(A,B)
```

### 2. 消元法求解

所谓消元法,就是利用矩阵的初等变换进行方程组的消元,得到若干只含有一个未知数的方程,对每个方程求解得到每个未知数的值。

实际采用的消元法有高斯(Gauss)消元法和高斯-约当(Gauss-Jordan)消元法。两种消元法首先都要求根据系数矩阵 $A$ 和常数矩阵 $B$ 得到如下增广矩阵：

$$\begin{bmatrix} a_{11} & a_{12} & \cdots & a_{1n} & \vdots & b_1 \\ a_{21} & a_{22} & \cdots & a_{2n} & \vdots & b_2 \\ \vdots & \vdots & \ddots & \vdots & \vdots & \vdots \\ a_{m1} & a_{m2} & \cdots & a_{mn} & \vdots & b_m \end{bmatrix}$$

之后,反复利用矩阵的初等变换规则,将增广矩阵变为如下形式的上三角矩阵：

$$\begin{bmatrix} a'_{11} & a'_{12} & \cdots & a'_{1n} & \vdots & b'_1 \\ 0 & a'_{22} & \cdots & a'_{2n} & \vdots & b'_2 \\ \vdots & \vdots & \ddots & \vdots & \vdots & \vdots \\ 0 & 0 & \cdots & a'_{mn} & \vdots & b'_m \end{bmatrix}$$

对于高斯消元法,在得到上述三角矩阵后,由矩阵的最后一行可以求得未知数 $x_m$,再根据前面各行利用回代法求得其他未知数。

对于高斯-约当消元法,将上述增广矩阵继续进行初等变换,直到变为如下形式的对角矩阵：

$$\begin{bmatrix} 1 & 0 & \cdots & 0 & \vdots & b''_1 \\ 0 & 1 & \cdots & 0 & \vdots & b''_2 \\ \vdots & \vdots & \ddots & \vdots & \vdots & \vdots \\ 0 & 0 & \cdots & 1 & \vdots & b''_m \end{bmatrix}$$

显然,该矩阵中的最后一列即为方程组的解。

**实例 9-3　消元法求解线性代数方程组。**

已知线性代数方程组为：

$$\begin{cases} x_1 + 3x_2 = 1 \\ 2x_1 + x_2 + 3x_3 = 6 \\ 4x_1 + 2x_2 + 3x_3 = 3 \end{cases}$$

利用消元法编程求解。

这里首先进行手工求解，以便据此编制求解程序。

首先根据已知的方程组得到增广矩阵为：

$$\begin{bmatrix} 1 & 3 & 0 & \vdots & 1 \\ 2 & 1 & 3 & \vdots & 6 \\ 4 & 2 & 3 & \vdots & 3 \end{bmatrix}$$

为了将其变为上三角矩阵，将第一行分别乘以 2 和 4 后，再用第二行和第三行与其相减，用结果分别替换第二行和第三行，得到：

$$\begin{bmatrix} 1 & 3 & 0 & 1 \\ 0 & -5 & 3 & 4 \\ 0 & -10 & 3 & -1 \end{bmatrix}$$

再将第三行减去第二行与 2 的乘积，用结果替换第三行，得到：

$$\begin{bmatrix} 1 & 3 & 0 & 1 \\ 0 & -5 & 3 & 4 \\ 0 & 0 & -3 & -9 \end{bmatrix}$$

对该三角矩阵继续做初等变换。将第二行与第三行相加，用结果替换第二行得到：

$$\begin{bmatrix} 1 & 3 & 0 & 1 \\ 0 & -5 & 0 & -5 \\ 0 & 0 & -3 & -9 \end{bmatrix}$$

再将第二行乘以 3/5 后与第一行相加，用结果替换第一行得到：

$$\begin{bmatrix} 1 & 0 & 0 & -2 \\ 0 & -5 & 0 & -5 \\ 0 & 0 & -3 & -9 \end{bmatrix}$$

最后，将第二行和第三行分别除以 −5 和 −3，得到主对角线上元素全部为 1 的对角矩阵：

$$\begin{bmatrix} 1 & 0 & 0 & -2 \\ 0 & 1 & 0 & 1 \\ 0 & 0 & 1 & 3 \end{bmatrix}$$

由此得到求解结果为 $x_1 = -2, x_2 = 1, x_3 = 3$。

根据上述原理，实际上在 MATLAB 中提供了一个内置函数 **rref**，用于实现线性代数方程组的高斯-约当消元。利用该函数实现本例中线性代数方程组求解的 MATLAB 程序如下：

```
% 文件名: ex9_3.m
clear
clc
A = [1  3  0;2  1  3;4  2  3];
B = [1;6;3];
R = rref([A B])                    % 构造增广矩阵,并转换为对角矩阵
R0 = R(:,end)                      % 提取对角矩阵的最后一列,得到结果
```

上述程序的运行结果如下:

```
R0 =
    -2
     1
     3
```

### 3. 迭代法求解

迭代法是通过有限次数的迭代循环,获得近似线性方程组的解。这种方法对大型线性方程组非常有用,可以通过牺牲计算精度来缩短循环迭代所需的运行时间。迭代法仅间接涉及系数矩阵、整个矩阵-向量积或抽象的线性运算函数,通常仅适用于稀疏矩阵。求解线性方程组的速度不像直接方法那样严重依赖于系数矩阵的大小,但是通常需要针对每个特定问题调优参数。

MATLAB 根据系数矩阵的属性,创建了多种具有不同优缺点的迭代方法,例如最小二乘法、共轭梯度算法和最小残差法。这些迭代算法的基本原理可以参考相关资料,这里以最小二乘法为例,介绍内置函数 **lsqr** 的基本用法。该函数的基本调用格式如下:

```
x = lsqr(A,b)
```

该语句的功能是使用最小二乘法循环迭代法,求解关于 $x$ 的线性方程组 $Ax=b$,并使残差 $b-Ax$ 达到最小或者在指定的容差范围。迭代结束后,会显示一条消息来确认循环迭代过程是收敛的,即每次迭代得到的误差逐渐减小。如果迭代无法收敛,在达到最大迭代次数后仍无法满足指定的容差范围,则会显示一条包含相对残差以及迭代次数的诊断消息。

例如,给定方程组的系数矩阵和常数矩阵如下:

```
>> A = [1  6  1  1  6;
        0 10  6  4  1;
        0  0  1  2  2;
        0  0  0  7  1;
        0  0  0  0 10]
>> B = [10;7;3;9;10]
```

之后,执行如下命令求解由 **A** 和 **B** 组成的方程组:

```
>> x = lsqr(A,B)
```

执行结果如下：

```
lsqr 在解的迭代 5 处收敛,并且相对残差为 6.3e-11。
x =
   -1.3429
    0.9143
   -1.2857
    1.1429
    1.0000
```

其中显示共迭代了 5 次,以及求解得到的 5 个未知数取值。

在该例中,由于系数矩阵 $A$ 为 5 阶上三角矩阵,因此首先由 $A$ 和 $B$ 矩阵的最后一行(第5 行)求得 $x_5$,再由第 4 行求得 $x_4$,……,最后由第一行求得 $x_1$。为了求解得到 5 个未知数的值,共需要 5 次迭代。

## 9.4.3　欠定方程组和超定方程组

在线性代数方程组中,如果系数矩阵 $A$ 是 $n \times n$ 方阵,意味着有 $n$ 个相互独立的方程,此时方程组有 $n$ 个确定的解。但是,在实际工程应用中,相互独立(线性无关)方程的个数不一定等于未知数个数,此时,方程组可能有解,也可能无解或者有无穷多个解。

### 1. 欠定方程组

简单地说,如果方程组中相互独立的方程个数比未知数的个数少,此时方程组有无穷多个解,就称为欠定方程组(Underdetermined Equations)。

例如,如下方程组：

$$\begin{cases} 2x_1 - 4x_2 + 5x_3 = -4 \\ -4x_1 - 2x_2 + 3x_3 = 4 \\ 2x_1 + 6x_2 - 8x_3 = 0 \end{cases}$$

是一个欠定方程组,其中第 3 个方程可以由前两个方程相加而得到,因此 3 个方程不是相互独立的。方程组中共有 3 个未知数,因此其解有无穷多个。

对上述方程组,如果用前面介绍的直接法求解,则相关命令如下：

```
>> A = [2  -4  5;-4  -2  3;2  6  -8]
>> B = [-4;4;0]
>> x = A\B
```

执行后,将显示如下结果：

```
警告: 矩阵为奇异工作精度。
x =
   NaN
   NaN
   NaN
```

说明矩阵 $A$ 为奇异矩阵,3 个未知数的解不确定,结果显示为 NaN 或者 Inf。

（1）欠定方程组的特解。

针对上述情况，MATLAB中提供了 **pinv(A)** 函数，用于求奇异矩阵 $A$ 的伪逆矩阵。之后，即可用其返回结果替代矩阵 $A$ 的逆矩阵，得到方程组的一组特定解，简称特解，又称为最小范数解。

例如，对上述方程组，求解命令如下：

```
>> X = pinv(A) * B
```

执行后得到方程组的一组解为：

```
X =
   - 1.2148
     0.2074
   - 0.1481
```

（2）欠定方程组的通解。

对欠定方程组，也可以用消元法，通过调用 **rref** 函数实现求解。例如，对上述方程组，执行如下命令：

```
>> rref([A B])
```

对增广矩阵 $[A\ B]$ 消元后，得到如下矩阵：

```
ans =
   1.0000        0   - 0.1000   - 1.2000
        0   1.0000   - 1.3000     0.4000
        0        0        0          0
```

注意到由于该方程组为欠定方程组，在得到的结果矩阵中，第三行全部为 0，并且前面两行主对角线上的元素全部为 1。该结果表示将原方程组经过消元变成为如下方程组：

$$\begin{cases} x_1 - 0.1x_3 = -1.2 \\ x_2 - 1.3x_3 = 0.4 \end{cases}$$

据此得到该方程组的通解为：

$$x_1 = -1.2 + 0.1x_3$$
$$x_2 = 0.4 + 1.3x_3$$

假设 $x_3 = -0.1481$，代入上述通解即可得到 $x_2 = 0.2075$，$x_1 = -1.2148$，与前面调用 **pinv** 函数求得的特解相同（$x_2$ 有一个精度误差）。

2. 超定方程组

如果方程组中相互独立的方程个数比未知数多，则称为超定方程组（Overdetermination Equations）。超定方程组可能有解，也可能没有解。

如果超定方程组有解，仍然可以用前面介绍的直接法、迭代法等各种方法求解。如果没有精确解，利用这些方法求解得到的是最小二乘意义上的解。所谓最小二乘意义上的解，也就是这一组解使得方程组中所有方程左边与右边差的平方和(称为残差)最小,但每个方程的左边不一定都精确等于右边。

例如,对如下方程组:

$$\begin{cases} x_1 + x_2 = 1 \\ x_1 + 2x_2 = 3 \\ x_1 + 5x_2 = a \end{cases}$$

(1) 当 $a=9$ 时,由直接法求解得到 $x_1 = -1, x_2 = 2$。容易验证,这是一组精确解,能够使方程组中 3 个方程的左边都精确等于右边。

(2) 当 $a=10$ 时,由直接法求解得到 $x_1 = -1.3846, x_2 = 2.2692$。将这一组解分别代入 3 个方程的左边得到:

$$\begin{cases} x_1 + x_2 = -1.3846 + 2.2692 = 0.8846 \\ x_1 + 2x_2 = -1.3846 + 2 \times 2.2692 = 3.1538 \\ x_1 + 5x_2 = -1.3846 + 5 \times 2.2692 = 9.9614 \end{cases}$$

由此可见,这组解能够使 3 个方程的左边都尽量等于右边所给的常数,但都存在一定的误差。3 个方程左右两边差的平方和为

$$J = (0.8846 - 1)^2 + (3.1538 - 3)^2 + (9.9614 - 10)^2 = 0.0385$$

---

同步练习

9-8 分别用直接法和消元法求解以下方程组,并手工验证求解结果。

(1) $\begin{cases} 2x_1 + x_2 = 5 \\ 3x_1 - 9x_2 = 7 \end{cases}$ ; (2) $\begin{cases} 12x_1 - 5x_2 = 11 \\ -3x_1 + 4x_2 + 7x_3 = -3 \\ 6x_1 + 2x_2 + 3x_3 = 22 \end{cases}$ 。

9-9 已知如下欠定方程组:

$$\begin{cases} 6x_1 - 4x_2 + 3x_3 = 5 \\ 4x_1 + 3x_2 - 2x_3 = 23 \\ 10x_1 - x_2 + x_3 = 28 \end{cases}$$

(1) 用直接法求解,观察并分析求解结果;

(2) 调用 pinv 函数求方程组的一组解;

(3) 调用 rref 函数求方程组的通解。

---

# 9.5 线性代数的应用

线性代数是科学技术中应用最广的工程数学,线性代数方程组的相关理论在电路网络、线性控制系统的性能分析和数字图像处理等各方面都得到了广泛的应用。本节简要介绍矩

阵的运算变换在电路理论和数字图像处理方面的基本应用。

## 9.5.1 电阻电路的分析

理想的电阻电路是只由线性电阻和电源构成的最简单的电路。利用电路中电阻和电源的伏安关系以及基尔霍夫定律,可以得到电路中各点电压和电流之间的关系。这些关系最终可以用一组线性方程表示。利用线性代数的理论,通过求解方程,即可求得电路中指定的电压和电流,从而进一步对电路进行分析。

### 1. 电路分析中的两类约束

电路分析的各种方法都是基于电路理论中的两类约束进行的,即元件约束和拓扑约束。元件约束指的是电路中各元件的伏安关系,而拓扑约束反映的是电路中各元件的连接关系。

以理想的线性电阻为例,其伏安关系为:

$$u = Ri \tag{9-17}$$

或

$$i = Gu \tag{9-18}$$

其中,$u$ 和 $i$ 分别为电阻元件两端的电压和流过电阻元件的电流;$R$ 为电阻参数,$G = 1/R$ 为电阻元件的电导。

电路分析中的拓扑约束主要指的是两个基尔霍夫定律,即基尔霍夫电压定律(KVL)和基尔霍夫电流定律(KCL)。KVL 指出:在电路中沿任一条闭合路径,所经过的所有元件上电压的代数和必然为 0。而 KCL 指出:对电路中的任何一个节点(多条支路的连接点),所有支路上流过的电流的代数和必然为 0。

### 2. 网孔法和节点法

根据上述两类约束,对已知的电阻电路,可以采用不同的方法列出若干线性代数方程,据此求解指定的电压和电流。网孔法和节点法就是电路理论中两种最常用的方法。

(1) 网孔法。

网孔法又称为网孔电流法。在网孔法中,将电路中所有电阻元件两端的电压用网孔电流表示,然后根据 KVL 对每个网孔分别列出一个电压方程。

所谓网孔,指的是电路中一个封闭的回路,在回路中没有其他的支路。网孔电流是流过网孔的一种假想电流,不一定等于流过某个元件的电流,但电路中每个元件流过的实际电流都可以用网孔电流表示。

例如,在图 9-2 所示电路中,$i_1$、$i_2$ 和 $i_3$ 分别为 3 个网孔的网孔电流,一般都假设为沿相同的顺时针或逆时针方向在网孔中流动。根据图中假设的方向,流过电阻 $R_1$ 的电流等于网孔电流 $i_1$,而流过 $R_2$ 的电流等于相邻的两个网孔电流的差 $i_1 - i_3$。

将各电阻上流过的电流用网孔电流表示后,再结合电阻的伏安关系(欧姆定律),即可表示出各电阻两端的电压,然后对每个网孔可以写出一个 KVL 方程。例如,对图 9-2 中的 3 个网孔,可以写出如下 3 个网孔方程:

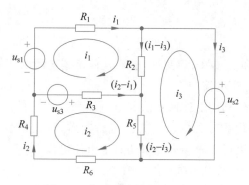

图 9-2　电阻电路的网孔法分析

$$R_1 i_1 + R_2(i_1 - i_3) + R_3(i_1 - i_2) = u_{s1} - u_{s3}$$
$$R_3(i_2 - i_1) + R_5(i_2 - i_3) + R_6 i_2 + R_4 i_2 = u_{s3}$$
$$R_2(i_1 - i_3) + R_5(i_2 - i_3) = u_{s2}$$

在列方程时,注意各电压电流的参考方向。

对上述方程进行整理得到:

$$(R_1 + R_2 + R_3)i_1 - R_3 i_2 - R_2 i_3 = u_{s1} - u_{s3}$$
$$-R_3 i_1 + (R_2 + R_3 + R_4 + R_6)i_2 - R_5 i_3 = u_{s3} \tag{9-19}$$
$$-R_2 i_1 - R_5 i_2 + R_5 i_3 = -u_{s2}$$

（2）节点法。

节点法又称为节点电压法。在节点法中,将电路中所有支路流过的电流用节点电压表示,然后根据 KCL 对每个节点分别列一个电流方程。

所谓节点,指的是电路中多条支路的连接点。在这些连接点中,选取一个节点为参考节点,设其电位为 0。其他节点电压相对于该参考节点的电位即为该节点的节点电压。

例如,在图 9-3 所示电路中,选取最下面的节点为参考节点,则另外有 2 个节点,其节点电压分别表示为 $u_1$ 和 $u_2$。

与节点 2 相连接的有 4 条支路,其中两条支路上流过的电流分别为 39A 和 57A,而另外两条支路上分别含有两个电阻,其电导分别为 6S 和 12S。节点 2 的节点电压 $u_2$ 表示节点 2 相对于参考节点的电位,也就是 12S 电阻两端的电压。而 6S 电阻两端的电压可以表示为 $u_2 - u_1$。由此,可以写出如下 KCL 方程:

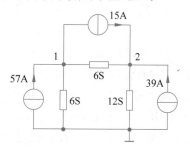

图 9-3　电阻电路的节点法分析

$$12u_2 + 6(u_2 - u_1) = 39 + 15$$

同理,对节点 1,可以写出如下 KCL:

$$6u_1 - 6(u_2 - u_1) = 57 - 15$$

对上述两个方程整理后得到

$$12u_1 - 6u_2 = 42$$
$$-6u_1 + 18u_2 = 54$$

(9-20)

其中,两个节点电压 $u_1$ 和 $u_2$ 为未知变量,求解方程得到这两个变量后,再根据两类约束可以求出电路中任意一个电压电流。

对于理想的电阻电路,利用上述网孔法和节点法列出得到的电路方程都是线性代数方程。之后,即可利用线性代数方程的求解方法进行求解,得到所有的网孔电流或者节点电压,再进一步根据两类约束可以求出电路中的其他电压电流。

例如,为求式(9-20)所示方程,执行如下命令:

```
>> A = [12   -6;-6   18];
>> B = [42;54];
>> U = inv(A) * B
```

立即得到如下结果:

```
U =
    6.0000
    5.0000
```

据此得到 $u_1 = 6\text{V}, u_2 = 5\text{V}$。

## 9.5.2  数字图像的处理和变换

MATLAB 中的基本数据结构是数组,这种数据结构特别适合表示图像。MATLAB 提供了图像处理工具箱(Image Processing Toolbox),其中包含一套完整的参照标准算法和工作流程应用程序,以及实现各种图像处理和变换的专用函数,用于进行图像的处理分析、可视化和算法开发,可以很方便地实现图像分割、图像增强、降噪、几何变换、图像配准和三维图像处理。

### 1. 图像的类型及图像文件

在 MATLAB 的图像处理工具箱中,定义了几种基本类型的图像,图像的类型决定了MATLAB 将数组元素解释为像素强度值的方式。

灰度图像用二维矩阵表示,矩阵的每个元素对应于图像中的一个离散像素点。例如,由200 行和 300 列像素点组成的图像将作为 200×300 矩阵存储在 MATLAB 中,矩阵中的每个元素表示一个像素点的灰度颜色。如果是黑白图像,则矩阵中的每个元素只需要用 1 位逻辑型数据(例如 0 和 1)分别表示黑色和白色,从而得到一个逻辑型矩阵。

图 9-4 给出了一幅黑白图像中指定区域对应的图像矩阵。图中的矩阵(假设为 $A$)共有9 行 10 列,则表示图像中指定区域共有 9 行 10 列共 90 个像素点。矩阵中 $A(2,3)=1$、$A(2,4)=0$ 分别表示在该图像区域中第 2 行第 3 和第 4 个像素点分别为白色和黑色。

真彩色图像需要使用三维数组表示,数组中的第 1、第 2 和第 3 个平面分别表示图像中各像素的颜色中红色(R)、绿色(G)和蓝色(B)的像素强度,如图 9-5 所示。例如,假设该数

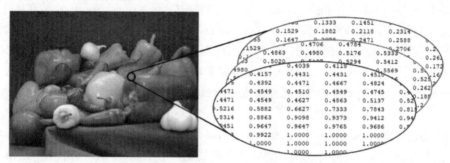

图 9-4　黑白图像及其图像矩阵

组为 $C$，则数组中 $C(2,3,1)$、$C(2,3,2)$ 和 $C(2,3,3)$ 3 个元素表示了指定区域中位于第 2 行、第 3 列像素点的颜色分量 RGB。

图 9-5

图 9-5　真彩色图像及其图像矩阵

　　在 MATLAB 中，还有一种功能比较强大的图像，称为索引图像。这种图像的数据存储为一个 $m \times n$ 图像矩阵，矩阵中的各元素不是直接表示对应图像像素的颜色，而是一个颜色图的索引，如图 9-6 所示。图中最右侧的颜色图是一个 $c \times 3$ 的数据类型矩阵，矩阵中同一行的 3 个元素代表一个颜色中的 RGB 分量。假设图中的图像矩阵为 $A$，颜色图矩阵为 $C$，则 $A(6,7)=7$ 表示图像的指定区域中第 2 行第 7 列像素的颜色在颜色图中位于第 7 行。查颜色图矩阵可知该行 3 个元素值分别为 0.4510、0.00627 和 0，这就是图像中该像素点颜色的 RGB 分量。

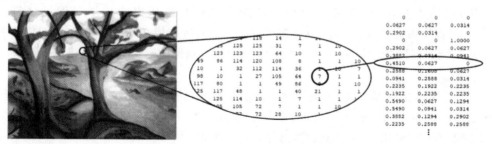

图 9-6

图 9-6　索引图像及其图像矩阵和颜色图矩阵

　　图像文件用于记录和存储图像数据信息,这些图像数据信息在文件中按照一定的方式进行组织和存储。对不同格式的图像文件,其中存放的图像信息及其属性也有区别。这里对几种常用的图像文件格式作一个简要介绍。

　　(1) **BMP** 格式。

　　BMP(Bitmap,位图)格式是微软公司制定的图形标准格式,可称为通用位图格式。这种格式的图像文件结构简单,未经过压缩,存储的图形不会失真,但文件比较大。

　　(2) **TIFF**(简写 **TIF**)格式。

　　TIFF(Tag Image File Format,标记图像文件格式)文件是由 Aldus 公司和 Microsoft 公司为扫描仪和桌上出版系统研制开发的一种较为通用的图像文件格式。TIFF 格式灵活易变,支持多种编码方法,其中包括 **RGB** 无压缩、**RLE** 压缩及 **JPEG** 压缩等。

　　(3) **GIF** 格式。

　　GIF(Graphics Interchange Format,图像交换格式)是 CompuServe 公司在 1987 年开发的图像文件格式。这种格式采用 **LZW**(Lempel Ziv Welch,无损压缩)算法来存储图像数据,并采用了可变长度等压缩算法。GIF 的图像深度从 1bit~8bit,也即 GIF 最多支持 256 种颜色的图像。在一个 GIF 文件中可以存多幅彩色图像,如果把存于一个文件中的多幅图像数据逐幅读出并显示到屏幕上,就可构成一组最简单的动画。

　　(4) **JPEG**(简写 **JPG**)格式。

　　JPEG(Joint Photographic Experts Group,联合图像专家组)是由 CCITT(国际电报电话咨询委员会)和 ISO(国际标准化组织)联合组成的一个图像专家组。JPEG 是所有格式中压缩率最高的格式,当对图像的精度要求不高而存储空间又有限时,JPEG 是一种理想的压缩方式。在 World Wide Web 和其他网上服务的 **HTML** 文档中,JPEG 用于显示图片和其他连续色调的图像文档。JPEG 支持 **CMYK**、**RGB** 和灰度颜色模式。JPEG 格式保留 RGB 图像中的所有颜色信息,通过选择性地去掉数据来压缩文件。

　　(5) **PNG** 格式。

　　PNG(Portable Network Graphics,可移植网络图片)以任何颜色深度存储单个光栅图像,是一种与平台无关的格式。作为 Internet 文件格式,与 JPEG 的有损耗压缩相比,PNG 提供的压缩量较少,对多图像文件或动画文件不提供任何支持。

　　需要说明的是,上述各种不同格式的图像文件都用相应的扩展名即可区别。在 MATLAB 程序的大多数应用中,并不需要深入知道各种图像文件的存储格式,只需要明确要访问的图像文件类型,程序即可自动识别各种格式,确保访问到的图像是正确的。

　　2. 图像的导入和显示

　　导入图像指的是将图像文件中保存的图像读出到 MATLAB 工作区,以便利用 MATLAB 程序对其作进一步处理、变换和显示。对上述各种不同格式的图像文件,MATLAB 都可以利用 **imread** 函数将其导入到工作区。

　　**imread** 函数的基本调用格式为:

```
img = imread(filename,fmt,Name,Value)
[img,map] = imread(filename,fmt,Name,Value)
```

在上述调用格式中,使用一个或多个名-值对参数,按照指定的属性和格式导入文件名为 filename 的图像,返回图像数据数组 img 和颜色图矩阵 map。其中,参数 fmt 用于指示图像文件格式的标准文件扩展名,可以是'bmp'、'jpg'、'png'等。如果文件名中包含了标准的图像文件扩展名,则可省略该参数。

根据不同的图像,图像数据数组 img 中的结果有如下几种情况:

(1) 对于灰度图像,返回 img 的结果为 $m \times n$ 矩阵,不需要颜色图矩阵。

(2) 对于真彩色图像,返回 img 的结果为 $m \times n \times 3$ 数组,不需要颜色图矩阵。

(3) 对于索引图像,返回 img 的结果为 $m \times n$ 矩阵,map 的结果为 $c \times 3$ 颜色图矩阵。

对于大多数图像文件格式,imread 对每个颜色使用 8 位或更少位来存储图像像素,返回的图像数组可能是逻辑型、uint8 或 uint16 类型。

利用 imread 函数导入图像后,在 MATLAB 中即可利用数组和矩阵的运算方法对其进行变换和处理,还可以调用 imshow 函数在图形窗口显示出图像。

函数 imshow 有两种基本的调用格式。一种调用格式是直接将图像数据数组作为参数,显示出相应的灰度图像和真彩色图像。另一种调用格式需要同时将图像数据数组和颜色图矩阵作为参数,显示出相应的索引图像。

---

**实例 9-4 图像文件的导入。**

在 MATLAB 的安装包中,有一个索引图像文件 **corn.tif**,利用 Windows 画笔工具将其分别保存为单色 BMP 位图(**corn.bmp**)和真彩色 JPG 图片(**corn.jpg**)。之后,实现如下功能:

(1) 将 3 个图像文件导入到 MATLAB 工作区,其中图像数据分别保存到 img、img1 和 img2 数组中,索引图像的颜色图保存到 map 数组中。观察各数组变量的类型及数据。

(2) 在图形窗口分别显示出 3 幅图像。

程序代码如下:

```
% 文件名: ex9_4.m
clear
close all
clc
[img,map] = imread('corn.tif')        % 导入 TIF 图像文件
img1 = imread('corn.bmp')             % 导入单色 BMP 图像文件
img2 = imread('corn.jpg')             % 导入真彩色 JPG 图像文件
subplot(131);imshow(img,map)          % 显示导入的图像
subplot(132);imshow(img1)
subplot(133);imshow(img2)
```

执行上述程序后,在命令行窗口执行 whos 命令查看导入的图像数组和颜色图矩阵变量的属性如下:

```
>> whos
Name        Size              Bytes   Class       Attributes
img         415×312           129480  uint8
img1        415×312           129480  logical
img2        415×312×3         388440  uint8
map         256×3             6144    double
```

其中,图像数据数组 img 和 imag1 为 415×312 矩阵,表示图像中共有 415 行 312 列像素,img2 为 415×312×3 数组。单色 BMP 图像文件对应的图像数组 img1 为逻辑型(logical)数组。颜色图矩阵 map 是 256×3 矩阵。

用如下命令可以查看到图像数组 img 中第 1 行第 1 列元素为 105:

```
>> img(1,1)
```

用如下命令可以查看 map 数组中第 105 行的颜色数据:

```
>> map(105,:)
ans =  0.2510    0.2392    0.2902
```

这些数据代表 TIF 图像中第 1 行第 1 列像素点的颜色。

上述程序执行完后,在图像窗口显示 TIF 图像、BMP 图像和 JPG 图像如图 9-7 所示。

图 9-7

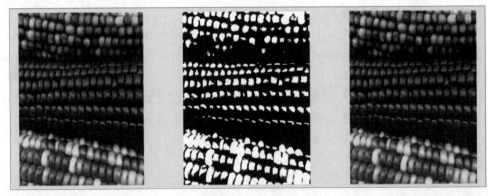

图 9-7　图像文件的导入和显示

### 3. 图像的导出

导出图像指的是将 MATLAB 程序中的图像以指定的格式保存到图像文件中。由于各种图像在 MATLAB 中都是用工作区中的图像数据数组和颜色图矩阵表示的,因此保存图像实际上就是将工作区中这些数组和矩阵变量保存到文件,可以像普通的文本文件一样,利用 save 和 load 函数将图像数据保存到 MAT 文件。

此外,更常用的方法是调用 imwrite 函数实现图像文件的导出。这种方法能够根据需要将图像保存到不同格式的图像文件中。imwrite 函数的基本调用格式为:

```
imwrite(img,map,filename,Name,Value)
```

该语句将图像数据数组和颜色图矩阵保存到 filename 指定的文件,并根据文件的扩展名自动确定文件的格式,也可以另外用参数 fmt 指定图像文件的格式。此外,调用时也可以附加若干名-值对参数 Name 和 Value。

执行上述语句时,将在当前文件夹中自动创建新文件,并将图像数据数组和颜色图矩阵写入文件。对于大多数格式来说:

(1) 如果 img 的数据类型为 **uint8**,则输出 8 位数据到文件。

(2) 如果 img 的数据类型为 **uint16**,且输出文件格式支持 16 位数据(例如 JPEG、PNG 和 TIFF),则输出 16 位数据到文件。如果输出文件格式不支持 16 位数据,则返回错误。

(3) 对灰度图像或者单精度和双精度类型的真彩色图像,则假设动态范围是 $[0,1]$,并在将其作为 8 位值写入文件之前自动按 255 缩放数据。

(4) 如果 img 是逻辑型数组,则将数据写入位深为 1 的文件黑白图像文件(如果格式允许)。

4. 图像的处理和变换

这里首先举几个例子,介绍如何自行编制程序实现几种简单的图像处理和变换,以便了解图像处理的基本原理。在此基础上,简要介绍 MATLAB 中提供的相关内置函数及其用法。

(1) 图像裁剪。

图像裁剪是图像处理中最基本的操作,指的是在一幅图像中提取出指定的一块区域,得到一幅新的图像。该区域可以是一个简单的矩形区域,也可以是多边形区域或者复杂的任意区域。本实例假设指定的区域为最简单的矩形区域。

**实例 9-5　图像的裁剪。**

编制 MATLAB 函数实现灰度图像和真彩色图像的裁剪。完整的程序代码如下:

```
% 文件名: ex9_5_1.m
clear
clc
close all
img = imread('corn.bmp');                    % 导入灰度图像
img0 = imgCrop(img,[1,1,500,200]);           % 裁剪
subplot(121);imshow(img);                    % 显示图像
subplot(122);imshow(img0);
axis([0,size(img,2),0,size(img,1)])
% ========== 图像裁剪函数 =======================
function img_crop = imgCrop(img,area)
% area: 长度为 4 的行向量;
% area(1): 裁剪区域的左上角像素行号;
% area(2): 裁剪区域的左上角像素列号;
```

```
% area(3): 裁剪区域的右下角像素行号;
% area(4): 裁剪区域的右下角像素列号;
    if area(3)> size(img,1)                % 判断裁剪区域是否超出图像范围
        area(3) = size(img,1);
    end
    if area(4)> size(img,2)
        area(4) = size(img,2);
    end
    area
    if ndims(img) == 2                     % 灰度图像的裁剪
        img_crop = img(area(1):area(3),area(2):area(4));
    else                                   % 真彩色图像的裁剪
        img_crop = img(area(1):area(3),area(2):area(4),:);
    end
end
```

在裁剪函数 **imgCrop** 中,入口参数 img 指定待裁剪的图像数组,参数 area 指定需要裁剪的区域。其中,area 必须为 4 元素向量,各元素分别代表待裁剪矩形区域的左上角和右下角纵横坐标(以像素为单位)。

对于灰度图像和真彩色图像,其图像数组分别为二维和三维。因此,函数体中通过调用 **ndims** 函数以确定图像数组的维数,并据此分别实现灰度图像和真彩色图像的裁剪。裁剪的基本原理是将原图像数组中与 area 参数指定的元素提取出来,保存到 img_crop 数组中再返回。

在函数体的一开始,还对 area 参数中指定的裁剪区域进行检测。如果指定的裁剪区域超出了原始图像的范围,则将区域右下角坐标置为原图像的右下角坐标,再据此进行裁剪。

在主程序中,调用 **imread** 函数导入原始图像,并设置希望的裁剪区域。之后,调用 **imgCrop** 函数实现裁剪,并调用 **imshow** 函数分别显示出原始图像和裁减后的图像。

程序运行结果如图 9-8 所示,其中左侧是原始图像,右侧是裁减后的图像。

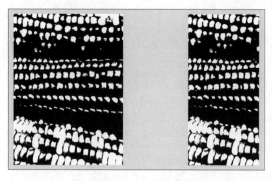

图 9-8  灰度图像的裁剪

将主程序作如下修改：

```
% 文件名：ex9_5_2.m
…
img = imread('corn.jpg');              % 导入真彩色图像
img0 = imgCrop(img,[1,1,200,150]);     % 裁剪
…
```

则将导入 JPG 格式的真彩色图像。根据指定的区域对其进行裁剪后，得到原始图像和裁剪后的图像如图 9-9 所示。

图 9-9

图 9-9　真彩色图像的裁剪

（2）图像的翻转。

索引图像用一个图像矩阵和一个颜色图矩阵表示。在程序中，只需要将图像矩阵作翻转，即可得到希望的图像翻转。

**实例 9-6　图像的翻转。**

编制 MATLAB 函数实现索引图像的左右和上下翻转。完整的程序代码如下：

```
% 文件名：ex9_6.m
clc
clear
close all
[img,map] = imread('corn.tif');        % 导入图像
img0 = imgRev(img,'UD');               % 图像翻转
subplot(121);imshow(img,map);          % 显示图像
subplot(122);imshow(img0,map);
axis([0,size(img,2),0,size(img,1)])
% ========== 图像翻转函数 =====================
function img0 = imgRev(img,dirc)
% dirc：字符向量，指示翻转方向
%       'LR'：左右翻转
```

```
%           'UD': 上下翻转
        if dirc == 'LR'                    % 左右翻转
            img0 = fliplr(img);
        else                               % 上下翻转
            img0 = flipud(img);
        end
    end
```

在自定义函数 **imgRev** 中,用一个字符向量入口参数 dirc 指示旋转的方向,假设这里只实现上下翻转或左右翻转。具体的翻转操作是通过调用内置函数 **fliplr** 和 **flipud** 实现的。

假设当前文件夹中存在实例 9-4 中创建的索引图像文件 corn. tif,程序执行结果(对图像进行上下翻转)如图 9-10(a)所示。将主程序中调用函数 **imgRev** 的参数 **'UD'** 改为 **'LR'**,则对图像进行左右翻转,结果如图 9-10(b)所示。两个图中,左侧是原图,右侧是翻转后的图像。

图 9-10(a)

图 9-10(b)

(a) 图像的上下翻转　　　　　　　　(b) 图像的左右翻转

图 9-10　图像的翻转

(3) 图像的几何变换。

在 MATAB 的数字图像处理工具箱中,提供了大量内置函数实现图像的几何变换、图像的滤波和增强、图像的分隔与分析等。这里主要介绍实现图像几何变换的几个常用函数。

图像的几何变换指的是使用强度相关性、特征匹配或控制点映射等实现图像的缩放、旋转和对齐等。工具箱支持用于执行简单几何变换的函数,例如调整大小、旋转和裁剪,以及更复杂的仿射和投影几何变换。

实现图像几何变换的几个基本内置函数有 **imcrop**、**imrotate** 和 **imresize**,这几个函数的基本调用格式分别为:

```
J = imcrop(I, rect)
J = imrotate(I, angle)
J = imresize(I, scale)
```

其中,$I$ 和 $J$ 分别为原始图像数据数组和裁剪、旋转、缩放后的图像数据数组。

在 imcrop 函数中,参数 rect 为含有 4 个元素的行向量[xmin ymin width height],其中的 4 个元素分别表示裁剪区域的左上角坐标和裁剪区域的宽度与高度。

在 imrotate 函数中,参数 angle 用于指定旋转的角度(以度为单位)。若该参数为正数,则表示逆时针旋转;否则为顺时针旋转。

在 imresize 函数中,参数 scale 为大小调整因子,指定为正数。如果 scale 小于 1,则输出图像小于输入图像。如果 scale 大于 1,则输出图像大于输入图像。参数 scale 也可以是一个长度为 2 的行向量,其中的两个元素分别指定调整大小后图像的高度和宽度。

**实例 9-7　图像的裁剪、旋转和缩放。**

导入实例 9-5 中的 corn.jpg 图像文件,调用 MATLAB 内置函数分别对其进行裁剪、旋转和缩放。完整的代码如下:

```
% 文件名: ex9_7.m
close all
clear
clc
I = imread('corn.jpg')
S = size(I)                        % S(1): 高度; S(2): 宽度
J1 = imcrop(I,[1 1 S(2) S(1)/2])   % 高度裁剪一半
J2 = imrotate(I,45);               % 逆时针旋转 45°
J3 = imresize(I,[S(1),S(2)/2]);    % 宽度缩小一半,高度不变

subplot(221);imshow(I);
axis([1,S(2),1,S(1)]);
title('原始图像')
subplot(222);imshow(J1);
axis([1,S(2),1,S(1)]);title('裁剪')
subplot(223);imshow(J2);
axis([1,S(1),1,S(1)]);title('旋转 45°')
subplot(224);imshow(J3);
axis([1,S(2),1,S(1)]);title('缩小一半')
```

在上述代码中,变量 $S$ 为一个长度为 3 的行向量,其中的前两个元素分别表示原始图像的高度和宽度(像素点个数)。因此,在 imcrop 函数中,第二个参数向量中的后面两个元素指定裁剪区域的宽度等于原始图像的宽度,而高度等于原始图像高度的一半。因此,裁剪后得到原始图像的上半部分。

在调用 imrotate 函数时,第二个参数 45 表示将原始图像逆时针旋转 45°。在调用 imresize 函数时,第二个向量参数中的两个元素分别等于原始图像的高度、原始图像宽度的一半,因此实现的是将原始图像沿垂直方向保持不变,沿水平方向缩小一半。

程序运行结果如图 9-11 所示。

图 9-11

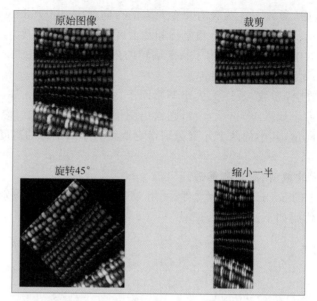

图 9-11　图像的裁剪、旋转和缩放

同步练习

9-10　电阻电路的分析。

（1）对图 9-12(a)所示电路，列出网孔电流方程，并编程求解电流 $i$ 和电压 $u$。

（2）对图 9-12(b)所示电路，列出节点电压方程，并编程求解电流 $i$ 和电压 $u$。

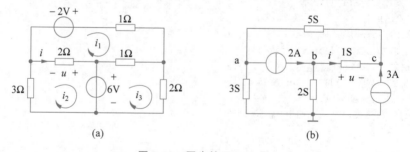

(a)                              (b)

图 9-12　同步练习 9-10 图

9-11　任意创建一幅位图和真彩色图像文件，并编程实现如下功能：

（1）将图像文件分别导入 MATLAB 工作区；

（2）观察分析各图像的图像数据及属性；

（3）在图形窗口分别显示出各图像。

9-12　任意创建一幅图像文件，编程实现裁剪、旋转 $90°$ 和缩小一半，将处理结果显示在屏幕上，同时保存到文件中。

# 第 10 章

# 数值微积分与符号运算

微积分和微分方程是高等数学中的核心内容,对于工程中各种信号和系统的分析与研究,都离不开微积分运算和微分方程的求解。微分方程的手工求解比代数方程难度大得多,因此通常需要借助于各种数值微积分算法,将微分方程转换为代数方程,从而便于用计算机程序实现求解。

利用 MATLAB 程序很容易实现各种数值微积分算法,MATLAB 也提供了大量的内置函数实现数值微积分和微分方程的求解与变换。此外,MATLAB 还提供了功能相当强大的符号数学工具箱(Symbolic Math Toolbox),其中包括各种求解、绘制和操作符号对象的命令与函数,以便创建和运行符号数学代码,实现微积分和常微分方程的化简和求解。本章主要知识点有:

10.1 数值微积分

了解微积分和数值微积分的基本概念,掌握常用的数值微积分方法(欧拉法、龙格-库塔法),掌握 MATLAB 程序实现数值微积分的基本原理及相关内置函数的用法。

10.2 微分方程的数值求解

掌握一阶和高阶微分方程数值求解方法的基本原理和用 MATLAB 程序实现的方法,了解相关内置函数的用法。

10.3 符号运算及符号方程的求解

了解 MATLAB 中符号运算的基本概念及符号数学工具箱,掌握利用 MATLAB 相关内置函数实现微积分的符号运算方法,掌握代数方程和微分方程的符号求解及编程实现方法。

10.4 动态系统分析

了解动态系统及其零输入响应、零状态响应和单位响应的概念,掌握利用 MATLAB 程序实现动态系统各种响应的求解方法,了解动态系统的状态空间方程及其程序求解方法。

## 10.1 数值微积分

在数学中,将一个函数求微分(导数)和积分,得到的结果一般是另一个函数。所谓数值微积分,指的是在计算机中得到微积分的数值结果,也就是函数在一些离散自变量取值下对应的函数值,而不是得到函数的解析表达式。当这些自变量的取值足够小时,根据得到的一系列离散的函数值数据,即可近似描述微积分的结果。

目前常用的数值微积分方法有欧拉法、牛顿法、高斯法和龙格-库塔法等,这里重点介绍欧拉法和龙格-库塔法。

## 10.1.1　欧拉法

假设以 $t$ 为自变量的函数 $y(t)$ 关于 $t$ 的导数为 $y'(t)=f(t,y)$,则在初始条件为 0 时,函数 $f(t,y)$ 对 $t$ 的积分等于 $y(t)$,即 $y(t)=f^{(-1)}(t,y)$。

根据数学上导数的定义,当 $t=t_k$,且 $t_{k+1}-t_k$ 和 $t_k-t_{k-1}$ 足够小时,$y(t)$ 的导数可近似表示为

$$y'(t)\big|_{t=t_k}=f(t_k,y_k)\approx\frac{y(t_{k+1})-y(t_k)}{t_{k+1}-t_k}$$

或

$$y'(t)\big|_{t=t_k}=f(t_k,y_k)\approx\frac{y(t_k)-y(t_{k-1})}{t_k-t_{k-1}}$$

以上两式可分别简写为

$$\frac{y_{k+1}-y_k}{h_k}=f_k \tag{10-1}$$

和

$$\frac{y_k-y_{k-1}}{h_k}=f_k \tag{10-2}$$

其中,$h_k=t_{k+1}-t_k$ 或者 $h_k=t_k-t_{k-1}$,$k=0,1,2,\cdots$,称为步长。

如果已知 $y(t)$,或者已知其在各离散时刻的函数值序列 $\{y_k\}$,利用式(10-1)和式(10-2)即可求得其导数 $f(t,y)$ 在各时刻的函数值序列 $\{f_k\}$。当步长足够小时,由这些函数值序列即可近似得到 $y(t)$ 的导函数。这就是欧拉法实现数值微分的基本思想。

式(10-1)和式(10-2)中的分子分别称为前向差分和后向差分,分子除以步长对应称为前向差商和后向差商。欧拉法的实质是将连续函数 $y(t)$ 的求导运算转换为离散序列 $\{y_k\}$ 的差商运算,从而便于用计算机程序进行求解。

反之,如果已知了 $y(t)$ 的导函数 $f(t,y)$ 的抽样离散序列 $\{f_k\}$,由以上两式可以得到

$$y_{k+1}=y_k+h_kf_k \tag{10-3}$$

或者

$$y_k=y_{k-1}+h_kf_k \tag{10-4}$$

通过循环迭代,即可得到抽样值序列 $\{y_k\}$。当步长足够小时,由这些抽样值序列即可近似得到 $f(t,y)$ 的积分函数 $y(t)$。这就是欧拉法实现数值积分的基本思想。

**实例 10-1**　**欧拉法求数值微积分。**

已知 $f(t) = \sin t$，利用欧拉法求其微分 $y_1$ 和积分 $y_2$。

假设采用后向差分，并且步长 $h_k$ 为常数 $h$，则由式(10-2)得到

$$y_{1,k} = \frac{f_k - f_{k-1}}{h}$$

由式(10-4)得到

$$y_{2,k} = y_{2,k-1} + h f_k$$

据此编制 MATLAB 程序如下：

```
% 文件名: ex10_1.m
clear
close all
clc
h = 0.1;                          % 设步长
t = 0:h:4 * pi;                   % 生成时间向量
f = sin(t);                       % 生成离散的函数波形数据
y1(1) = 0;y2(1) = -1;
for k = 2:length(t)
    y1(k) = (f(k) - f(k - 1))/h;  % 求微分
    y2(k) = y2(k - 1) + h * f(k); % 求积分
end
plot(t,f,'--',t,y1,'- *',t,y2,'-o');
legend('sint','数值微分','数值积分')
xlabel('t/s');title('正弦函数的数值微积分')
axis([0,4 * pi, - 1.2,1.2]);
grid on
```

上述程序的运行结果如图 10-1 所示。在数值微分和数值积分信号的波形上，离散的标记点就是通过程序中的 for 语句循环递推得到的。这些离散点紧密排列，再用光滑的曲线连接起来，即可近似表示正弦函数的微积分结果。

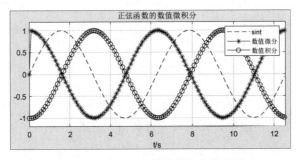

图 10-1　欧拉法求数值微积分的结果

在上述程序中，$h$ 即为步长（又称为采样间隔），该参数决定了自变量向量 $t$ 中相邻两个元素之差。向量 $t$ 中的每个元素代表一个采样时刻，在该时刻得到函数 $f$ 的一个函数值，也

就是其波形上一个点的数据(函数的采样值),从而将连续的正弦函数用离散的波形数据向量 $f$ 近似表示,称为连续函数的离散化。这是能够用程序实现数值微积分的基础。

需要特别说明的是,步长越小,连续函数离散化后得到的数据越多,函数波形上的离散标记点也越密,微积分计算的精度也越高。但是,减小步长,程序所需的循环次数和运行所需的时间也将相应增加,从而会降低程序运行的效率。

另一方面,增大步长,可以提高程序运行的速度和效率。但是,当步长增大到一定程度时,将导致计算结果错误。实际操作中,可以通过反复尝试的方法,并结合一定的理论分析判断计算结果是否正确。如果出现明显错误,可以在运行速度容许的前提下,尽量减小步长。

## 10.1.2 龙格-库塔法

龙格-库塔(Runge-Kutta)法是用于数值积分和微分方程数值求解的一种重要的迭代法,由数学家卡尔·龙格和马丁·威尔海姆·库塔于 1900 年提出。该算法比较复杂,这里直接给出二阶和四阶龙格-库塔法的结论。

还是假设 $y(t)$ 的导函数 $f(t, y)$,其采样值序列为 $f_k = f(t_k, y_k)$。将 $f(t, y)$ 进行数值积分,即可得到 $y(t)$。利用二阶龙格-库塔(简称为 RK2)法实现该数值积分的递推公式为

$$y_k = y_{k-1} + \frac{h}{2}(k_1 + k_2) \tag{10-5}$$

其中,

$$\begin{cases} k_1 = f(t_{k-1}, y_{k-1}) \\ k_2 = f(t_k, y_{k-1} + k_1 h) \end{cases} \tag{10-6}$$

而四阶龙格-库塔(简称为 RK4)法的递推公式为

$$y_k = y_{k-1} + \frac{h}{6}(k_1 + 2k_2 + 2k_3 + k_4) \tag{10-7}$$

其中,

$$\begin{cases} k_1 = f(t_{k-1}, y_{k-1}) \\ k_2 = f\left(t_{k-1} + \frac{h}{2}, y_{k-1} + \frac{h}{2}k_1\right) \\ k_3 = f\left(t_{k-1} + \frac{h}{2}, y_{k-1} + \frac{h}{2}k_2\right) \\ k_4 = f(t_{k-1} + h, y_{k-1} + hk_3) \end{cases} \tag{10-8}$$

下面举例说明根据上述递推公式编程实现数值积分的方法。

**实例 10-2　二阶龙格-库塔法求数值积分。**
已知 $f(t) = \sin t$,用 RK2 法求其积分用 $y(t)$,并将其与欧拉法进行对比。
采用 RK2 法的递推公式为

$$y_k = y_{k-1} + \frac{h}{2}(k_1 + k_2)$$

其中,

$$\begin{cases} k_1 = f(t_{k-1}, y_{k-1}) = f_{k-1} \\ k_2 = f(t_k, y_{k-1} + k_1 h) = f(t_k) = f_k \end{cases}$$

据此编制如下 MATLAB 程序:

```
% 文件名: ex10_2.m
clear
close all
clc
h = 0.3;
t = 0:h:4 * pi;
f = sin(t);
y1(1) = -1; y2(1) = -1;
for k = 2:length(t)
    y1(k) = y1(k-1) + h * f(k-1);         % 欧拉法
    k1 = f(k-1);
    k2 = f(k);
    y2(k) = y2(k-1) + h/2 * (k1 + k2);    % RK2 法
end
plot(t, f, 'k', t, y1, 'b', t, y2, '--', …
    t, -cos(t), '-.', 'linewidth', 2);
legend('sint', '欧拉法数值积分', 'RK2 法数值积分', '-cos(t)')
title('欧拉法和 RK2 法的比较')
xlabel('t/s'); axis([0, 4 * pi, -1.2, 1.2])
grid on
```

上述程序运行后同时绘制出 4 个信号的波形,如图 10-2 所示,其中 −cos(t) 为精确的积分结果。程序中设置步长为 0.3s。

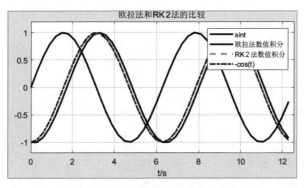

图 10-2 RK2 法和欧拉法求数值积分

由波形图可以发现,在步长比较大时,RK2 法的精度比欧拉法高,RK2 法积分结果(图中的虚线)与精确结果(图中的点画线)基本上完全重合。如果将步长减小,可以看到 RK2

法和欧拉法之间的误差减小。当 $h=0.1\text{s}$ 时,二者的结果都与精确解的结果几乎完全重合,如图 10-3 所示。

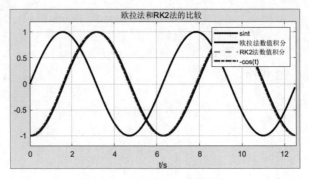

图 10-3　步长为 0.1s 的情况

**实例 10-3　四阶龙格-库塔法求数值积分。**

已知 $f(t)=\sin t$,用四阶龙格-库塔(简称为 RK4)法求其积分 $y(t)$。

递推公式为

$$y_k = y_{k-1} + \frac{h}{6}(k_1 + 2k_2 + 2k_3 + k_4)$$

其中,将已知的 $f(t)$ 代入式(10-8)得到

$$\begin{cases} k_1 = f(t_{k-1}, y_{k-1}) = \sin(t_{k-1}) \\ k_2 = f\left(t_{k-1} + \frac{h}{2}, y_{k-1} + \frac{h}{2}k_1\right) = \sin(t_{k-1} + h/2) \\ k_3 = f\left(t_{k-1} + \frac{h}{2}, y_{k-1} + \frac{h}{2}k_2\right) = \sin(t_{k-1} + h/2) \\ k_4 = f(t_{k-1} + h, y_{k-1} + hk_3) = \sin(t_{k-1} + h) \end{cases}$$

据此编制如下 MATLAB 程序:

```
% 文件名: ex10_3.m
clc
clear
close all
h = 0.3; t = 0:h:4 * pi;
y(1) = -1;
for k = 2:length(t)
    t0 = t(k - 1);
    k1 = sin(t0);
    k2 = sin(t0 + h/2);
    k3 = sin(t0 + h/2);
    k4 = sin(t0 + h);
    y(k) = y(k - 1) + h/6 * (k1 + 2 * k2 + 2 * k3 + k4);   % RK4 法
end
```

```
plot(t,sin(t),t,y,t, - cos(t),' - .','linewidth',2);
legend('sint','RK4 法数值积分',' - cos(t)')
title('RK4 法求数值积分')
xlabel('t/s');axis([0,4 * pi, - 1.2,1.2])
grid on
```

在实际仿真系统应用中,为了提高仿真精度,RK4 法通常采用变步长算法,具体步骤为:

(1) 根据信号的时间波形和系统的过渡过程将其划分为若干段,每段预先设定一个步长。

(2) 当仿真运行进入到某段过渡过程时,用预先设定的步长 $h$ 和 $h/2$ 分别进行计算,并求得两次计算结果的差值。如果差值小于给定值,则用步长 $h$ 继续进行下次计算;否则,将步长减半,重复上述过程。

对于工程设计,如果容许的误差较大,例如 $0.5\%$,则可以考虑采用固定步长算法,以减少计算量。一般经验是设置步长为 $t_c/10 \sim t_n/40$,其中 $t_c$ 和 $t_n$ 分别为系统单位阶跃响应的上升时间和过渡过程时间。

此外,采用 RK4 法时,步长的选择将影响计算结果的稳定性,因此应尽量采用足够小的步长,以保证计算结果是稳定的。

## 10.1.3 数值微积分的专用函数

在 MATLAB 中,调用内置函数 **diff** 可以实现数值序列的差分和求导运算,调用 **trapz** 函数可以实现数值序列的定积分运算,调用 **cumtrap** 函数可以实现数值序列的不定积分求解。

(1) 数值差分与微分。

调用函数 **diff** 实现数值序列的差分运算,其基本调用格式为:

```
dy = diff(y,n)
```

该语句实现向量 $y$ 中各元素的 $n$ 阶前向差分,并将结果保存到向量 d$y$ 中。如果 $n=1$,调用时该参数可以省略不写,此时实现 $y$ 的一阶前向差分。

假设 $y$ 是长度为 $m$ 的向量,则一阶前向差分的返回结果 d$y$ 为长度等于 $m-1$ 的向量,且

$$\mathbf{d}y = [y(2) - y(1), y(3) - y(2), \cdots, y(m) - y(m-1)]$$

将得到的 d$y$ 再除以步长,即得到一阶前向差商。如果向量 $y$ 为一个连续函数的采样离散序列,则当步长足够小时,也就近似代表该函数的导数。如果向量 $y$ 中各元素之间的差值不相等,即离散化时采用的不是固定步长,则可以将离散化时的时间向量 $t$ 也求一阶前向差分,得到

$$\mathbf{d}t = [t(2) - t(1), t(3) - t(2), \cdots, t(m) - t(m-1)]$$

再求 $dy/dt$ 得到 $y$ 的近似导数。

**实例 10-4** **用内置函数求数值微分。**

已知 $f(t) = \sin t$，利用 **diff** 函数求其导数 $y$，假设采用固定步长，$h = 0.1$。MATLAB
程序如下：

```
%文件名:ex10_4.m
clc
clear
close all
h = 0.1; t = 0:h:4 * pi;            %设置步长和自变量向量
f = sin(t);
y = diff(f)/h                       %求导数
t0 = t(1:length(t) - 1)             %绘制波形
plot(t,f,'-- k',t0,y,'- r','linewidth',2);
xlabel('t/s');axis([0,4 * pi, - 1.2,1.2])
title('正弦函数的近似导数')
legend('正弦函数','正弦函数的数值微分')
xlabel('t/s');grid on
```

程序运行结果如图 10-4 所示。需要注意的是，函数 **diff**$(x)$ 返回的结果向量，其长度比
$x$ 向量的长度少 1。因此，为了能够用 **plot** 函数绘制其波形，程序中另外设了一个向量 $t_0$。

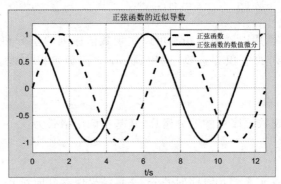

图 10-4    用 diff 函数求数值微分

（2）数值积分。

函数 **trapz** 和 **cumtrapz** 都可以实现数值积分运算，二者具有相同的调用格式。以
**cumtrapz** 函数为例，其常用调用格式为：

```
Q = cumtrapz(X,Y)
```

$X$ 和 $Y$ 是长度相同的向量，返回结果 $Q$ 向量的长度也等于 $X$ 和 $Y$ 的长度。

上述两个函数的功能是根据参数 $X$ 指定的坐标向量或者标量间距，对数值序列 $Y$ 进行
数值积分。两个函数的区别在于：**trapz** 函数返回的是一个标量常数，是与 $X$ 中最后一个元

素对应的定积分值；cumtrapz 函数返回的是将 $X$ 中各元素依次作为积分上限对应的各积分值序列，相当于数学中的不定积分，结果是以 $X$ 中各元素作为自变量取值的函数值。

**实例 10-5　用内置函数实现数值积分。**

已知 $f(t)=\sin t$，求其在 $t=0 \sim 4\pi$ 内的积分 $y(t)$ 和定积分 $m=\int_0^2 f(t)\mathrm{d}t$，假设步长 $h=0.1$。MATLAB 程序如下：

```
% 文件名: ex10_5.m
clc
clear
close all
h = 0.1;
t = 0:h:4 * pi;
f = sin(t);
y = 1 - cumtrapz(t,f);                    % 求不定积分 y(t)
plot(t,f,'-- k',t,y,'- r','linewidth',2);
xlabel('t/s');axis([0,4 * pi, - 1.2,1.2])
title('正弦函数的积分')
legend('正弦函数','正弦函数的积分')
xlabel('t/s')
grid on
t1 = 0:h:2;
f1 = sin(t1);
m = 1 - trapz(t1,f1)                      % 求定积分 m
```

需要注意的是，在上述程序中，将 cumtrapz 函数的返回结果再与 1 相减，这是由于 $t$ 中定义的积分自变量从 0 开始，而在 $t=0$ 时刻，积分结果有一个初始值。

程序运行结果如图 10-5 所示。此外，在命令行窗口可以观察到定积分结果 m = $-0.4150$。

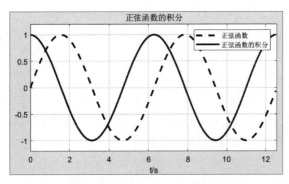

图 10-5　调用 cumtrapz 函数求数值积分

同步练习

10-1 已知 $f(t) = e^{-t}$，用欧拉法和 RK2 法编程求其数值积分，绘制 $t = 0 \sim 10s$ 各信号的波形。观察当步长分别设为 0.1s 和 0.01s 时计算结果的区别。

10-2 已知 $f(t) = e^{-t}$，调用内置函数编程实现如下运算：

(1) $x(t) = f'(t)$；(2) $y(t) = \int_0^t f(\tau)d\tau$；(3) $a = \int_0^1 f(t)dt$。

## 10.2 微分方程的数值求解

微分方程是描述未知函数及其倒数与其自变量之间关系的方程。如果微分方程中的未知函数只依赖一个自变量，则称为常微分方程；如果未知函数依赖多个自变量，则称为偏微分方程。

限于篇幅，这里只介绍线性常系数微分方程的求解方法，这种微分方程的标准形式为

$$y^{(n)}(t) + a_{n-1}y^{(n-1)}(t) + \cdots + a_1 y'(t) + a_0 y(t) = b_m x^{(m)}(t) + \cdots + b_1 x'(t) + b_0 x(t)$$

(10-9)

式中，$n$ 为方程的阶数；$a_i(i = 0 \sim n-1)$ 和 $b_j(j = 0 \sim m)$ 为常数系数；$x(t)$ 和 $y(t)$ 都是以 $t$ 为自变量的函数，$x^{(i)}(t)$ 和 $y^{(i)}(t)$ 分别表示 $x(t)$ 和 $y(t)$ 的 $i$ 阶导数。

所谓微分方程的求解，就是在已知 $x(t)$ 及初始条件 $y^{(i)}(0)$ 时，求解得到未知函数 $y(t)$。如果 $x(t)$ 是离散的向量数据，则利用前面介绍的数值微积分算法可以将微分方程转换为离散的代数方程，从而通过循环递推求得 $y(t)$ 的数值解。

### 10.2.1 一阶微分方程

在式(10-9)中，当 $n = 1, m = 0$ 时，得到如下形式的一阶微分方程：

$$y'(t) + a_0 y(t) = b_0 x(t)$$

为简化起见，将其重写为如下标准形式：

$$y'(t) + ay(t) = x(t) \tag{10-10}$$

由此得到

$$y'(t) = -ay(t) + x(t) = f(t, x, y) \tag{10-11}$$

如果 $x(t)$ 和 $y(t)$ 都是离散数据序列 $\{x(k)\}$ 和 $\{y(k)\}$，简记为 $x_k$ 和 $y_k$，则上式左边的 $y'(t)$ 可以用式(10-2)所示一阶后向差分表示，即

$$\frac{y_k - y_{k-1}}{h} = f(t_k, x_k, y_k)$$

由此得到

$$y_k = y_{k-1} + hf(t_k, x_k, y_k)$$

上式右边 $f(t,x,y)$ 函数的表达式中可能含有自变量 $t$ 和函数 $x(t)$、$y(t)$。一般情况下，函数 $x(t)$ 是已知的以 $t$ 为自变量的函数，此时 $f(t,x,y)$ 函数中只含有 $t$ 和 $y(t)$，可简记为 $f(t,y)$。此外，根据上式计算 $y_k$ 时，需要用到当前的 $y_k$ 值，而当前的 $y_k$ 值还未求出，此时可以用 $y_{k-1}$ 近似代替 $y_k$。对连续的函数 $y(t)$，当步长足够小时，二者近似相等。由此得到如下递推公式：

$$y_k = y_{k-1} + hf(t_k, y_{k-1}) \tag{10-12}$$

如果已知 $f(t,y)$，或者已知与其对应的离散数值序列 $f(t_k, y_k)$ 以及步长 $h$，即可由式（10-12）编制循环程序，递推求解得到 $y_k$，这就实现了微分方程的求解。

在上述推导过程中，$y'(t)$ 也可以用 RK2 或者 RK4 法递推公式表示，从而实现用龙格-库塔算法求解微分方程。

---

**实例 10-6　用欧拉法求解一阶微分方程。**

已知微分方程 $y'+2y=0$，设初始条件 $y_0=1$，用欧拉法编程求其数值解。

这是一个一阶线性常系数齐次微分方程，利用高等数学的方法可以得到该方程的精确解为

$$y = e^{-2t}, \quad t > 0$$

下面求其数值解。已知的微分方程可以重新表示为

$$y' = -2y = f(t,y)$$

根据式（10-12）得到递推公式为

$$y_k = y_{k-1} + h(-2y_{k-1})$$

据此编制 MATLAB 程序如下：

```
% 文件名: ex10_6.m
clear
clc
close all
h = 0.01;
t = 0:h:1;
y(1) = 1;                           % 初始条件
for i = 2:length(t)
    y(i) = y(i-1) - h * 2 * y(i-1);
end
plot(t, exp(-2 * t), '--',t, y);
title('欧拉法求解一阶微分方程');
legend('真实解','递推解');
xlabel('t/s');grid on
```

---

程序运行结果如图 10-6 所示。

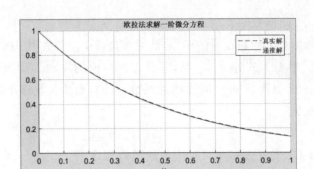

图 10-6　欧拉法求解一阶微分方程

实例 10-7　**用 RK2 法求解一阶微分方程**。

已知系统的微分方程为

$$y'(t) + 5y(t) = 4e^{-t}$$

用 RK2 法编程求在初始条件 $y(0)=0$ 时的解。

该方程的精确解为

$$y(t) = e^{-t} - e^{-5t}, \quad t > 0$$

下面用 RK2 法求其数值解。

由已知微分方程得到

$$y'(t) = -5y(t) + 4e^{-t} = f(t, y)$$

则根据式(10-5)得到如下递推关系:

$$y_k = y_{k-1} + \frac{h}{2}(k_1 + k_2)$$

其中,由式(10-6)得到

$$\begin{cases} k_1 = f(t_{k-1}, y_{k-1}) = -5y_{k-1} + 4e^{-t_{k-1}} \\ k_2 = f(t_k, y_{k-1} + k_1 h) = -5[y_{k-1} + k_1 h] + 4e^{-t_k} \end{cases}$$

据此编制 MATLAB 程序如下:

```
% 文件名: ex10_7.m
clc
clear
close all
h = 0.001;
t = 0:h:5;
y(1) = 0;
for i = 2:length(t)
    t0 = t(i-1); t1 = t0 + h;
    k1 = -5 * y(i-1) + 4 * exp(-t0);
    k2 = -5 * (y(i-1) + h * k1) + 4 * exp(-t1);
```

```
    y(i) = y(i-1) +h/2 *(k1+k2);
end
plot(t,y,'k',t,exp(-t)-exp(-5*t),'--r');
title('RK2法求解一阶微分方程')
xlabel('t/s');
grid on
```

上述程序的运行结果如图 10-7 所示。

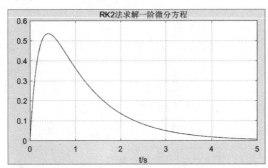

图 10-7　RK2 法求解一阶微分方程

## 10.2.2　高阶微分方程

对于高阶微分方程,可以通过引入中间变量,将其转换为若干一阶微分方程。对每个一阶微分方程,用上述方法实现数值解。下面举例说明。

**实例 10-8　用四阶龙格-库塔法求解高阶微分方程。**

已知微分方程 $y'' + 4y' + 104y = 0$,用 RK4 法求其数值解,已知初始条件 $y(0)=1$, $y'(0)=0$。

设中间变量 $x = y'$,则原方程转换为

$$x' + 4x + 104y = 0$$

从而得到如下两个一阶微分方程:

$$x' = -4x - 104y$$
$$y' = x$$

根据式(10-7)得到上述两个微分方程的递推关系分别为

$$x_k = x_{k-1} + \frac{h}{6}(k_{11} + 2k_{12} + 2k_{13} + k_{14})$$

$$y_k = y_{k-1} + \frac{h}{6}(k_{21} + 2k_{22} + 2k_{23} + k_{24})$$

其中,根据式(10-8)得到

$$\begin{cases} k_{11} = -4x_{k-1} - 104y_{k-1} \\ k_{12} = -4\left(x_{k-1} + \dfrac{h}{2}k_{11}\right) - 104\left(y_{k-1} + \dfrac{h}{2}k_{11}\right) \\ k_{13} = -4\left(x_{k-1} + \dfrac{h}{2}k_{12}\right) - 104\left(y_{k-1} + \dfrac{h}{2}k_{12}\right) \\ k_{14} = -4(x_{k-1} + hk_{13}) - 104(y_{k-1} + hk_{13}) \end{cases}, \begin{cases} k_{21} = x_{k-1} \\ k_{22} = x_{k-1} + \dfrac{h}{2}k_{21} \\ k_{23} = x_{k-1} + \dfrac{h}{2}k_{22} \\ k_{24} = x_{k-1} + hk_{23} \end{cases}$$

据此编制如下 MATLAB 程序:

```matlab
% 文件名: ex10_8.m
clc
clear
close all
h = 0.001;
t = 0:h:10;
x(1) = 0;y(1) = 1;
for i = 2:length(t)
    k11 = -2 * x(i-1) - 104 * y(i-1);
    k12 = -2 * (x(i-1) + h/2 * k11) - 104 * (y(i-1) + h/2 * k11);
    k13 = -2 * (x(i-1) + h/2 * k12) - 104 * (y(i-1) + h/2 * k12);
    k14 = -2 * (x(i-1) + h * k13) - 104 * (y(i-1) + h * k13);
    x(i) = x(i-1) + h/6 * (k11 + 2 * k12 + 2 * k13 + k14);
    k21 = x(i-1);
    k22 = x(i-1) + h/2 * k21;
    k23 = x(i-1) + h/2 * k22;
    k24 = x(i-1) + h * k23;
    y(i) = y(i-1) + h/6 * (k21 + 2 * k22 + 2 * k23 + k24);
end
plot(t, y, 'r', 'linewidth', 2);
grid on
```

程序运行结果如图 10-8 所示。

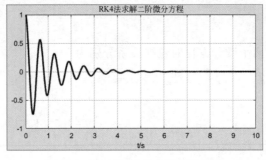

图 10-8　RK4 法求解二阶微分方程

## 10.2.3　常微分方程求解的专用函数

在 MATLAB 中,根据上述数值微积分的各种基本算法,提供了很多内置函数,用于实现各种微分方程的求解。这些函数称为求解器(Solver),最常用的是 **ode45** 和 **ode15s** 两个函数。

函数 **ode45** 是一种通用的求解器,采用四阶和五阶龙格-库塔算法的组合,实现一阶常微分方程 $y' = f(t,y)$ 的求解。函数的基本调用格式如下:

```
[t,y] = ode45(odefun,tspan,y0)
```

其中,参数 odefun 为有名或者匿名函数的函数句柄,用于给定方程的右边函数 $f(t,y)$;tspan$=[t_0, t_f]$ 指定求解的结果函数 $y$ 对应的时间范围;$y_0$ 为求解一阶微分方程所需的边界条件。

对一阶微分方程,函数 **ode45** 返回的结果 $t$ 和 $y$ 是长度相同的列向量,$y$ 中的每一行对应列向量 $t$ 中的一个元素。

例如,为求解微分方程

$$y' + 6y - 5 = 0$$

将其变换为

$$y' = -6y + 5 = f(t,y)$$

其中,$f(t,y) = -6y + 5$。假设初始条件为 0,要求绘制求解结果在 0~1s 内的波形,可以用如下命令:

```
>> [t,y] = ode45(@(t,y) -6*y+5, [0,1], 0)
```

其中,第一个参数以匿名函数的形式给定 $f(t,y)$。

执行上述命令后,得到两个长度相同的列向量 $t$ 和 $y$,再用如下命令:

```
>> plot(t,y,'linewidth',2)
>> title('微分方程 y' + 6y - 5 = 0 的解')
>> xlabel('t')
```

即可绘制出结果函数 $y$ 的波形如图 10-9 所示。

对高阶微分方程,可以将其转换为一阶微分方程组,然后用如下形式定义一个函数:

```
function dx = myfun(t,x)
    dx(1) = f1(t,x)
    dx(2) = f2(t,x)
    …
end
```

在调用 **ode45** 函数时,为上述自定义函数 myfun 创建一个函数句柄,再作为参数 odefun 的值。下面举例说明。

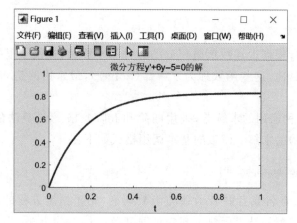

图 10-9　一阶微分方程的求解结果

**实例 10-9　用内置函数求解微分方程。**

已知二阶微分方程 $y''+4y'+104y=0$，利用 **ode45** 函数求其数值解，已知初始条件 $y(0)=1,y'(0)=0$。

设 $x_1=y,x_2=y'$，则由原二阶微分方程得到

$$x'_1=x_2$$
$$x'_2=-104x_1-4x_2$$

据此定义如下函数：

```
function dx = myfun(t,x)
    dx(1) = x(2);
    dx(2) = -104 * x(1) - 4 * x(2);
end
```

再调用 **ode45** 实现方程的求解：

```
% 文件名: ex10_9.m
clc
clear
close all
[t,y] = ode45(@myfun, [0,10],[1;0])
plot(t,y(:,1))
grid on
```

在上述程序中，注意初始条件[1;0]必须是长度等于微分方程阶数的列向量，其中的两个元素分别是中间变量 $x_1$ 和 $x_2$ 的初始值。根据上述推导过程可知，$x_1$ 和 $x_2$ 的初始值分别对应 $y(0)$ 和 $y'(0)$。

在函数 ode45 返回的结果中，$t$ 仍然是一个列向量，而 $y$ 是一个 2 列矩阵，行数与 $t$ 的长

度相同。其中第一列和第二列分别对应 $x_1$ 和 $x_2$，即 $y$ 和 $y'$。因此，在 plot 语句中，用 $y(:,1)$ 提取出第一列，从而绘制出原方程的解 $y$ 的波形，结果与图 10-8 相同。

> **同步练习**
>
> 10-3 已知微分方程 $y''+4y'+104y=50\sin(20t)$，分别用欧拉法和 RK2 法编程求其数值解，已知初始条件 $y(0)=0$，$y'(0)=0$。
>
> 10-4 调用 **ode45** 函数实现同步练习 10-3 中微分方程的求解。

## 10.3 符号运算及符号方程的求解

以上介绍的数值微积分和微分方程的数值求解，得到的结果都是离散化后的数值。为了与手工求解一样，得到求解结果的解析表达式，可以利用 MATLAB 中提供的符号运算工具。

通俗地说，符号运算就是用计算机程序实现数学公式的推导、求解和变换，这是一种与数值计算完全不同的运算方法，也是 MATLAB 强大功能的一个体现。在 MATLAB 附加的符号数学工具箱(Symbolic Math Toolbox)中，提供了各种求解和分析符号对象(符号表达式、符号函数等)的命令函数，以便创建和运行符号数学代码，实现微积分、线性代数、代数方程和常微分方程的化简、求解与分析等。

### 10.3.1 符号对象

在 MATLAB 的符号运算中，各种数值、变量和表达式，甚至函数等都可以用解析表达式来表示，称为符号对象。

#### 1. 符号变量的创建

创建符号变量最基本的方法是使用 **sym** 或 **syms** 命令。例如，用如下两条命令可以创建一个符号变量 $a$：

```
>> syms a
>> sym('a')
```

其中，**syms** 是 **sym** 命令的简化形式，可以一次性创建多个符号变量。例如，如下命令创建 3 个符号变量 $a$、$b$ 和 $c$：

```
>> syms a b c
```

注意各变量名之间必须用空格分隔。

#### 2. 符号表达式和符号函数的创建

如果表达式和函数中含有符号变量，则称为符号表达式和符号函数。例如，前面创建了 3 个符号变量 $a$、$b$ 和 $c$，则如下命令分别创建了一个符号表达式：

```
>> a + c
>> a^2 + 2 * b − c
```

而如下命令创建了一个符号函数 $y$：

```
>> syms f(a,b,c)
>> y(a,b,c) = a^2 + 2 * b + c
```

以前面创建的符号变量 $a$、$b$ 和 $c$ 作为自变量。

再如，如下程序创建了一个符号函数 $f(x)$：

```
syms x
a = 2; b = 5;
f(x) = a * x + 5
```

结果为：

```
f(x) = 2 * x + 5
```

注意在该程序中，$a$ 和 $b$ 不是符号变量，而是普通的数值型变量，在创建的符号函数中作为参数，而不是自变量。因此，在创建符号函数 $f(x)$ 之前，必须对 $a$ 和 $b$ 进行赋值。而符号变量不需要赋值。

## 10.3.2 符号运算

对符号变量和符号表达式，可以用普通的运算符号对其做基本的算术运算、逻辑运算和关系运算，只是得到的结果也是一个符号对象，而不是具体的数据。此外，符号运算还可以计算符号表达式的值、对表达式做化简、等价变换和微积分运算等。

例如，如下命令对创建的符号变量 $x$ 和 $y$ 做代数运算：

```
>> syms x y
>> f = 2 * x + y;
```

得到一个新的符号表达式 $f$。而如下命令利用关系运算符创建了一个符号关系表达式 $xy$：

```
>> syms x y
>> xy = x >= 0 & y >= 0
```

再如，如下程序创建了两个符号函数 $f(x)$ 和 $g(x)$：

```
syms f(x) g(x)
f(x) = x^2 + 5 * x + 6;
g(x) = 3 * x − 2;
h = f + g
```

这两个符号函数相加后得到一个新的符号函数：

```
h(x) = x^2 + 8 * x + 4
```

## 1. 符号表达式的化简和等价变换

在进行符号表达式的运算过程中,经常需要对表达式进行化简和各种等价变换。最常用的方法是调用 **simplify** 函数对符号表达式进行化简。例如,如下命令创建了一个符号表达式 $f_1 = 10^{\lg(ab^2)}$:

```
>> syms a b
>> f1 = 10^(log10(a * b^2));
>> simplify(f1)
```

化简后得到如下结果:

```
ans = a * b^2
```

需要注意的是,最简表达式没有统一的标准。例如,表达式 $(a+1)(a-2)$ 与 $a^2-a-2$ 都可以是最简表达式,两种最简形式分别用于不同的场合。为此,工具箱中提供了另外一些专用函数,能够对表达式进行指定的等价变换。例如,用 **combine** 和 **expand** 函数分别实现表达式的合并和展开。

如下命令分别实现表达式的合并和展开:

```
>> syms x
>> y = sqrt(2) * sqrt(x)
y = 2^(1/2) * x^(1/2)
>> combine(y)                    %表达式的合并
ans = (2 * x)^(1/2)
>> syms x
>> f = (x+1) * (x+2) * (x+3)
>> expand(f)                     %表达式的展开
ans = x^3 + 6 * x^2 + 11 * x + 6
```

## 2. 符号对象值的求解

符号表达式和符号函数中含有自变量,如果已知自变量的取值,将其代入符号表达式和函数,即可求得符号对象的值。

在 MATLAB 中,实现上述功能的函数是 **subs**,其基本调用格式如下:

```
subs(s,old,new)
```

该语句将符号表达式 s 中原来的自变量 old 替换为新的自变量或者常数 new。如果参数 new 是给定的常数,则实现的功能就是将该参数代入表达式,并得到表达式的值。

例如,如下命令:

```
>> syms x y
>> f = (x+y) * (x-y);            %创建符号表达式 f
>> a = subs(f,x,2)              %将 x = 2 代入,得到符号表达式 a
a = -(y - 2) * (y + 2)
>> b = subs(a,y,3)             %将 y = 3 代入 a,得到符号常数 b
```

```
b = -5
>> c = subs(a, y, [1:10])
c = [ 3, 0, -5, -12, -21, -32, -45, -60, -77, -96]
```

需要注意的是,得到的常数 $b$ 也是一个符号表达式,称为符号常数。在最后一条命令中,将符号表达式 $a$ 中的自变量 $y$ 用一个向量替换,也就是将向量中的各元素依次代入表达式 $a$ 中,从而得到符号常数向量 $c$。

### 3. 符号函数的波形绘制

MATLAB 提供了许多绘制数值数据图形的函数,实现数据的可视化。在符号数学工具箱中,又提供了一些函数,以便能够绘制符号表达式、符号函数和方程的相关图形,从而极大地扩展了 MATLAB 图形功能。

对于符号函数,可以用 **fplot** 函数绘制其波形。该函数的基本调用格式如下:

```
fplot(f, xint)
```

其中,参数 $f$ 给定要绘制的函数,可以为命名函数或匿名函数的函数句柄,也可以是符号函数;参数 xint 用于指定函数自变量的取值范围,必须是二元素向量。如果没有给定该参数,则绘制的图形曲线在 $X$ 轴方向对应函数自变量的默认取值范围为[-5 5]。

**实例 10-10   符号函数波形的绘制。**

用 **fplot** 函数在同一个坐标区同时绘制出函数 $y_1 = \mathrm{e}^{0.1x}/x$ 和 $y_2 = \mathrm{e}^{0.1x}/x^2$ 在 $x = 1 \sim 20$ 的波形图。程序代码如下:

```
% 文件名: ex10_10.m
clear
close all
clc
xint = [1,20];
syms x;
f1 = exp(0.1 * x)./x;
f2 = exp(0.1 * x)./x.^2;
fplot(f1, xint);
hold on
fplot(f2, xint, '-- ');
grid on
```

在上述程序中,首先创建了 $f1$ 和 $f2$ 两个符号函数。之后,两次调用 **fplot** 函数,分别绘制图出两个函数的波形图。程序运行结果如图 10-10 所示,其中实线和虚线分别为函数 $y_1$ 和 $y_2$ 的波形图。

除了上述方法外,也可以借助于 **subs** 函数先求得符号函数对应的符号常数向量,再利用普通的 **plot** 函数实现波形绘制。例如,对实例 10-10 中的符号函数 $f1$,可以用如下命令

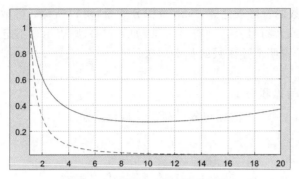

图 10-10　符号函数波形的绘制

绘制其波形：

```
>> t = 1:0.1:20;
>> y1 = subs(f1,x,t);
>> plot(t,y1)
```

与 **plot** 函数一样，**fplot** 函数也可以附加若干名-值对参数，以指定绘图的线型、颜色、粗细等属性，这里就不详细介绍了。

4．符号微积分

前面介绍了用 **diff** 和 **cumtrapz**、**interal** 函数实现数值微积分的近似求解。在 MATLAB 的符号数学工具箱中，提供了同名的函数 **diff**，利用该函数可以对符号表达式和符号函数求符号微分，同理，调用 **int** 函数可以实现符号积分。

（1）符号微分。

MATLAB 符号数学工具箱中提供的函数 **diff** 实现符号微分，其调用格式如下：

```
diff(S,n)
diff(S,var1,…,varN)
```

在以上两种格式中，参数 $S$ 为需要求导的符号表达式；参数 $n$ 指定求导的阶数；参数 var1～var$N$ 指定求导的自变量。

在第二种调用格式中，如果符号表达式中有多个自变量，则可以对每个自变量求偏导，返回结果是长度为 $N$ 的向量，向量中的每个元素对应一个偏导。如果将某个自变量作为连续的 $i$ 个参数，例如，假设符号表达式 $S$ 中有一个自变量 $x$，则如下命令：

```
>> diff(S,x,x,x)
```

将返回表达式 $S$ 对自变量 $x$ 的 3 阶导数。

（2）符号积分。

利用 **int** 函数实现符号积分，其基本调用格式如下：

```
int(expr,var,a,b)
```

参数 expr 是积分函数的符号表达式；var 为积分变量,可以省略；参数 $a$ 和 $b$ 给定积分区间,可以是常数标量或者符号及各种符号对象,如果省略,则表示求不定积分。

下面举几个例子说明上述函数的基本用法。

---

**实例 10-11　符号微积分 1。**

求指数函数 $f(x) = e^{-2t}$ 的微积分。命令及执行结果如下:

```
>> syms x;
>> f = exp( - 2 * x);            % 给定函数
>> diff(f)                       % 符号微分
ans =
 - 2 * exp( - 2 * x)
>> int(f)                        % 符号积分
ans =
 - exp( - 2 * x)/2
```

---

**实例 10-12　符号微积分 2。**

分析如下程序的执行结果:

```
syms x t
f = 2 * x - 1;
y = int(f)
b = int(f,0,1)
z = int(f,0,2 * t)
```

在上述程序中,首先定义了两个符号变量 $x$ 和 $t$,并利用 $x$ 创建了一个符号函数 $f$。之后,在第一次调用 int 函数时,没有给定积分区间,因此返回结果为 $f$ 的不定积分,即

```
y =
x * (x - 1)
```

在第二次调用 int 函数时,给定了积分的上下限分别是一个常数标量,则实现函数 $f$ 在 $x = [0,1]$ 上的定积分,结果为:

```
b = 0
```

第三次调用 int 函数时,给定积分的下限为常数 0,上限为符号函数 $2t$,因此实现如下积分:

$$z = \int_{0}^{2t} f(x)\,dx$$

运行结果为:

```
z =
2 * t * (2 * t - 1)
```

---

## 10.3.3　符号方程的求解

利用符号对象,可以很方便地实现代数方程和微分方程的求解。在 MATLAB 中,对代数方程,调用 solve 函数可以得到解析解,调用 vpasolve 函数可以得到数值解。对线性代数方程,可以调用 linsolve 函数求解。此外,调用 dsolve 函数,可以求解微分方程。

### 1. 符号代数方程的求解

利用符号变量可以创建符号代数方程,之后即可调用 solve 或 vpasolve 函数实现方程的求解。这里主要介绍 solve 函数的用法。

solve 函数的基本调用格式如下:

```
[y1,…,yN] = solve(equ,var)
```

其中,参数 equ 为符号代数方程组;var 为方程中的未知数变量。

如果 equ 中只有一个方程,则参数 var 为一个变量,此时只需要给定一个返回参数。

---

**实例 10-13　利用 solve 函数求解代数方程。**
程序代码如下:

```
%文件名: ex10_13.m
clc
clear
syms a b c x
equ = a * x^2 + b * x + c == 0;
S1 = solve(equ,x)
S2 = solve(equ,a)
```

---

在上述程序中,首先创建了 4 个符号变量,并利用这些变量创建了一个符号代数方程,并保存在符号对象 equ 中。注意,方程中的等号必须是“==”,而不是“=”。

之后,调用 solve 函数求解该方程,并指定未知数为 $x$,所以 $a$、$b$ 和 $c$ 为方程的参数,这种情况下的返回结果保存到 $S1$ 中。

对于最后一条语句,指定未知数为 $a$,因此 $x$、$b$ 和 $c$ 为方程的参数,这种情况下的求解结果保存到 $S2$ 中。程序的执行结果为:

```
S1 =
  -(b + (b^2 - 4 * a * c)^(1/2))/(2 * a)
  -(b - (b^2 - 4 * a * c)^(1/2))/(2 * a)
S2 =
  -(c + b * x)/x^2
```

如果 equ 是由多个方程构成的方程组,此时的参数 var 中也必须给定相同数量的未知数变量。equ 中的所有方程和 var 中的所有变量构成行向量,必须用中括号包围起来。

**实例 10-14　　利用 solve 函数求解代数方程组。**

用 solve 函数求解如下代数方程组：

$$\begin{cases} x + 2y = 10 \\ x - y = 5 \end{cases}$$

程序代码如下：

```
% 文件名：ex10_14.m
clc
clear
syms x y
equ1 = x + 2 * y == 10;
equ2 = x - y == 5;
[x, y] = solve([equ1, equ2], [x, y])
```

其中，也可以不用定义 equ1 和 equ2，而将两个方程直接写在 solve 函数中，即将最后一条语句修改为：

```
[x, y] = solve([x + 2 * y == 10, x - y == 5], [x, y])
```

上述程序的执行结果为：

```
x = 20/3
y = 5/3
```

2．符号微分方程的求解

在 MATLAB 中提供了 **dsolve** 函数用于求解符号微分方程，该函数的典型调用格式为：

```
S = dsolve(equ, cond)
```

其中，equ 给定需要求解的微分方程，cond 为求解微分方程所需的边界条件，返回结果 $S$ 为方程的解的函数解析表达式。如果没有给定边界条件 cond，则求解结果为含有待定参数 $C_1$、$C_2$ 等的表达式，即方程的通解。

在上述基本调用格式中，必须用 syms 语句创建一个符号函数，以指定方程中的未知函数。在 equ 参数表示的微分方程中，等号同样用双等号"=="表示，而利用 **diff** 函数表示方程中未知函数的各阶导数。例如，用如下命令：

```
>> syms y(t)
>> dsolve(diff(y, 1) == 2 * y)
```

可以求解一阶微分方程 $y'(t) = 2y$。由于没有给定边界条件，因此求解结果为方程的通解，即

```
ans = C4 * exp(2 * t)
```

为了得到确定解,必须给定边界条件 cond。边界条件可以采用类似方程的形式给定。例如,如下命令:

```
>> dsolve(diff(y, 1) == t * y,y(0) == 1)
```

执行结果为:

```
ans = exp(t^2/2)
```

如果是高阶微分方程,还需要 $y'(0)=a$,$y''(0)=b$ 等边界条件,其中 $a$ 和 $b$ 为常数。此时需要再创建如下符号函数表达式:

```
Dy = diff(y)
D2y = diff(y,2)
```

然后在 **dsolve** 函数中,用如下形式给定边界条件:

```
Dy(0) == a, D2y(0) == b
```

例如,如下命令:

```
>> syms y(t);
>> Dy = diff(y,1);
>> D2y = diff(y,2);
>> dsolve(diff(y,2) + 5 * diff(y,1) + 6 * y == 0,Dy(0) == 0,D2y(0) == 1)
```

求解的微分方程为

$$y''(t) + 5y'(t) + 6y(t) = 0$$

并给定初始条件为 $y(0)=0$,$y'(0)=1$。执行结果如下:

```
ans = exp( - 3 * t)/3 - exp( - 2 * t)/2
```

**实例 10-15** **符号微分方程的求解**。

已知微分方程 $y''+4y'+104y=0$,调用 **dsolve** 函数求解该方程,已知初始条件 $y(0)=1$,$y'(0)=0$。完整的程序代码如下:

```
% 文件名:ex10_15.m
clc
clear
syms y(t)
Dy = diff(y);
y(t) = dsolve(diff(y,2) + 4 * diff(y) + 104 * y == 0,…
              y(0) == 1, Dy(0) == 0);
fplot(y,[0,10],'r','linewidth',2);
title('调用 dsolve 函数解二阶微分方程');
xlabel('t/s');
grid on
```

程序执行后,将首先在 MATLAB 命令行窗口得到如下解析结果表达式:

```
y(t) = (exp( - 2 * t) * (5 * cos(10 * t) + sin(10 * t)))/5
```

之后,调用 subs 函数,将解析结果表达式转换为数值数据,再据此绘制出微分方程解的波形,如图 10-11 所示。

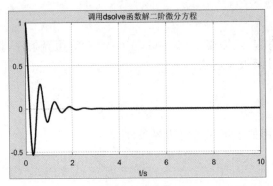

图 10-11　调用 dsolve 函数解二阶微分方程

同步练习

10-5　已知两个函数:$f_1(t) = e^{-at}$,$f_2(t) = \sin(\omega t)$,其中参数 $a = 2$,$\omega = 20\pi$。

(1) 求 $y_1(t) = f_1(t) f_2(t)$、$y_2(t) = y_1'(t)/(a\omega)$ 和 $y_3(t) = a\omega \int_0^t y_2(\tau) \mathrm{d}\tau$;

(2) 分别画出上述各函数在 $t = 0 \sim 2s$ 内的波形。

10-6　已知微分方程 $y'' + 4y' + 104y = 10e^{-10t}$,调用函数 dsolve 求解该方程,并绘制 $y(t)$ 在 $t = 0 \sim 5s$ 时间范围内的波形。已知初始条件 $y(0) = 0$,$y'(0) = 0$。

## 10.4　动态系统分析

在通信、自动化、机械、化工等工程领域都大量遇到各种动态系统,动态系统的特性可以用微分方程、差分方程和状态空间方程等来描述。通过求解这些数学方程,可以得到系统在给定输入作用下的输出响应,进一步对其性能进行分析。

### 10.4.1　动态系统及其时域方程

系统状态随时间而变化的或者按确定性规律随时间变化的系统,称为动态系统。例如,电路系统中的电容和电感元件是典型的动态元件,含有这些动态元件的电路就称为动态电路,也就是动态系统。

与电阻电路不同,由于电容和电感元件的伏安关系是微积分关系,因此对动态电路列出的 KCL 和 KVL 方程都是微分方程。

以图 10-12 所示动态电路为例。假设电压源的电压 $u_s(t)$ 为输入，电容两端的电压 $u(t)$ 为输出。流过电路中 3 个元件的电流都为 $i(t)$。在动态电路中，这些电压电流都是随时间而不断变化的，可以用以时间 $t$ 为自变量的函数表示，称之为信号。

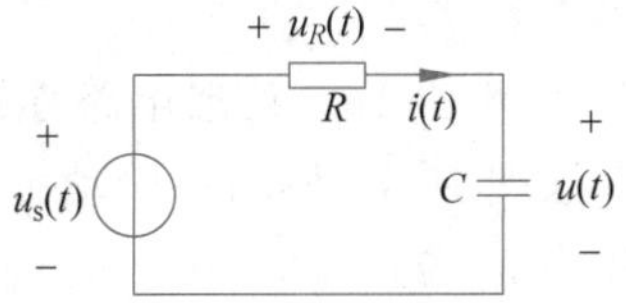

图 10-12 动态电路

根据电容的伏安关系，可以将流过的电流表示为

$$i(t) = Cu'_C(t) \qquad (10\text{-}13)$$

根据欧姆定律得到电阻两端的电压为

$$u_R(t) = Ri(t) = RCu'_C(t) \qquad (10\text{-}14)$$

最后对整个回路列写 KVL 方程，并代入以上两式得到

$$RCu'_C(t) + u_C(t) = u_s(t) \qquad (10\text{-}15)$$

在该方程中，电阻 $R$ 和电容 $C$ 一般为已知的常数，而电路中的所有电流电压都将是随时间而变化的信号，可以用以时间 $t$ 为自变量的函数表示。式(10-15)描述了输出电容电压和输入电源电压之间的关系。如果已知 $R$ 和 $C$，代入后将得到一个一阶常系数微分方程，因此该方程描述的电路称为一阶动态电路。如果进一步已知电源电压 $u_s(t)$，求解该方程即可得到输出电容电压函数 $u(t)$，从而分析电容电压随时间的变化规律。

对于线性时不变 $n$ 阶动态系统，描述其输入信号 $f(t)$ 和输出信号 $y(t)$ 之间关系的微分方程是 $n$ 阶微分方程，并具有如下标准形式：

$$\sum_{i=0}^{n} a_i y^{(i)}(t) = \sum_{j=0}^{m} b_j f^{(j)}(t) \qquad (10\text{-}16)$$

其中，$a_i(i=0\sim n)$ 和 $b_j(j=0\sim m)$ 为常数；$y^{(i)}(t)$ 和 $f^{(j)}(t)$ 分别表示 $y(t)$ 和 $x(t)$ 的 $i$ 阶和 $j$ 阶导数。当 $i=0$，$j=0$ 时，$y(t)$ 和 $x(t)$ 的 0 阶导数就是其本身。

对实际的动态系统，一般有 $n>m$，且 $a_n=1$。例如，一个二阶电路的微分方程为

$$y''(t) + 4y'(t) + 101y(t) = 5f'(t) - 2f(t) \qquad (10\text{-}17)$$

## 10.4.2 动态系统响应的求解

微分方程描述了动态系统输入输出信号在时域中的关系，称为动态系统的时域数学模型。一旦得到了微分方程，并已知了系统的初始状态和输入信号，通过求解方程，即可得到系统的输出响应。

对于线性时不变动态系统，其输出响应中同时包括零输入响应和零状态响应。所谓零输入响应，指的是在系统当前输入为零时，由系统的初始状态引起的响应，一般用 $y_x(t)$ 表示。在系统初始状态为零时，完全由外加输入信号引起的输出响应称为系统的零状态响应，一般用 $y_f(t)$ 表示。

### 1. 零输入响应的求解

在标准形式的微分方程中，方程右边的各项都决定于系统的输入。因此只需要令方程右边为 0，求解对应的齐次方程，即可得到系统的零输入响应。

实例 10-16　**动态电路零输入响应的求解**。

求图 10-12 所示一阶动态电路的零输入响应,假设 $R=1\Omega$,$C=0.1\mathrm{F}$,电容两端的初始电压为 $u_c(0)=1\mathrm{V}$。

前面已经得到该电路的微分方程为

$$RCu'_C(t) + u_C(t) = u_s(t)$$

代入已知的元件参数,并整理得到

$$u'_C(t) + 10u_C(t) = 10u_s(t)$$

为求零输入响应,令方程的右边为 0,得到齐次方程为

$$u'_C(t) + 10u_C(t) = 0$$

再整理为

$$u'_C(t) = -10u_C(t)$$

调用 **ode45** 函数求解上述微分方程在 $t=0\sim1\mathrm{s}$ 内的解:

```
>> [t,uc] = ode45(@(t,uc) - 10 * uc, [0,1], 1)
```

之后绘制出零输入响应的时间波形如图 10-13 所示。

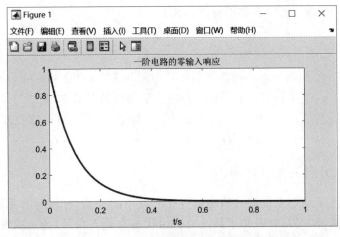

图 10-13　一阶电路的零输入响应时间波形图

2. 零状态响应的求解

根据定义,要求解动态系统的零状态响应,必须已知系统的输入信号 $f(t)$,同时令系统的初始状态为 0。将已知的输入信号代入系统微分方程的右边,再求解微分方程。

实例 10-17　**动态电路零状态响应的求解**。

对图 10-12 所示一阶动态电路,假设 $R=1\Omega$,$C=0.1\mathrm{F}$,电源电压为 $u_s(t)=5\mathrm{V}$,求电容

电压的零状态响应 $u_C(t)$。

在实例 10-16 中已经得到系统的微分方程。为求零状态响应,将 $u_s(t)$ 代入该微分方程,得到

$$u'_C(t) + 10u_C(t) = 5$$

再整理为

$$u'_C(t) = 5 - 10u_C(t)$$

调用 ode45 函数求解上述微分方程在时间 $t = 0 \sim 1\text{s}$ 的解:

```
>> [t,uc] = ode45(@(t,uc) 5 - 10 * uc, [0,1], 0)
```

之后绘制出零状态响应的时间波形,如图 10-14 所示。

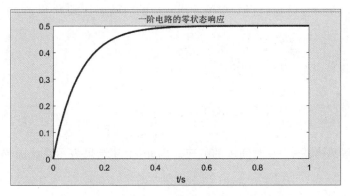

图 10-14   一阶电路的零状态响应时间波形图

### 3. 系统的单位响应

动态系统的单位响应又称为单位冲激响应,指的是输入信号为单位冲激信号 $\delta(t)$ 时系统的零状态响应。

根据定义,要求系统的单位响应,必须令输入信号 $f(t) = \delta(t)$,这是一个用狄拉克(dirac)函数表示的特殊信号。在 MATLAB 的符号数学工具箱中,提供了相应的 **dirac** 函数,用于生成单位冲激信号。

将产生的单位冲激信号代入后,可以利用前面介绍的符号微分方程的求解方法求解得到动态系统的单位冲激响应。

**实例 10-18  动态系统单位冲激响应的求解。**

求图 10-12 所示一阶动态电路的单位冲激响应,假设 $R = 1\Omega, C = 0.1\text{F}$,电源电压为 $u_s(t) = 5\text{V}$,求电容电压 $u_C(t)$ 的单位冲激响应 $h(t)$。

根据实例 10-16 得到的微分方程,令 $u_s(t) = \delta(t)$,得到

$$u'_C(t) + 10u_C(t) = \delta(t)$$

整理得到

$$u'_C(t) = \delta(t) - 10u_C(t)$$

当系统的初始状态 $u_c(0)=0$ 时,求解上述微分方程得到的解即为单位冲激响应 $h(t)$。据此编制如下程序:

```
% 文件名: ex10_18.m
clear
close all
clc
syms h(t)
h(t) = dsolve(diff(h,1) == dirac(t) - 10 * h,h(0) == 0)
fplot(h,[0,1],'linewidth',2);
title('一阶动态电路的单位冲激响应');
xlabel('t/s');grid on
```

程序运行后,在命令行窗口得到单位冲激响应的时间表达式为:

```
h(t) = (exp( - 10 * t) * sign(t))/2
```

其中,$\text{sign}(t)$ 为符号函数,其定义为

$$\text{sign}(t) = \begin{cases} 1, & t>0 \\ 0, & t=0 \\ -1, & t<0 \end{cases}$$

对实际系统,一般只考虑 $t>0$ 时间内的响应。因此,上述结果表示系统的单位冲激响应为

$$h(t) = \frac{1}{2}\text{e}^{-10t}, \quad t>0$$

最后调用 **fplot** 函数绘制出该单位冲激响应在 $t=0\sim1\text{s}$ 内的波形,如图 10-15 所示。

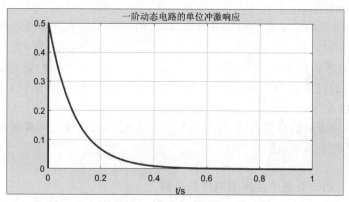

图 10-15 一阶动态电路的单位冲激响应时间波形图

## 10.4.3 动态系统的状态空间方程

系统的状态空间方程是基于线性代数,建立在状态(State)和状态空间(State-Space)概念基础上的。状态指的是能够完全表征系统行为的最少一组内部变量,这些变量称为状态

变量。一般来说，$n$ 阶系统有 $n$ 个状态变量，这些状态变量构成状态空间。

1. 系统的状态空间方程

引入系统的状态变量后，可以将高阶动态系统的高阶微分方程转换为若干一阶微分方程和一组代数方程。例如，假设某二阶动态系统的微分方程为

$$y''(t) + 4y'(t) + 101y(t) = 2f(t) \tag{10-18}$$

令两个中间变量分别为 $x_1(t) = y(t), x_2(t) = y'(t)$，则有

$$x_1'(t) = y'(t) = x_2(t)$$

$$x_2'(t) = y''(t) = -4y'(t) - 101y(t) + 2f(t)$$

$$= -101x_1(t) - 4x_2(t) + 2f(t)$$

上述两个方程中的 $x_1(t)$ 和 $x_2(t)$ 称为系统的状态变量。两个方程都是一阶微分方程，描述了这两个状态变量之间以及状态变量与输入信号 $f(t)$ 之间的关系，称为系统的状态方程。

此外，根据前面的假设可以得到如下方程：

$$y(t) = x_1(t)$$

该方程描述了系统的输出信号 $y(t)$ 与两个状态变量和输入信号之间的关系，称为系统的输出方程。

状态方程和输出方程合起来称为动态系统的状态空间方程。对于一般的 $n$ 阶系统，通常借助于线性代数中的矩阵运算将状态空间方程表示为

$$X' = AX + Bf$$
$$y = CX + Df \tag{10-19}$$

其中，$f$ 为系统的输入信号；$y$ 为系统的输出信号；$X = [x_1, x_2, \cdots, x_n]$ 为状态变量向量，其中的 $x_i (i = 1 \sim n)$ 为状态变量，$n$ 阶系统一般有 $n$ 个状态变量。

对于单输入单输出的 $n$ 阶系统，即系统只有一个输入信号和一个输出信号，$A$ 为 $n$ 阶方阵，称为状态矩阵；$B$ 为长度等于 $n$ 的列向量，称为输入矩阵；$C$ 为长度等于 $n$ 的行向量，称为输出矩阵；$D$ 为 $1 \times 1$ 矩阵，称为直传矩阵。

例如，对式(10-18)所描述的二阶动态系统，用矩阵形式表示其状态空间方程为

$$\begin{bmatrix} x_1' \\ x_2' \end{bmatrix} = \begin{bmatrix} 0 & 1 \\ -101 & -4 \end{bmatrix} \begin{bmatrix} x_1 \\ x_2 \end{bmatrix} + \begin{bmatrix} 0 \\ 2 \end{bmatrix} f$$

$$y = \begin{bmatrix} 1 & 0 \end{bmatrix} \begin{bmatrix} x_1 \\ x_2 \end{bmatrix} + \begin{bmatrix} 0 \end{bmatrix} f$$

2. 状态空间方程的求解

由于状态空间实际上是一组一阶微分方程和代数方程，因此可以用前面一些微分方程的求解方法进行求解。借助于 MATLAB 强大的矩阵运算功能，还可以将上述方法进行推广，得到更为简便的求解方法。

根据式(10-19)所示状态方程，可以得到

$$X' = AX + Bf$$

将欧拉法推广到矩阵运算,由上式可以得到

$$\frac{X_k - X_{k-1}}{h} = AX_{k-1} + Bf_k$$

整理得到

$$X_k = X_{k-1} + h(AX_{k-1} + Bf_k) \qquad (10\text{-}20)$$

根据式(10-20),如果已知了系统的状态方程和输入信号,即可编制 MATLAB 程序,求解得到状态变量向量 $X$。在得到所有的状态变量后,即可根据输出方程求得系统的输出信号。

实例 10-19　**状态空间方程的求解**。

已知系统的状态空间方程为

$$\begin{bmatrix} x'_1 \\ x'_2 \end{bmatrix} = \begin{bmatrix} 0 & 1 \\ -104 & -4 \end{bmatrix} \begin{bmatrix} x_1 \\ x_2 \end{bmatrix} + \begin{bmatrix} 0 \\ 20 \end{bmatrix} f$$

$$y = \begin{bmatrix} 1 & 0 \end{bmatrix} \begin{bmatrix} x_1 \\ x_2 \end{bmatrix} + \begin{bmatrix} 0 \end{bmatrix} f$$

输入信号 $f(t)=1$,求系统状态变量和输出信号的零状态响应并绘制波形。

完整的 MATLAB 程序如下:

```
% 文件名: ex10_19.m
clear
close all
clc
h = 0.001;t = 0:h:5;                    % 采样步长,时间向量
tl = length(t);

x1 = zeros(1,tl);
x2 = zeros(1,tl);
X = [x1;x2];                            % 初始化状态变量
f = [0 ones(1,tl)];                     % 设置输入信号 f
y = zeros(1,tl);                        % 初始化输出

A = [0 1; -104 -4];                     % 设置状态空间方程矩阵
B = [0;20];
C = [1 0];
D = 0;

for i = 2:length(t)                     % 递推求解状态空间方程
X(:,i) = X(:,i-1) + h * (A * X(:,i-1) + B * f(i));
y(i) = C * X(:,i) + D * f(i);
end
```

```
plot(t,X(1,:),t,X(2,:),'--b')          %绘制各信号波形
hold on
plot(t,y,'-r','linewidth',2)
legend('x1','x2','y')
title('动态系统状态空间方程的求解');
xlabel('t/s');grid on
```

程序运行结果如图 10-16 所示。

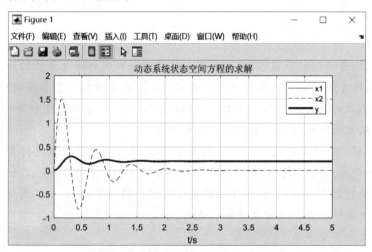

图 10-16 动态系统状态空间方程的求解

同步练习

10-7 已知某二阶电路的微分方程为 $y''(t) + 10y'(t) + 125y(t) = f'(t) - 2f(t)$。

(1) 已知初始状态 $y(0)=0, y'(0)=1$,求零输入响应 $y_x(t)$ 的数值解,并绘制其在 $t=0\sim2$s 内的波形;

(2) 求零状态响应 $y_f(t)$ 的符号解析表达式,已知输入电压 $f(t)=100\mathrm{e}^{-10t}, t>0$。

10-8 已知系统的状态空间方程为

$$\begin{bmatrix} x'_1 \\ x'_2 \end{bmatrix} = \begin{bmatrix} 0 & 1 \\ -125 & -10 \end{bmatrix} \begin{bmatrix} x_1 \\ x_2 \end{bmatrix} + \begin{bmatrix} 0 \\ 20 \end{bmatrix} f$$

$$\boldsymbol{y} = \begin{bmatrix} 2 & 0 \end{bmatrix} \begin{bmatrix} x_1 \\ x_2 \end{bmatrix}$$

输入信号 $f(t)=1$,求系统状态变量和输出信号的零状态响应并绘制波形。

# 第 11 章

# 复变函数与积分变换

在通信工程、自动控制等系统中,大量用到信号频谱的概念以及系统的频域和复频域分析方法,这些分析方法以复变函数作为数学基础。复变函数研究的基本数据类型是复数,并由此引入复变函数的概念。在此基础上,介绍傅里叶变换、拉普拉斯变换等积分变换方法,这些分析方法极大地简化了对复杂系统的求解和研究。

在 MATLAB 中,提供了复数这种数据类型,程序中可以很方便地进行复数和复变函数的运算、处理和变换。同时,在信号处理工具箱(Signal Processing Toolbox)和符号数学工具箱中提供了大量的工具函数,实现信号的傅里叶变换和频谱分析、拉普拉斯变换和系统数学模型的建立与性能分析等。本章主要知识点有:

11.1 复数与复变函数

了解复数和复变函数的基本概念,掌握复数和复变函数的基本运算及复变函数波形的绘制方法。

11.2 傅里叶变换

了解傅里叶级数和傅里叶变换的定义,掌握快速傅里叶变换的基本原理和相关基本概念,掌握 MATLAB 程序实现离散傅里叶变换的方法以及 MATLAB 相关内置函数的用法。

11.3 拉普拉斯变换

了解拉普拉斯变换的定义,掌握拉普拉斯反变换的基本方法及程序实现方法,了解连续系统的复频域模型,了解系统传递函数的概念、传递函数的零极点与系统稳定性的分析方法。

## 11.1 复数与复变函数

由于科学计算中经常会涉及复数的运算,因此 MATLAB 中提供了复数数据类型。所有复数都可以用与实数类似的表达式直接进行运算,而在其他高级程序设计语言中,复数的加、减等运算都需要根据复数的运算规则利用一段程序来实现。

一个复数(Complex)由实部和虚部,或者由模和辐角(相角、相位)构成。在 MATLAB 中默认用 i 或 j 作为虚部标志。例如,如下命令得到一个复数变量:

```
>> a = 1 + 2 * j
a = 1.0000 + 2.0000i
```

用 whos 命令查看该变量的属性,结果如下:

```
>> whos a
  Name        Size             Bytes  Class      Attributes
  a           1x1                 16  double     complex
```

最后一列的 complex 说明 $a$ 是一个复数变量。

## 11.1.1　复数的表示

一个复数可以用代数形式、几何形式、三角形式等不同形式表示。所谓代数形式就是直接给出复数的实部和虚部,例如 $a = x + \mathrm{j}y$。

复数 $a$ 的三角形式表示为

$$a = A(\cos\theta + \mathrm{j}\sin\theta) = A\cos\theta + \mathrm{j}A\sin\theta \tag{11-1}$$

其中,$A$ 和 $\theta$ 分别为复数 $a$ 的模和辐角,都为实数。

在复数的几何形式表示中,用复数平面上一个点 $P$ 或者矢量 $\boldsymbol{OP}$ 表示一个复数,如图 11-1 所示。

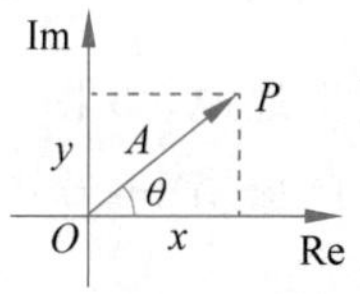

其中,复数平面是一个二维直角坐标平面,横轴和纵轴分别称为实轴和虚轴。矢量 $\boldsymbol{OP}$ 从坐标原点开始,指向表示复数的点 $P$。矢量的长度表示复数的模,矢量与实轴正半轴的夹角表示负数的辐角。显然,根据式(11-1),矢量到实轴和虚轴的投影即表示复数的实部和虚部。

图 11-1　复数的几何形式表示

## 11.1.2　复数的基本运算

在 MATLAB 程序中,对实数的运算符号同样适用于复数的运算。例如,如下命令:

```
>> (1 + 2 * j) * j
```

实现复数 $1+2\mathrm{j}$ 与纯虚数 $\mathrm{j}$ 的乘法运算,执行结果如下:

```
ans = - 2.0000 + 1.0000i
```

此外,MATLAB 中还提供了如下几个专门对复数进行操作的内置函数。

(1) **real**$(x)$:提取复数 $x$ 的实部。

(2) **imag**$(x)$:提取复数 $x$ 的虚部。

(3) **abs**$(x)$:求复数 $x$ 的模。

(4) **angle**$(x)$:求复数 $x$ 的辐角。

(5) **complex**$(a,b)$:分别以实数 $a$ 和 $b$ 作为实部和虚部,创建复数。

(6) **conj**$(x)$:求复数 $x$ 的共轭。

例如,如下命令及其执行结果分别为:

```
>> a = 1 - j;
>> abs(a)
ans = 1.4142
>> angle(a)
ans = - 0.7854
```

注意,**angle** 函数返回的结果以弧度为单位。考虑到相位以 $2\pi$ 为周期,因此返回结果一定在 $-\pi \sim +\pi$ 范围内。如下命令

```
>> angle( - 1 - j) * 180/pi
```

求复数 $-1-j$ 的辐角,并转换为以度为单位,结果为:

```
ans = - 135
```

### 11.1.3  复变函数

通俗地说,如果一个函数中的自变量取值为复数(即复数变量),则该函数就成为复变函数。实际应用中,另外有一种函数,其自变量为实数变量,但函数值是复数,这种函数也是复变函数。

例如,函数 $f(t)=2e^{j20\pi t}$,其中的实数自变量 $t$ 代表时间。但该函数在大多数时刻的取值都为复数,例如,$f(0.01) \approx 1.6180+1.1756i$ 是一个复数。因此该函数是一个复变函数。

与复数常数一样,复变函数也可以用 **real**、**imag** 函数求其实部和虚部,调用 **abs**、**angle** 等函数求其模和辐角,只是得到的结果都为实函数。

例如,如下命令

```
>> t = 0:0.01:1;
>> ft = 2 * exp(20 * pi * t * j);
>> A = abs(ft);f = angle(ft);
>> subplot(211);
>> plot(t,A,t,f);
>> title('复变函数的模和辐角')
>> subplot(212);
>> plot(t,real(ft),t,imag(ft));
>> title('复变函数的实部和虚部');xlabel('t/s')
```

创建了复变函数 $f(t)$,之后调用内置函数分别得到其模和辐角、实部和虚部,最后调用 **plot** 函数分别绘制出其波形,如图 11-2 所示。

需要注意的是,复变函数的波形必须用两张二维坐标图绘制,两张图分别表示其实部、虚部或模和辐角的波形,此时可以调用 **plot** 函数直接绘制。如果要在一张图中绘制出完整的复变函数波形,必须用三维坐标系。此时可以调用 **plot3** 函数实现。

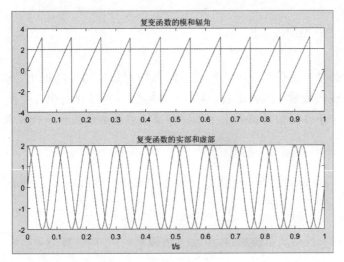

图 11-2　复变函数的波形

例如,对前面得到的复变函数 $f(t)$,可以用如下命令:

```
>> r = real(ft);
>> g = imag(ft);
>> plot3(r,g,t)
```

在调用 **plot3** 函数时,复变函数的实部 r 和虚部 g 分别作为前面两个参数,第三个参数为自变量时间向量 $t$。绘制出的三维波形如图 11-3 所示。

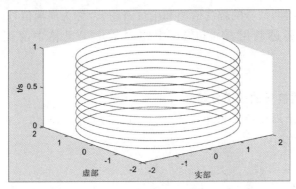

图 11-3　三维坐标中复变函数的波形

同步练习

11-1　已知复数 $a = 2\mathrm{e}^{\mathrm{j}(0.1\pi - \pi/3)}$,用 MATLAB 命令求其模、辐角、实部和虚部。

11-2　已知复变函数 $f(t) = 2\mathrm{e}^{-2t}\mathrm{e}^{-\mathrm{j}20\pi t}$,编制 MATLAB 程序绘制其在 $t = 0 \sim 5\mathrm{s}$ 的波形。

## 11.2 傅里叶变换

傅里叶变换的基本思想最先由法国数学家和物理学家傅里叶提出,所以以其名字来命名以示纪念。从现代数学的眼光来看,傅里叶变换是一种特殊的积分变换。利用傅里叶变换可以将满足一定条件的信号都表示为不同频率正弦函数的线性组合或者积分。

### 11.2.1 周期信号的频谱分析

周期信号 $f(t)$ 可以通过傅里叶级数分解为很多复简谐信号或正弦信号的叠加,即

$$f(t) = \frac{A_0}{2} + \sum_{n=1}^{\infty} A_n \cos(n\Omega t + \varphi_n) = \sum_{n=-\infty}^{\infty} F_n e^{jn\Omega t} \tag{11-2}$$

其中,$\Omega$ 为周期信号 $f(t)$ 的角频率,称为基波角频率。$F_n$ 的计算公式为

$$F_n = \frac{1}{T} \int_{t_0}^{t_0+T} f(t) e^{-jn\Omega t} dt \tag{11-3}$$

通过上述傅里叶级数将时域中的周期信号分解为直流分量、基波分量和各次谐波分量之和,式(11-2)所示傅里叶级数展开式中的 $A_n$、$\varphi_n$ 和 $F_n$ 分别代表了各分量的幅度和相位随谐波次数 $n$(从而频率 $n\Omega$)的变化关系,称为周期信号的频谱(Spectrum)。

根据式(11-3)所示定义,$F_n$ 一般是以整数 $n$ 为自变量的复变函数,其模 $|F_n|$ 和辐角 $\varphi_n$ 分别代表了各分量的幅度和相位,分别称为信号的幅度谱和相位谱。

$A_n$ 或 $|F_n|$、$\varphi_n$ 都是关于整型变量 $n$ 的实函数,分别以其为纵轴,以 $n$(或者 $n\Omega$)为横轴,得到的图形称为周期信号的幅度谱图和相位谱图,合称为周期信号的频谱图。

根据式(11-3),通过调用 MATLAB 中符号数学工具箱中的积分函数 int,即可求得 $F_n$。

**实例 11-1** **周期信号的频谱分析**。

如图 11-4(a)所示周期矩形脉冲信号,已知 $A=1, T=5\mathrm{s}, \tau=1\mathrm{s}$,求其频谱,并画出频谱图。MATLAB 程序如下:

```
% 文件名: ex11_1.m
clear
close all
clc
syms t n                                % 定义符号变量
T = 5, A = 1, tuo = 1                    % 定义周期信号的参数
f = A * exp( - j * n * 2 * pi/T * t)     % 定义积分函数
Fn = int(f,t, - tuo/2,tuo/2)/T          % 符号积分求频谱
fplot(Fn,[ - 20,20],'-- ')
n1 = [ - 20: - 1,eps,1:20];
fn = subs(Fn,n,n1);                      % 求符号函数的函数值
hold on;
```

```
stem(n1,fn,'o');                          %绘制频谱图
xlabel('n'),ylabel('Fn')
title('周期脉冲信号的频谱')
grid on
```

程序运行结果为:

```
Fn = sin(1/5 * n * pi)/n/pi
```

即

$$F_n = \frac{\sin(n\pi/5)}{n\pi} = 0.2\mathrm{Sa}(n\pi/5)$$

式中,$\mathrm{Sa}(x) = \sin x/x$,称为抽样函数信号。

由于得到的频谱 $F_n$ 为实函数,因此可以直接画出频谱图,如图 11-4(b)所示。由于频谱的自变量 $n$ 只能取离散的整数,因此程序中通过调用 stem 函数,绘制出火柴棍形状的离散频谱图。

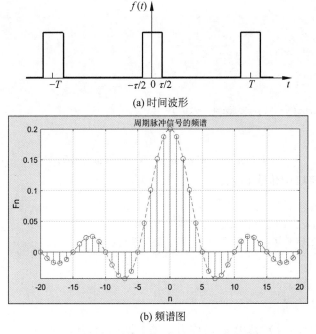

(a) 时间波形

(b) 频谱图

图 11-4   周期脉冲信号的时间波形和频谱图

## 11.2.2   连续信号的傅里叶变换

将周期信号的傅里叶级数推广到非周期信号,可以得到其傅里叶变换(Fourier Transform)。傅里叶变换的定义为

$$F(j\omega) = \int_{-\infty}^{\infty} f(t) e^{-j\omega t} dt \tag{11-4}$$

其中，$f(t)$为信号的时间表达式；$F(j\omega)$是以角频率 $\omega$ 为自变量的复变函数，是对信号 $f(t)$ 的频域描述，称为信号的频谱密度(Spectrum Density)，很多时候也直接简称频谱。

如果已知信号的频谱，可以通过所谓的傅里叶反变换得到信号的时间表达式，其定义式为

$$f(t) = \frac{1}{2\pi} \int_{-\infty}^{\infty} F(j\omega) e^{j\omega t} d\omega \tag{11-5}$$

由此可见，傅里叶变换和反变换都是积分运算，可以调用 **int** 函数求解。此外，在 MATLAB 的符号数学工具箱中，提供了两个函数专门用于求信号的傅里叶变换及其反变换，即

```
F = fourier(f)
```

和

```
f = ifourier(F)
```

例如，求余弦信号 $f(t)=2\cos10t$ 的频谱密度 $F(j\omega)$，可以在 MATLAB 的命令窗口中依次输入如下语句：

```
>> syms t
>> ft = 2 * cos(10 * t);
>> F = fourier(ft,'w');
```

执行后得到如下结果：

```
F = 2 * pi * (dirac(w - 10) + dirac(w + 10))
```

表示

$$F(j\omega) = 2\pi[\delta(\omega - 10) + \delta(\omega + 10)]$$

再如，在命令窗口中依次输入：

```
>> syms w
>> Fw = pi * dirac(w) + 1/(i * w);
>> ft = ifourier(Fw,'t');
```

执行后得到如下结果：

```
ft = heaviside(t)
```

表示反变换为 $f(t)=u(t)$，其中 $u(t)$ 称为单位阶跃函数，其定义为

$$u(t) = \begin{cases} 1, & t \geqslant 0 \\ 0, & t < 0 \end{cases}$$

以上两个函数的参数都必须是符号表达式，返回结果也为符号表达式，可以用 **fplot** 函数绘制其波形。如果需要得到傅里叶变换和反变换的数值结果，可以调用 **subs** 函数实现。下面举例说明。

**实例 11-2** **连续信号的傅里叶变换**。

求单边指数信号 $f(t) = \mathrm{e}^{-2t}u(t)$ 的频谱密度 $F(\mathrm{j}\omega)$，并画出时间波形和频谱图。MATLAB 程序如下：

```
% 文件名：ex11_2.m
clear
close all
clc
syms t
ft = exp( - 2 * t) * heaviside(t);          % 定义信号的时间表达式
Fw = fourier(ft,'w')                         % 求傅里叶变换
subplot(2,2,[1,3]);
fplot(ft,'linewidth',2);                     % 绘制时间波形
title('时间波形');xlabel('t/s');
grid on
subplot(222);fplot(abs(Fw),'linewidth',2)    % 绘制幅度谱图
xlabel('ω/(rad/s)');ylabel('F(ω)')
title('幅度谱');grid on
subplot(224)
fplot(angle(Fw),'linewidth',2)               % 绘制相位谱图
xlabel('ω/(rad/s)');ylabel('φ(ω)')
title('相位谱');grid on
```

程序运行后，在命令窗口中得到单边指数信号的频谱密度表达式为：

```
Fw = 1/(2 + w * 1i)
```

即

$$F(\mathrm{j}\omega) = \frac{1}{2 + \mathrm{j}\omega}$$

并在图形窗口中绘制出时间波形和频谱图如图 11-5 所示。

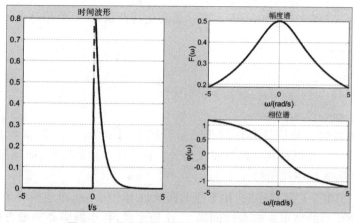

图 11-5 单边指数信号的时间波形和频谱图

### 11.2.3 快速傅里叶变换

前面介绍的方法是根据傅里叶变换的定义,利用 MATLAB 符号数学工具箱中的 **int** 函数或者 **fourier** 函数求解信号的傅里叶变换和频谱。为了加快运算速度和求解的实时性,在 MATLAB 中,还提供了专门的函数实现傅里叶变换的快速求解,称为快速傅里叶变换(Fast Fourier Transform,FFT)。

有关 FFT 的基础理论,读者可以查阅相关资料,这里主要介绍 MATLAB 程序设计过程中必须了解的相关概念和内置函数的用法。

#### 1. 采样和采样定理

从原理上说,计算机程序只能对有限个数的离散数据进行处理。实际系统中大量存在的连续信号,在每时每刻都有确定的幅度取值。对这样的信号进行处理和变换,都必须将其转换为离散信号。这一转换过程称为采样(Sample)。

假设连续信号为 $f(t)$,对其采样后得到的离散信号(采样序列)为 $f(n)$。从数学上说,二者之间的关系可以表示为

$$f(k) = f(t)\big|_{t=nT} \tag{11-6}$$

其中,$T$ 称为采样间隔,$f_s = 1/T$ 为采样频率;$n = 0, 1, 2, \cdots$ 为整数变量;$t = nT$ 为采样时刻。

在程序中,用如下语句定义时间向量 $t$:

```
t = t0:T:t1
```

$t$ 又称为时间序列。其中 $t_0$ 和 $t_1$ 分别代表采样的起始时刻和终止时刻,向量 $t$ 中各元素依次代表各采样时刻。之后,用如下语句即可得到另一个向量 $f$:

```
f = 2 * sin(20 * pi * t)
```

其中的每个元素依次代表各采样时刻对应的正弦函数值,因此 $f$ 表示的仍然是正弦信号,只是在离散的各采样时刻才有幅度定义。

假设 $t_0 = 0\text{s}, t_1 = 0.2\text{s}, T = 0.01\text{s}$。在执行完上述两条语句后,用命令

```
>> stem(t,f,'o')
>> hold on
>> plot(t,f,'--');
>> xlabel('t/s')
>> grid on
```

可以分别绘制出离散正弦信号和连续正弦信号的时间波形,如图 11-6 所示。其中,调用 **stem** 函数绘制得到的小圆圈代表离散正弦信号在各采样时刻的幅度,而调用 **plot** 函数绘制出的连续虚线代表连续正弦信号。

显然,当采样间隔 $T$ 足够小时,用平滑的曲线将图中的小圆圈连接起来,才能得到比较精确的连续正弦信号的波形。当采样间隔 $T$ 比较大时,各小圆圈在横轴方向相距较远,此

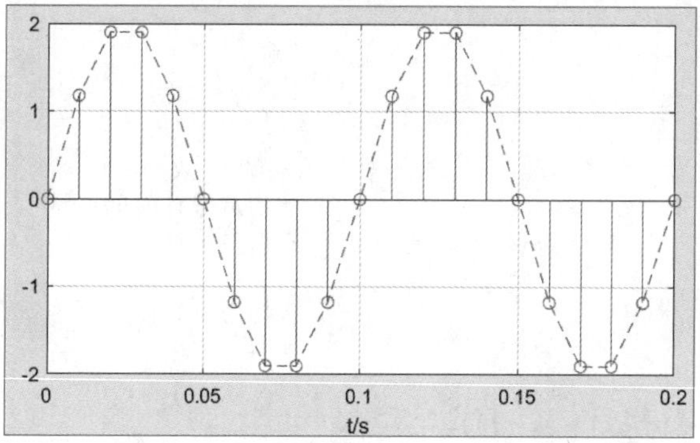

图 11-6　连续和离散正弦信号的时间波形

时得到的虚线与实际的连续正弦信号的波形之间将出现较大的误差和失真。

在信号理论中,抽样定理指出:为使抽样后得到的离散信号能够真实代表原来的连续信号,采样间隔的倒数(即采样频率)不能低于正弦信号频率的 2 倍。这也是在计算机程序中对连续信号进行采样和运算处理时必须满足的条件。

2. 离散傅里叶变换

信号的傅里叶变换 $F(j\omega)$ 是以 $\omega$ 为自变量的连续函数。要用计算机进行计算和处理 $F(j\omega)$,也必须进行采样,得到离散傅里叶变换(Discrete Fourier Transform,**DFT**)。

离散傅里叶变换的定义式为

$$F(k) = \sum_{n=0}^{N-1} e^{-j\frac{2\pi}{N}nk} f(n), \quad k = 0, 1, \cdots, N-1 \tag{11-7}$$

其中,$f(n)(n=0\sim N-1)$ 是信号的采样序列。

信号的 $N$ 点 DFT 是长度等于 $N$ 的离散序列。根据上述定义式,可以用矩阵形式表示为

$$
\begin{bmatrix} F(0) \\ F(1) \\ F(2) \\ \vdots \\ F(N-1) \end{bmatrix} =
\begin{bmatrix}
1 & 1 & 1 & 1 & \cdots & 1 \\
1 & W_N^1 & W_N^2 & W_N^3 & \cdots & W_N^{N-1} \\
1 & W_N^2 & W_N^4 & W_N^6 & \cdots & W_N^{2(N-1)} \\
\vdots & \vdots & \vdots & \vdots & \ddots & \vdots \\
1 & W_N^{N-1} & W_N^{2(N-1)} & W_N^{3(N-1)} & \cdots & W_N^{(N-1)(N-1)}
\end{bmatrix}
\begin{bmatrix} f(0) \\ f(1) \\ f(2) \\ \vdots \\ f(N-1) \end{bmatrix}
$$

$$\tag{11-8}$$

式中,$W_N = e^{-j2\pi/N}$ 称为旋转因子。

实例 11-3　**离散傅里叶变换。**

已知 $f(t) = 2\cos(20\pi t) + 6\cos(40\pi t)$,求其 16 点 DFT,并绘制幅度谱图。程序代码如下:

```
% 文件名: ex11_3.m
clear
close all
clc
N = 16;                                        % DFT 点数
T = 0.01;t = 0:T:(N - 1) * T;                  % 构造采样时间向量
ft = 2 * cos(20 * pi * t) + 6 * cos(40 * pi * t);   % 信号采样

WN = exp( - i * 2 * pi/N);                     % 构造旋转因子矩阵
for j = 1:N
    for k = 1:N
        W(j,k) = WN^((j - 1) * (k - 1));
    end
end

tic                                            % 计时开始
F = W * ft'                                     % 求 DFT
toc                                            % 计时结束

subplot(211);plot(t,ft,'-- o');               % 绘制时间波形
title('时间波形');xlabel('t/s')
subplot(212);
plot([0:1:N - 1] * 2 * pi/T/N,abs(F)/N,'-- .');   % 绘制频谱图
title('幅度谱');xlabel('w/(rad/s)');
grid on
```

程序运行结果如图 11-7 所示。程序中首先定义 DFT 的点数 $N$,构造时间 $t$,并对已知的连续信号进行采样得到 ft。为了计算 16 点 DFT,需要采样 16 个点。由于采样间隔设为 0.01s,因此采样时间范围为 0~0.15s,这也就是图中时间波形的横轴刻度范围。

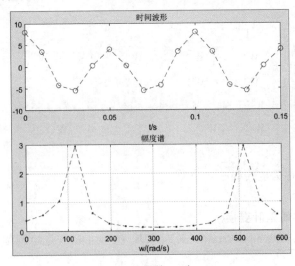

图 11-7  信号的 16 点 DFT

之后,将旋转因子矩阵 WN 与信号采样序列 ft 的转置相乘,即可求得 DFT。对 $N$ 点 DFT,其自变量 $k$ 的变化范围为 $0\sim N-1$。在绘制频谱图的 **plot** 语句中,第一个参数将该范围转换为频谱自变量(也就是角频率 $\omega$)的变化范围,其转换关系为

$$\omega = \frac{2\pi f_s k}{N} \tag{11-9}$$

式中,$f_s$ 为采样频率。

根据程序中的参数设置,$N=16$,$f_s=1/T=100\,\mathrm{Hz}$,则 $\omega=200\pi k/16$。当 $k=0\sim N-1$ 时,对应的频谱自变量 $\omega \approx 0\sim 590\,\mathrm{rad/s}$,在该范围内对频谱进行了 16 次采样,也就是图中虚线上的 16 个小黑点。

理论上说,对本例中已知的信号 $f(t)$,其频谱应该是在 $\omega=20\pi$ 和 $\omega=40\pi$ 处的两根线,上述 DFT 结果是错误的。导致错误的主要原因有如下几点:

(1) **DFT 点数不够**,导致频率分辨率不够低。

频率分辨率指的是根据 DFT 能够分辨的两个频率分量之间角频率的最小间隔,可以表示为

$$\Delta\omega = 2\pi f_s/N \tag{11-10}$$

根据本例程序中所给参数,$\Delta\omega=2\pi\times 100/16\approx 39\,\mathrm{rad/s}$,大于信号中第一个分量的角频率 $20\pi$,因此导致根据 DFT 结果无法得到第一个分量对应的频谱。

由于频率分辨率与 DFT 的点数 $N$ 成反比,因此可以考虑增大 $N$ 以减小频率分辨率。例如,在本例中,当 $N$ 增大到 1024 时,得到正确的 DFT 结果如图 11-8 所示。此时,在 $20\pi$ 和 $40\pi$ 处有两根线,分别代表已知信号中的两个分量。

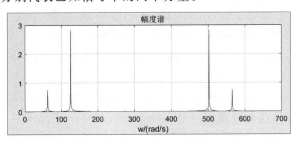

图 11-8 $N=1024$ 时信号的 DFT

(2) **离散信号频谱的周期性**。

在 MATLAB 程序中,DFT 表示采样后得到的离散信号频谱,这些信号的频谱都是以采样频率或角频率为周期的函数。而对实际系统中的连续信号,其频谱都不具有周期性。

因此,根据数字信号处理理论可知,如果要根据得到的 DFT 对采样之前的连续信号频谱进行分析,真正有用的只是角频率从 $0\sim\pi F_s$ 范围内的分析结果,对应 DFT 中的 $k=0\sim N/2$。例如,在图 11-8 中,只有左边的两根谱线有用,右边两根谱线可以忽略。

另外,连续信号完整的频谱应该包括 $\omega\geqslant 0$ 和 $\omega<0$ 的两部分,并且一般幅度谱关于纵轴偶对称、相位谱关于坐标原点奇对称,称为双边频谱。基于此,需要将得到的 DFT 进行

适当的变换处理,才能得到原连续信号的双边频谱。具体处理方法将在后面介绍。

### 3. 快速傅里叶变换

在实例 11-3 的程序中,有 tic 和 toc 两条语句,这两条语句分别用于启动和停止计时器,在执行完 toc 语句后,可以得到这两条语句之间的程序执行所需要的时间。

当程序中的 $N$ 设为 16 和 1024 时,运行程序后得到执行 tic 和 toc 之间的 DFT 运算所需的时间分别近似为 0.2ms 和 2ms。这意味着,增加 DFT 的点数,可以减小频率分辨率,但将极大地增加计算的时间,影响计算的实时性。

为此,在数字信号处理理论中提出了各种傅里叶变换的快速算法,称为快速傅里叶变换(Fast Fourier Transform,FFT)。有关 FFT 的基本算法,读者可以参考资料。这里主要介绍 MATLAB 中提供的实现快速傅里叶变换的内置函数 fft 和 fftshift。

(1) fft 函数。

内置函数 fft 采用快速傅里叶变换算法计算离散信号的离散傅里叶变换。调用时,将经过采样后的采样序列 $f(n)$ 直接作为参数。如果 $f(n)$ 为 $N$ 点长序列,则默认返回 $N$ 点 DFT。也可以在调用时用第二个参数给定 DFT 的点数。

例如,对实例 11-3 中的信号,在得到 ft 后,直接用如下语句

```
F = fft(ft,1024);
```

即可求得信号的 DFT。执行上述语句所需的时间近似为 0.2ms,与 16 点 DFT 直接算法的速度相当。

(2) fftshift 函数。

fftshift 函数的作用就是考虑到 DFT 的周期性,将 fft 函数返回的 DFT 向量中各元素作循环移动,将对应频率为 0 的分量移动到结果向量的中心,也就是将频谱向量的左右两半部分进行交换。例如,假设 $X = [1,2,3,4,5,6]$,则执行 $Y = fftshift(X)$ 后,将得到向量 $Y = [4,5,6,1,2,3]$。

由此可见,利用 fftshift 函数对 fft 函数的返回结果进行平移后,可以得到 $\omega = -\pi F_s \sim \pi F_s - 1$ 频率范围内信号的双边频谱。

---

**实例 11-4  快速傅里叶变换。**

已知单脉冲信号 $f(t)$ 如图 11-9 所示,编制 MATLAB 程序求其频谱并绘制其幅度谱图。MATLAB 程序如下:

```
%文件名:ex11_4.m
clc
clear
close all
Fs = 1e3;              %定义采样频率
N = 1024;              %定义 FFT 长度
```

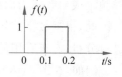

图 11-9  单脉冲信号

```
t = 0:1/Fs:(N-1)/Fs;                                    % 定义时间向量
ft = [zeros(1,100),ones(1,100),zeros(1,(N-200))];       % 定义信号
%  =======================================================
df = Fs/N;                                              % 定义频率分辨率
k = 0:N-1
w = 2*pi*df*(k-N/2);                                    % 定义频率向量
tic
Y = fft(ft,N)/N;                                        % 求频谱
toc
Fw = fftshift(Y);
%  =======================================================
subplot(211);
plot(t,ft,'linewidth',1);                               % 绘制时间波形
axis([0,0.4,-0.1,1.1]);
title('时间波形');xlabel('t/s');grid on;
subplot(212);
plot(w,abs(Fw),'linewidth',1);                          % 绘制幅度谱图
axis([-200,200,0,0.1]);
title('幅度谱');xlabel('w/(rad/s)');
grid on
```

特别注意程序中频率向量 $w$ 的定义。根据上述 **fftshift** 函数的功能,得到的结果向量 Fw 长度为 $N$,向量中各元素依次对应信号频谱中频率 $f=-F_s/2\sim F_s/2-1$ 的各点,据此可以得到程序中的对应语句。

程序运行结果如图 11-10 所示。

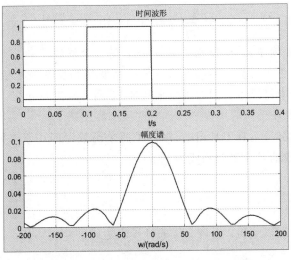

图 11-10　单脉冲信号的时间波形和频谱图

同步练习

11-3 在实例 11-1 中,当 $T=5\text{s}$ 和 $10\text{s}$,$\tau=2\text{s}$ 和 $3\text{s}$ 时,观察频谱图的变化。

11-4 已知信号 $f(t)=20\sin(20\pi t)/(20\pi t)=20\text{sinc}(20t)$,编制 MATLAB 程序画出其时间波形和幅度谱图。提示:可以调用符号数学工具箱中的 $\text{sinc}(x)$ 产生 $f(t)$。

11-5 调用 **fft** 函数求同步练习 11-4 中 $f(t)$ 的傅里叶变换,绘制出幅度谱图,并与同步练习 11-4 的结果进行比较。

# 11.3  拉普拉斯变换

通过拉普拉斯变换得到连续信号的复频域表达式,并据此得到了连续系统的传递函数这一重要的复频域模型和系统的复频域分析方法。利用系统的传递函数,可以很方便地在复频域中求解系统的输出响应,并分析出稳定性等系统的重要特性。

## 11.3.1  拉普拉斯变换和拉普拉斯反变换

连续信号 $f(t)$ 的拉普拉斯变换分为双边拉普拉斯变换和单边拉普拉斯变换。对于 $t<0$ 时幅度恒为 0 的因果信号,两种拉普拉斯变换的结果相同。在实际工程中,大多数信号都是这样的因果信号,因此这里主要介绍单边拉普拉斯变换及其反变换。

连续信号 $f(t)$ 的单边拉普拉斯变换和反变换定义为

$$F(s)=\int_{0^-}^{\infty} f(t)\text{e}^{-st}\,\mathrm{d}t \tag{11-11}$$

$$f(t)=\frac{1}{2\pi\text{j}}\int_{\sigma-\infty}^{\sigma+\infty} F(s)\text{e}^{st}\,\mathrm{d}s,\quad t\geqslant 0 \tag{11-12}$$

式中,单边拉普拉斯变换 $F(s)$ 的自变量 $s=\sigma+\text{j}\omega$ 是一个复数变量。

根据上述定义用手工计算信号的单边拉普拉斯变换和反变换是相当复杂,甚至是不可能的。在 MATLAB 中提供了专门的函数来实现,下面分别进行介绍。

1. 通过专用函数直接求取单边拉普拉斯变换和反变换

在 MATLAB 的符号运算工具箱中,提供了两个函数专门用于求取单边拉普拉斯变换和反变换,这两个函数的基本语句格式为

```
Fs = laplace(ft)
ft = ilaplace(Fs)
```

其中,ft 和 Fs 都是分别以 $t$ 和 $s$ 为自变量的符号表达式。

实例 11-5  **单边拉普拉斯变换的 MATLAB 程序求解**。

求 $f(t)=\text{e}^{-2t}\sin(5t)u(t)$ 的单边拉普拉斯变换 $F(s)$。MATLAB 程序如下:

```
% 文件名: ex11_5.m
clear
clc
syms t
ft = exp( - 2 * t) * sin(5 * t) * heaviside(t)
Fs = laplace(ft);
Fs = simplify(Fs)
```

程序执行后在命令窗口中得到：

```
Fs = 5/((s + 2)^2 + 25)
```

表示信号 $f(t)$ 的拉普拉斯变换为

$$F(s) = \frac{5}{(s+2)^2 + 25} = \frac{5}{s^2 + 4s + 29}$$

**实例 11-6　单边拉普拉斯反变换的 MATLAB 程序求解。**

求 $F(s) = \dfrac{s^2}{s^2 + 3s + 2}$ 的单边拉普拉斯反变换 $f(t)$。MATLAB 程序如下：

```
% 文件名: ex11_6.m
clear
clc
syms s
Fs = s^2/(s^2 + 3 * s + 2);
ft = ilaplace(Fs);
ft = simplify(ft)
```

程序执行后在命令窗口中得到的结果为：

```
ft = dirac(t) + exp( - 2 * t) * (exp(t) - 4)
```

表示 $F(s)$ 的反变换结果为

$$f(t) = \delta(t) + (e^{-t} - 4e^{-2t})u(t)$$

需要注意的是，以上两个函数实现的是单边拉普拉斯变换和单边拉普拉斯反变换，因此反变换结果都为因果信号，在分析结果表达式时，必须在最后乘上单位阶跃信号 $u(t)$。

2. 部分分式展开法求单边拉普拉斯反变换

除了直接调用 ilaplace 函数实现单边拉普拉斯反变换外，借助于 MATLAB 中的函数 **residue** 还可以用部分分式展开法实现单边拉普拉斯反变换。这里首先简要介绍拉普拉斯反变换的部分分式展开法。

（1）部分分式展开。

大多数连续信号的拉普拉斯变换都是有理分式，分子和分母分别都是关于 $s$ 的多项式。

标准形式为

$$F(s) = \frac{b_1 s^m + b_2 s^{m-1} + b_3 s^{m-2} + \cdots + b_{m+1}}{a_1 s^n + a_2 s^{n-1} + a_3 s^{n-2} + \cdots + a_{n+1}} \tag{11-13}$$

式中，$b_i(i=1,2,\cdots,m+1)$ 和 $a_j(j=1,2,\cdots,n+1)$ 分别为分子和分母多项式各项的系数，一般 $a_1=1$。

在式(11-13)中，分别令分子和分母多项式等于 0，可以得到关于 $s$ 的代数方程，这两个代数方程的根分别称为 $F(s)$ 的零点和极点。显然，零点有 $m$ 个，设为 $z_i(i=1,2,\cdots,m)$；极点有 $n$ 个，设为 $p_j(j=1,2,\cdots,n)$。

假设 $m < n$，并且所有极点各不相同，$a_1=1$，则可以将 $F(s)$ 的分母多项式根据极点进行因式分解，从而得到

$$F(s) = \frac{b_1 s^m + b_2 s^{m-1} + b_3 s^{m-2} + \cdots + b_{m+1}}{(s-p_1)(s-p_2)\cdots(s-p_n)}$$

上式可以进一步分解为若干分式相加的形式，从而得到 $F(s)$ 的部分分式展开式为

$$F(s) = \frac{r_1}{s-p_1} + \frac{r_2}{s-p_2} + \cdots + \frac{r_n}{s-p_n} \tag{11-14}$$

式中，各项分式都具有统一的形式，每项分式对应一个极点，称为部分分式。常数 $r_i(i=1,2,\cdots,n)$ 为各项部分分式的系数。

例如，如下 $F(s)$ 及其部分分式展开式为

$$F(s) = \frac{5s}{s^2 + 3s + 2} = \frac{-5}{s+1} + \frac{10}{s+2}$$

其中，极点 $p_1 = -1, p_2 = -2$，展开式各项系数分别为 $r_1 = -5, r_2 = 10$。

如果 $F(s)$ 有 $L$ 重极点，设为 $p_j$，则该极点对应的部分分式

$$\frac{r_j}{s-p_j} + \frac{r_{j+1}}{(s-p_j)^2} + \cdots + \frac{r_{j+L-1}}{(s-p_j)^L} \tag{11-15}$$

例如，如下 $F(s)$ 及其部分分式展开式为

$$F(s) = \frac{4}{s^3 + 2s^2} = \frac{1}{s+2} + \frac{-1}{s} + \frac{2}{s^2}$$

其中，$F(s)$ 有一个单极点 $p_1 = -2$，对应展开式中的第一项，系数为 $r_1 = 1$。极点 $p_2 = 0$ 为二重极点，在展开式中，对应后面两项部分分式，系数分别为 $r_2 = -1, r_3 = 2$。

如果 $m \geqslant n$，此时称 $F(s)$ 为假分式。在这种情况下，部分分式展开式中除了上述部分分式项外，还将有整式项，这些整式项可以表示为

$$k_1 s^{m-n} + k_2 s^{m-n-1} + \cdots + k_{m-n+1} \tag{11-16}$$

例如，如下 $F(s)$ 及其部分分式展开式为

$$F(s) = \frac{4s^2}{s+2} = 4s - 8 + \frac{16}{s+2} \tag{11-17}$$

其中，$m=2, n=1$，因此在右侧的部分分式展开式中，除了第三项对应极点 $-2$ 外，另外有两

项整式项,系数分别为 $k_1 = 4, k_2 = -8$。

（2）拉普拉斯反变换的求解。

在得到部分分式展开式后,对每项部分分式和整式,可以通过手工查表的方法得到拉普拉斯反变换的结果,然后根据拉普拉斯变换的线性性质得到总的反变换结果 $f(t)$。表 11-1 给出了常用的拉普拉斯变换表。

表 11-1　常用的拉普拉斯变换

| $f(t)$ | $F(s)$ | $f(t)$ | $F(s)$ |
| --- | --- | --- | --- |
| $\delta^{(n)}(t)$ | $s^n$ | $t^n u(t)$ | $\dfrac{n!}{s^{n+1}}$ |
| $\delta(t)$ | $1$ | $e^{-at}u(t)$ | $\dfrac{1}{s+a}$ |
| $u(t)$ | $\dfrac{1}{s}$ | $te^{-at}u(t)$ | $\dfrac{1}{(s+a)^2}$ |
| $tu(t)$ | $\dfrac{1}{s^2}$ | $t^n e^{-at}u(t)$ | $\dfrac{n!}{(s+a)^{n+1}}$ |

例如,假设已知的拉普拉斯变换如式(11-17)所示,则查表得到反变换结果为

$$f(t) = 4\delta'(t) - 8\delta(t) + 16e^{-2t}u(t)$$

（3）部分分式展开法的实现。

利用部分分式展开法实现拉普拉斯反变换的求解,关键在于求出已知拉普拉斯变换 $F(s)$ 的极点和部分分式展开式,在工程中很多情况下用手工是很难实现的。为此 MATLAB 中提供了 **residue** 函数,借助于该函数可以方便地实现部分分式展开。

**residue** 函数的基本调用格式为:

```
[r,p,k] = residue(b,a)
```

$b$ 和 $a$ 分别为 $F(s)$ 分子和分母多项式的系数向量,返回结果 **r** 和 **p** 分别为各项部分分式的系数列向量和极点列向量,**k** 为整式项系数行向量。

需要注意的是,如果 $F(s)$ 分子或分母多项式中有缺项,对应的系数应设为 0。例如,如果已知 $F(s)$ 为

$$F(s) = \frac{5s}{s^2 + 2}$$

则在调用 residue 函数时,两个参数必须分别设为 $\boldsymbol{b} = [5, 0], \boldsymbol{a} = [1, 0, -2]$。

**实例 11-7　部分分式展开法求拉普拉斯反变换 1**。

求 $F(s) = \dfrac{s^3}{s^2 + 3s + 2}$ 的单边拉普拉斯反变换 $f(t)$。MATLAB 程序如下:

```
% 文件名: ex11_7.m
```

```
clc
clear
b = [1,0,0,0];
a = [1,3,2];
[r,p,k] = residue(b,a)
```

上述程序的执行结果为：

```
r = 8  -1
p = -2  -1
k = 1  -3
```

需要注意的是，在返回结果中，*r* 和 *p* 为列向量，而 *k* 为行向量。上面的结果为了节约版面做了适当编辑。

根据返回结果可以写出 $F(s)$ 的部分分式展开式为

$$F(s) = s - 3 + \frac{8}{s+2} - \frac{1}{s+1}$$

再查表得到反变换结果为

$$f(t) = \delta'(t) - 3\delta(t) + (8e^{-2t} - e^{-t})u(t)$$

如果 $F(s)$ 的分子或分母是因式相乘的形式，可通过多项式相乘函数 conv 将分子或分母转换为上述标准形式，该函数的调用格式为：

```
w = conv(u,v)
```

*u* 和 *v* 分别为两个多项式的系数向量，*w* 为相乘后得到的结果多项式的系数向量，各多项式的系数都应按 *s* 的降幂排列。

例如，多项式 $(s^2+1)$ 与 $(s-1)$ 相乘，可通过如下语句实现，即

```
>> a1 = [1  0  1];
>> a2 = [1  -1];
>> a = conv(a1,a2)
```

执行结果为：

```
a = 1  -1  1  -1
```

表示以上两个多项式相乘后得到的多项式为 $s^3 - s^2 + s - 1$，结果矩阵 *a* 可以直接作为 residue 函数中的参数。

**实例 11-8    部分分式展开法求拉普拉斯反变换 2。**

求 $F(s) = \dfrac{s-1}{s(s+3)^2}$ 的单边拉普拉斯反变换 $f(t)$。MATLAB 程序如下：

```
% 文件名：ex11_8.m
clc
clear
format rat
b = [1  -1];
a = conv([1 0],conv([1  3],[1  3]));
[r,p,k] = residue(b,a)
```

上述程序的执行结果为：

```
r = 1/9  4/3  -1/9
p = -3   -3   0
k = [ ]
```

根据返回结果可以将已知的 $F(s)$ 进行部分分式展开得到

$$F(s) = \frac{1/9}{s+3} + \frac{4/3}{(s+3)^2} - \frac{1/9}{s}$$

再查拉普拉斯变换表得到反变换结果为

$$f(t) = \left( \frac{1}{9} \mathrm{e}^{-3t} + \frac{4}{3} t \, \mathrm{e}^{-3t} - \frac{1}{9} \right) u(t)$$

## 11.3.2  连续系统的复频域分析

前面介绍了通过求解系统的微分方程，得到系统的零输入响应和零状态响应。借助于拉普拉斯变换，可以将连续的微分方程和状态方程转换为代数方程，从而能够在一定程度上化简各种响应的求解。更为重要的是，可以据此得到系统在复频域的数学模型——传递函数，并利用传递函数对系统的各种特性进行分析。

### 1. 连续系统的传递函数

线性时不变连续系统可以用式(10-9)所示标准形式的线性常系数微分方程表示。假设系统的初始状态为 0，利用拉普拉斯变换的微分性质和线性性质可以将微分方程转换为如下方程：

$$\sum_{i=0}^{n} a_i s^i Y(s) = \sum_{j=0}^{m} b_j s^j F(s) \tag{11-18}$$

式中，$F(s)$ 和 $Y(s)$ 分别为系统输入信号 $f(t)$ 和输出信号 $y(t)$ 的拉普拉斯变换。

式(11-18)是一个代数方程，可以进行各种代数变换和运算，从而得到

$$H(s) = \frac{Y(s)}{F(s)} = \frac{\displaystyle\sum_{j=0}^{m} b_j s^j}{\displaystyle\sum_{i=0}^{n} a_i s^i} = \frac{b_m s^m + b_{m-1} s^{m-1} + \cdots + b_0}{a_n s^n + a_{n-1} s^{n-1} + \cdots + a_0} \tag{11-19}$$

$H(s)$ 描述了系统输出信号的拉普拉斯变换和输入信号的拉普拉斯变换之间的关系，称

为线性时不变连续系统的传递函数。对于线性时不变 $n$ 阶动态系统,式(10-9)为 $n$ 阶线性常系数微分方程,得到的系统传递函数 $H(s)$ 与信号的拉普拉斯变换一样,一定是一个有理分式,分子和分母分别为关于 $s$ 的 $m$ 和 $n$ 次多项式。

2. 零状态响应和单位冲激响应的求解

由式(11-19)得到

$$Y(s) = F(s)H(s) \tag{11-20}$$

由此可见,首先求得输入信号的拉普拉斯变换 $F(s)$,并与系统传递函数 $H(s)$ 相乘,即可得到 $Y(s)$。由于 $H(s)$ 是在系统初始状态为零时得到的,因此根据式(11-20)得到的 $Y(s)$ 也就是系统零状态响应的拉普拉斯变换,再取单边拉普拉斯反变换得到其时域表达式。

---

**实例 11-9   连续系统零状态响应的求解。**

已知系统传递函数为

$$H(s) = \frac{1}{s+1}$$

求系统在 $f(t) = u(t-1)$ 作用下的零状态响应 $y_f(t)$。

完整的 MATLAB 程序代码如下:

```
% 文件名: ex11_9.m
clc
clear
syms t
syms s
Hs = 1/(s + 1);
ft = heaviside(t - 1);
Fs = laplace(ft);
Ys = Fs * Hs;
yt = ilaplace(Ys)
```

上述程序的执行结果为:

```
yt = - heaviside(t - 1) * ( - 1 + exp( - t + 1))
```

表示系统的零状态响应为

$$y_f(t) = [1 - e^{-(t-1)}]u(t-1)$$

由于系统的单位冲激响应是在输入信号为单位冲激信号时的零状态响应,因此为求单位冲激响应,只需要令输入信号 $f(t) = \delta(t)$。查拉普拉斯变换表可知,此时 $F(s) = 1$,代入式(11-20)得到系统单位冲激响应的拉普拉斯变换为 $H(s)$。因此,只需要将系统传递函数取拉普拉斯反变换,即可得到系统的单位冲激响应。

3. 传递函数的零极点图

传递函数的分子和分母都是关于 $s$ 的多项式,令其等于 0,可以分别得到一个代数方程,进而求解得到若干根。由分子多项式求得的根称为系统传递函数的零点(Zero),由分母多项式求得的根称为系统传递函数的极点(Pole)。

在 MATLAB 中提供了两个函数用于求解连续系统传递函数的零极点,这两个函数的基本语句格式为:

```
p = pole(sys)
z = zero(sys)
```

其中,sys 代表系统的传递函数,可以用如下语句获得:

```
sys = tf(num,den)
```

语句 num 和 den 分别为系统传递函数分子和分母多项式各项的系数向量。

pole 函数和 zero 函数分别返回传递函数的极点和零点,如果有 $m$ 重极点 $\lambda$,则返回结果中有 $m$ 个 $\lambda$。

一般情况下,零点和极点都是复数,可以用一个复数平面上的点表示,称为传递函数的零极点图。在 MATALB 中,提供了内置函数 pzmap 用于传递函数零极点图的绘制。该函数的语句格式为:

```
pzmap(sys)
```

其中,参数 sys 的含义和设置方法同前。

---

**实例 11-10** **连续系统传递函数的零极点图。**
已知系统传递函数为

$$H(s) = \frac{s-1}{s^2(s^2+4s+8)}$$

求其零点和极点,并画出零极点图。

MATLAB 程序如下:

```
% 文件名: ex11_10.m
clc
clear
b = [1,-1];
a = conv([1 0 0],[1,4,8]);
sys = tf(b,a);
p = pole(sys)
z = zero(sys)
pzmap(sys)
```

---

上述程序执行后,在 MATLAB 的命令窗口中得到的结果为:

```
p =
    0.0000 + 0.0000i
    0.0000 + 0.0000i
   -2.0000 + 2.0000i
   -2.0000 - 2.0000i
z = 1
```

表示该系统传递函数有两个等于 0 的极点,另外有一对共轭的复数极点和一个实数零点。在图形窗口绘制的零极点图如图 11-11 所示。其中极点用"×"表示,零点用"o"表示。

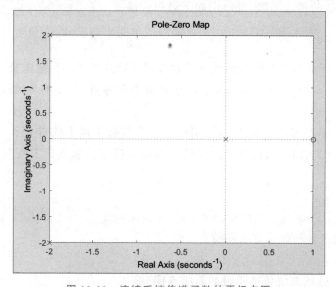

图 11-11　连续系统传递函数的零极点图

### 4. 连续系统的稳定性

系统的稳定性是系统分析和设计的一个重要问题。实际系统通常要求必须是稳定的,否则系统不能正常工作。对一般的因果系统,稳定的充要条件是其单位冲激响应 $h(t)$ 满足如下条件,即

$$\int_{-\infty}^{\infty} | h(t) | \, \mathrm{d}t < \infty \tag{11-21}$$

也就是单位冲激响应随时间逐渐衰减到零。

由于系统的单位冲激响应完全决定于系统的传递函数,因此如果已知系统的传递函数,不需要通过反变换得到系统的单位冲激响应,也可以判断系统的稳定性。此时,系统稳定的充要条件可描述为:系统函数所有极点都必须具有负实部,即,都在零极点图的左半平面。根据这一充要条件,只需要求出传递函数的所有极点,即可判定系统是否稳定。

**实例 11-11　连续系统的稳定性分析。**

已知系统函数

$$H(s) = \frac{s-1}{(s+2)(s^2-4s+5)}$$

判断系统是否稳定。

MATLAB 程序如下：

```
% 文件名：ex11_11.m
clc
clear
b = [1, -1];
a = conv([1,2],[1, -4,5]);
sys = tf(b,a);
p = pole(sys)
```

执行后得到传递函数的极点为：

```
p =
  -2.0000 + 0.0000i
   2.0000 + 1.0000i
   2.0000 - 1.0000i
```

由此可见，传递函数有 3 个极点，其中有 2 个极点的实部大于 0，也就是在零极点图的右半平面，因此该系统是不稳定的。

---

同步练习

11-6 已知信号 $f(t)$ 的拉普拉斯变换为 $F(s) = \dfrac{s^2+1}{s^2(s+1)}$，用两种方法分别求其反变换。

11-7 已知连续系统的单位冲激响应为 $h(t) = \mathrm{e}^{-2t}\cos(20\pi t)$。

（1）绘制单位冲激响应在 0～5s 内的时间波形；

（2）求系统的传递函数 $H(s)$。

11-8 根据同步练习 11-7 程序运行结果，绘制 $H(s)$ 的零极点图，并分析系统是否稳定。

# 第 12 章

# 随机变量与噪声

概率论是研究随机现象统计规律的基础学科,该学科给出了对随机现象的定量描述,为人们认识和利用随机现象的规律性提供了有力工具。概率论的应用几乎遍及所有的科学领域,例如在通信和信息传输过程中增强信号的抗干扰性,在企业生产经营管理中实现企业决策方案的优化,等等。

在 MATLAB 的统计与机器学习工具箱(Statistics and Machine Learning Toolbox)中提供了各种内置函数实现概率统计及随机变量统计特性的分析和处理,本章将介绍其中的常用函数及其在工程中的应用,主要知识点有:

12.1　随机事件及其概率

了解随机事件及其概率的基本概念,熟悉 MATLAB 中产生随机数的相关内置函数及其用法。

12.2　随机变量及其分布

了解随机变量的概念及分类,掌握离散和连续随机变量的概率分布和概率密度,掌握 MATLAB 程序中常用分布随机变量的产生和分析方法。

12.3　随机变量的数字特征

了解数学期望、方差等基本概念,掌握常用随机变量的数字特征及 MATLAB 程序对数字特征分析方法。

12.4　随机过程与噪声

了解随机过程的概念及其统计特性,熟悉平稳随机过程的概念,了解噪声的概念、主要特性及分析方法。

## 12.1　随机事件及其概率

在自然界和社会生活中,存在着两种不同的现象,即确定性现象和随机现象。确定性现象的出现是确定无疑、可以预知的;而随机现象事先无法预知,在相同的条件下可能存在各种可能性。

随机现象虽然是不可预测的,但在相同条件下,通过大量试验得到的结果却呈现出某种规律,这种规律称为统计规律性。例如,在抛掷硬币时,每次出现正反面的结果是不可能预测的,但如果抛掷多次,可以发现出现正反面的频率都接近50%。

## 12.1.1 随机事件

随机现象的统计规律性可以通过随机试验进行研究,随机试验可以在相同的条件下重复进行,其结果具有多种可能性,无法预测每次试验的结果。

由随机试验的所有可能结果组成的集合称为样本空间,其中的每个元素(即每次试验的结果)称为样本点。随机事件(Random Event)是样本空间的子集,由样本空间中的一个或多个样本点构成。

例如,在抛掷骰子的随机试验中,可能出现的点数有1、2、3、4、5、6,所有这些点数的集合构成样本空间。每个点数为一个样本点,属于基本随机事件。偶数点对应的集合{2,4,6}由样本空间中的多个样本点构成,称为复合随机事件。

由于随机事件是一个集合,因而各随机事件之间的关系可以用集合之间的关系(包含、互斥等)来描述,并进行运算。

## 12.1.2 概率

在大量重复的随机实验中,随机事件 $A$ 出现的次数稳定于某一个常数,该常数称为随机事件 $A$ 的概率(Probability),记为 $P(A)$。

例如,如果将骰子抛掷很多次,假设出现各点数的可能性相同,则出现偶数点这一随机事件的概率为50%,因为在样本空间的6个样本点中,偶数点样本有3个。由此可以得到随机事件 $A$ 的概率定义为

$$P(A) = \frac{事件包含的样本点数}{样本空间中样本点总数} \tag{12-1}$$

上述定义是在假设样本空间中只有有限个样本点,并且各样本点出现的可能性相同的基础上得到的,称为古典概率。

现实中还有另外一种情况,一个随机试验的可能结果是某区域(例如某条线段或者一个几何平面)中的一个点。显然,此时的样本点有无穷多个。在这种情况下,需要指定平面中的一个区域,考察试验结果落在该区域中的可能性和概率。

显然,实验结果落在区域 $S$ 中的可能性与该区域的测度(长度、面积、体积等)成正比。因此,假设样本空间 $G$ 是几何平面上某个区域,在该区域中任取一个点,该点落在区域 $S$ 中这一随机事件 $A$ 的概率定义为

$$P(A) = \frac{S \text{ 的测度}}{G \text{ 的测度}} \tag{12-2}$$

上述定义称为几何概率。例如,在长度为1m的线段上任取一个点,该点在该线段上 $0.1 \sim 0.2$m 范围的概率为 $P(A) = (0.2-0.1)/1 = 10\%$。

### 12.1.3 MATLAB 中随机数的产生与概率计算

在 MATLAB 中,提供了 **rand**、**randi**、**randn** 和 **randperm** 函数,这些函数采用特定算法生成伪随机数和伪独立数,利用这些数据可以实现各种随机和独立统计测试,并且其计算可以重复,方便用于测试或诊断目的。

1. 随机数产生函数

(1) rand 函数。

该函数返回在 0 和 1 之间均匀分布的实数数组。例如,如下命令

```
>> A = rand(1000,1);
```

产生一个长度为 1000 的列向量 **A**,其中各元素都是在 0~1 范围内均匀分布的实数。

(2) randi 函数。

该函数返回均匀分布的随机整数数组,其常用调用格式为:

```
X = randi(imax,sz1,…,szN)
```

其中,参数 imax 指定整数的最大值,后面的各参数指定返回数组的维数。例如,如下命令

```
>> B = randi(10,3,4)
```

返回一个在 1~10 范围内的随机整数数组 **B**,数组 **B** 的维数为 3×4。

(3) randn 函数。

该函数返回服从标准正态分布的随机实数数组。例如,如下命令

```
>> C = randn(100,1);
```

返回一个含有标准正态分布实数,长度为 100 的列向量 **C**。

(4) randperm 函数。

该函数用于创建一个没有重复元素的随机整数数组。例如,如下命令

```
>> D = randperm(10,5);
```

返回 1×5 数组,数组中各元素都是在 1~10 范围内的随机整数,其中各元素各不相同。执行结果为:

```
D =   10  7  5  3  8
```

2. 随机事件的模拟与概率计算

利用上述随机数产生函数,可以模拟随机试验,并计算指定模拟事件的概率。下面举例说明。

**实例 12-1　抛掷硬币随机试验的模拟**。

为了模拟抛掷硬币的随机试验,可以将函数 rand 产生的随机实数用 round 函数进行四舍五入取整,变为 0-1 矩阵。矩阵中的元素 1 和 0 分别表示出现硬币的正面和反面。显然,将矩阵所有元素相加,再除以元素的总数,即得到抛掷硬币出现正面的概率。据此可以编制如下 MATLAB 程序:

```
% 文件名: ex12_1.m
clc
clear
N = 100;
A = rand(1,N);
A = round(A);
pa = sum(A)/N
```

程序中的 N 代表试验次数。程序中依次调用 rand 和 round 函数得到 N 个 0~1 随机数,构成矩阵 A,最后调用 sum 函数求矩阵 A 中所有元素的累加和,再除以 N 得到矩阵 A 中出现 1 的概率。

某次运行后,得到如下结果:

```
pa = 0.4600
```

显然,结果不是期望的 50%,并且重复运行上述程序,结果也是不断变化的,这是由于只进行了 100 次随机试验。增大程序中的 N,重新运行程序,可以发现结果逐渐稳定趋向于 50%。

**实例 12-2　抛掷骰子随机试验的模拟**。

在抛骰子试验中,可以调用 randi 函数产生 1~6 范围内的随机整数以模拟各样本点,进而统计各随机事件的概率。据此编制如下 MATLAB 程序:

```
% 文件名: ex12_2.m
clc
clear
N = 10000;
A = randi(6,1,N);
num = 0
for i = 1:N
    if(rem(A(i),2) == 0)
        num = num + 1;
    end
end
P = num/N
```

程序中调用 randi 函数产生随机整数向量 A,其长度为 N。之后,利用 for 语句循环统

计向量 **A** 中偶数的个数，并保存到变量 num 中。最后，将 num 变量除以随机整数的个数 $N$，即可得到骰子点数为偶数的概率。执行结果如下：

```
P = 0.4995
```

同步练习

12-1　产生 1~100 均匀分布的 1000 个随机整数，并统计其中不超过 20 的整数出现的概率。

12-2　在 1000 次抛掷骰子的试验中，分别统计点数等于 4、大于 4、小于 4 的概率。

## 12.2　随机变量及其分布

为了全面研究随机试验的结果，揭示随机现象的统计规律性，将随机试验的结果与实数对应起来，从而将随机试验的结果量化，即引入随机变量的概念。随机变量的引入，使得概率论的研究由个别随机事件拓展到随机变量所表征的随机现象的研究。借助随机变量的概念，可以将各个事件联系起来，以便对全部随机事件进行研究。

### 12.2.1　随机变量及其分布函数

在随机现象中，不论随机试验出现什么结果，都可以找到一个实数与其对应，该实数随实验结果的不同而变化，可以认为是样本点的函数，该函数就称为随机变量（Random Variable）。

例如，在抛掷硬币的随机试验中，随机变量 $X$ 的取值可能为 0 或 1，$X=0$ 和 $X=1$ 分别表示"出现硬币正面"和"出现硬币反面"这两个随机事件。而在抛掷骰子的随机试验中，随机变量的取值可以是 1~6 的所有整数。

随机变量与普通变量的主要区别就在于随机变量的取值具有随机性，即在试验前不能确定该变量的具体取值，而是由试验的结果来确定。由于每个试验结果的出现都有一定的概率，因此随机变量的取值也有相应的概率，通过研究概率就可以知道随机变量的统计规律。

为了研究随机变量的统计规律，引入分布函数的概念。设 $X$ 是一个随机变量，$x$ 为给定的任意实数，将随机变量的取值不超过 $x$ 的概率称为该随机变量的分布函数（Distribution Function），表示为

$$F(x)=P\{X \leqslant x\} \tag{12-3}$$

显然，$F(x)$ 是一个定义在实数域 **R** 且取值在 0~1 范围内的函数，并且对任意两个实数 $a$ 和 $b(a<b)$，随机变量的取值落在 $(a,b]$ 上的概率为

$$P\{a<X \leqslant b\}=P\{X \leqslant b\}-P\{X \leqslant a\}=F(b)-F(a) \tag{12-4}$$

由此可见,如果已知了随机变量 $X$ 的分布函数,就可以确定 $X$ 落在任意区间 $(a,b]$ 上的概率,分布函数完整描述了随机变量的统计规律性。

分布函数具有如下性质。

(1) 单调性:分布函数是单调递增函数,即若 $a<b$,则 $F(a)\leqslant F(b)$。

(2) 有界性:分布函数的函数值一定在 $0\sim1$,并且 $F(-\infty)=0,F(+\infty)=1$。

(3) 右连续性: $F(x+0)=F(x)$。

## 12.2.2　离散型随机变量的概率分布

如果随机变量所有可能的取值为有限个或可列无穷多个,则称为离散型随机变量。假设离散型随机变量 $X$ 的取值为 $x_1,x_2,\cdots,x_n$,$X$ 取其中某个值 $x_i(i=1,2,3,\cdots)$ 的概率可以表示为 $P\{X=x_i\}=p_i$,称为随机变量 $X$ 的概率分布(Probability Distribution),又称为分布律(Distribution Law)。

根据上述定义,概率分布与随机变量的各可能取值相对应,可以认为是以随机变量的取值为自变量的函数,并且具有如下特性。

(1) 概率分布 $p_i$ 的值位于 $0\sim1$ 范围内。

(2) 概率分布 $p_i$ 的所有取值之和为 1,即

$$\sum_{i=1}^{\infty} p_i =1 \tag{12-5}$$

(3) 概率分布 $p_i$ 在指定范围内的累加和等于该随机变量的分布函数,即

$$F(x)=P\{X\leqslant x\}=\sum_{x_i\leqslant x} P\{X=x_i\}=\sum_{x_i\leqslant x} p_i \tag{12-6}$$

(4) 随机变量的取值位于 $[a,b]$ 范围内的概率为

$$P\{a\leqslant X\leqslant b\}=\sum_{a\leqslant x_i\leqslant b} P\{X=x_i\}=\sum_{a\leqslant x_i\leqslant b} p_i \tag{12-7}$$

对离散型随机变量,典型的概率分布有 0-1 分布、二项分布、泊松分布等。

### 1. 0-1 分布

若离散型随机变量 $X$ 只可能取 0 和 1 两个值,并且取这两个值的概率分别为 $P\{X=1\}=p,P\{X=0\}=1-p$,则称 $X$ 服从以 $p$ 为参数的 0-1 分布,又称为两点分布,记为 $X\sim B(1,p)$。

### 2. 二项分布

若离散型随机变量 $X$ 表示在 $n$ 重伯努利试验中事件 $A$ 出现的次数,则事件 $A$ 发生 $k$ 次的概率为

$$P\{X=k\}=C_n^k p^k (1-p)^{n-k}, \quad k=0,1,\cdots,n \tag{12-8}$$

即称随机变量 $X$ 服从参数为 $n$ 和 $p$ 的二项分布,记为 $X\sim B(n,p)$,其中 $p=P(A)$。

显然,当 $n=1$ 时,二项分布就成为 0-1 分布。

### 3. 泊松分布

若离散型随机变量 $X$ 的可能取值为 $0,1,2,\cdots$,各取值的概率为

$$P\{X=k\}=\frac{\lambda^k}{k!}\mathrm{e}^{-\lambda}, \quad k=0,1,\cdots,\lambda \text{ 且 } \lambda>0 \tag{12-9}$$

则称 $X$ 服从参数为 $\lambda$ 的泊松分布,记为 $X \sim \pi(\lambda)$。

### 12.2.3 连续型随机变量的概率密度

如果一个随机变量所有可能的取值为无穷多个,则称为连续型随机变量。例如,用 **rand** 函数产生的 $0 \sim 1$ 的随机实数,可以构成一个连续型随机变量。连续型随机变量的取值有无穷多个,无法用离散的概率分布来描述,取而代之的是概率密度。

对连续型随机变量 $X$,如果存在非负可积函数 $f(x)$,对任意的常数 $a$ 和 $b(a \leqslant b)$,有

$$P\{a \leqslant X \leqslant b\}=\int_a^b f(x)\mathrm{d}x \tag{12-10}$$

则称 $f(x)$ 为 $X$ 的概率密度函数(Probability Density Function),简称为概率密度(Probability Density)。

根据上述定义,概率密度 $f(x)$ 具有如下性质:

(1) $f(x) \geqslant 0$;

(2) $\int_{-\infty}^{\infty} f(x)\mathrm{d}x=1$;

(3) 概率密度与分布函数互为微积分关系,即

$$\begin{cases} f(x)=F'(x) \\ F(x)=P\{X \leqslant x\}=\int_{-\infty}^x f(x)\mathrm{d}x \end{cases} \tag{12-11}$$

(4) 连续型随机变量在某个点 $c$ 处的概率为 $0$,而在给定区间 $(a,b]$ 内的概率为

$$P\{a<X \leqslant b\}=\int_a^b f(x)\mathrm{d}x \tag{12-12}$$

对连续型随机变量,典型的分布有均匀分布、指数分布和正态分布等。

1. 均匀分布

若连续型随机变量 $X$ 的概率密度为

$$f(x)=\begin{cases} \dfrac{1}{b-a}, & a<x<b \\ 0, & \text{其他} \end{cases} \tag{12-13}$$

则 $X$ 在区间 $(a,b)$ 上服从均匀分布,记为 $X \sim U(a,b)$。

2. 指数分布

若连续型随机变量 $X$ 的概率密度为

$$f(x)=\begin{cases} \dfrac{1}{\theta}\mathrm{e}^{-x/\theta}, & x>0 \\ 0, & x \leqslant 0 \end{cases} \tag{12-14}$$

则 $X$ 服从参数为 $\theta$ 的指数分布,记为 $X \sim E(\theta)$。

### 3. 正态分布

若连续型随机变量 $X$ 的概率密度为

$$f(x) = \frac{1}{\sqrt{2\pi}\sigma} e^{-\frac{(x-\mu)^2}{2\sigma^2}}, \quad -\infty < x < +\infty, \sigma > 0 \tag{12-15}$$

则 $X$ 服从参数为 $\mu$ 和 $\sigma^2$ 的正态分布,又称为高斯分布,记为 $X \sim N(\mu, \sigma^2)$。

## 12.2.4 常用分布的 MATLAB 实现

MATLAB 的统计和机器学习工具箱支持 30 多个概率分布,每种概率分布(例如均匀分布、正态分布、瑞利分布等)都提供了专用的实现函数,以得到指定分布的分布函数和概率密度,或者产生符合指定分布的随机数据。此外,工具箱中还提供了几个通用内置函数,用于实现各种概率分布。

### 1. 概率分布实现函数

调用 **pdf** 和 **cdf** 等函数可以实现指定分布的概率密度和分布函数。其中,**pdf** 函数用于产生指定分布的概率密度,**cdf** 函数用于产生指定分布的分布函数,又称为累积分布函数。

以上两个函数具有相同的调用格式。以 **pdf** 为例,其基本调用格式为:

```
y = pdf(name,x,A,B)
```

其中,参数 name 用于指定概率分布的名称;参数 $x$ 为概率密度或分布函数的自变量取值向量;参数 $A$ 和 $B$ 为指定分布所需的参数。

表 12-1 给出了常用的概率分布名称及所需的参数。

表 12-1 常用的概率分布名称及所需的参数

| 概 率 分 布 | name 参数 | A | B |
|---|---|---|---|
| 正态分布 | 'Normal' | $\mu$:均值 | $\sigma$:标准差 |
| 指数分布 | 'Exponential' | $\mu$:均值 | |
| 二项分布 | 'Binomial' | $n$:试验次数 | $p$:每次试验成功的概率 |
| 几何分布 | 'Geometric' | $p$:概率参数 | |
| 泊松分布 | 'Poisson' | $\lambda$:均值 | |
| 瑞利分布 | 'Rayleigh' | $b$:尺度参数 | |
| 均匀分布(连续) | 'Uniform' | $a$:最小值 | $b$:最大值 |
| 均匀分布(离散) | 'Discrete Uniform' | $n$:最大可观测值 | |

除 **pdf** 和 **cdf** 函数外,在 MATLAB 统计和机器学习工具箱中,还提供了很多函数,分别用于实现相应的概率密度和概率分布。这些函数的函数名都由概率分布的英文单词缩写附加上 **pdf** 和 **cdf** 构成。例如,**normpdf** 和 **normcdf** 是分别用于实现正态分布的概率密度函数和概率分布函数。这两个函数具有相同的调用格式和入口参数,以 **normpdf** 为例,其基本调用格式如下:

```
y = normpdf(x,mu,sigma)
```

其中,参数 $x$ 为正态分布概率密度函数自变量取值向量;参数 mu 和 sigma 分别为正态分布的均值和标准差。

下面举例说明以上各函数的用法。

---

**实例 12-3　概率密度函数曲线的绘制。**

绘制正态分布和均匀分布的概率密度函数曲线,程序代码如下:

```matlab
% 文件名: ex12_3.m
clc
clear
close all
x = -10:0.1:10;
yn = pdf('Normal',x,0,2);              % 正态分布
yu = pdf('Uniform',x,-5,5);            % 均匀分布
plot(x,yn,'-r',x,yu,'--k','linewidth',1);
xlabel('x');title('正态分布和均匀分布的概率密度曲线')
legend('正态分布','均匀分布');
grid on
```

---

程序的运行结果如图 12-1 所示。

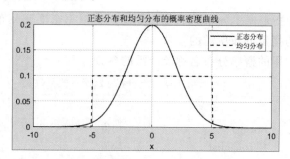

图 12-1　正态分布和均匀分布的概率密度曲线

---

**实例 12-4　概率分布曲线的绘制。**

绘制正态分布和均匀分布的概率分布曲线,程序代码如下:

```matlab
% 文件名: ex12_4.m
clc
clear
close all
x = -10:0.1:10;
ync = cdf('Normal',x,0,2);             % 正态分布
yuc = cdf('Uniform',x,-5,5);           % 均匀分布
plot(x,ync,'-r',x,yuc,'--k','linewidth',1);
xlabel('x');
title('正态分布和均匀分布的概率分布曲线')
```

```
legend('正态分布','均匀分布');
grid on
```

程序运行结果如图 12-2 所示。需要注意的是,在 **cdf** 函数返回的结果向量中,第 $i$ 个元素代表的是随机变量的分布函数 $F(x)$ 在 $x=x_i$ 处的函数值,即 $F(x_i)$,因此一定是单调递增函数。

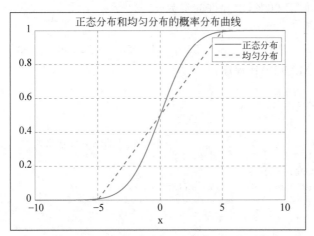

图 12-2 正态分布和均匀分布的概率分布曲线

**实例 12-5 概率的求解 1。**

某汽车站从早上 7:00 起每隔 30min(分钟)发一班车,若某乘客在 7:00 到 8:00 之间的任何时刻到达车站的可能性相等,求该乘客等候时间不超过 10min 的概率。

设乘客到达车站的时刻与 7:00 之差为随机变量 $X$,则 $X$ 在 $[0,60]$ 内服从均匀分布。当到达车站的时刻在 7:20—7:30 或者 7:50—8:00 范围内,等候的时间都不超过 10min。因此所求的概率为

$$p=P\{20<x<30\}+P\{50<x<60\}$$
$$=P\{x<30\}-P\{x<20\}+P\{x<60\}-P\{x<50\}$$
$$=F(30)-F(20)+F(60)-F(50)$$

据此可以编制如下 MATLAB 程序求解,得到所求的概率:

```
% 文件名: ex12_5.m
clc
clear
format rat                          % 设置以有理数形式显示结果
p1 = unifcdf(30,0,60) - unifcdf(20,0,60) + ...
     unifcdf(60,0,60) - unifcdf(50,0,60)
```

其中,第一条语句的作用是设置后面的计算结果用有理分式的形式显示。程序执行结果

如下：

```
p1 = 1/3
```

**实例 12-6  概率的求解 2。**

某电子厂生产的三极管寿命 $X$（以小时计）服从 $\mu=200,\sigma$ 的正态分布。如果要求 $X$ 在 $150\sim250$ 的概率不低于 $90\%$，求允许的参数 $\sigma$。

上述要求也就是

$$p = P\{150 < x < 250\} = F(250) - F(150) \geqslant 90\%$$

据此可以编制如下 MATLAB 程序：

```
% 文件名: ex12_6.m
clc
clear
format                          % 恢复默认的结果显示格式
mu = 200;
for delta = 1:0.001:100
    p = normcdf(250,mu,delta) - normcdf(150,mu,delta);
    if p < 0.9
        break
    end
end
delta                           % 在命令行窗口显示变量值
p
```

上述程序通过循环迭代的方法，求解满足要求的正态分布参数 $\sigma$。当概率 $p<0.9$ 时，执行 **break** 语句退出循环。运行结果如下：

```
delta = 30.3980
p = 0.9000
```

2. 随机数据的产生

在 MATLAB 统计和机器学习工具箱中，调用 **rand** 和 **randi** 函数可以产生服从均匀分布的实数和整数，调用 **randn** 函数可以产生服从标准正态分布的随机实数。此外，还可以调用 **random** 函数以产生指定概率分布的随机数据，其基本调用格式如下：

```
R = random(name,A,B,sz1,…,szN)
```

其中，参数 name 和 $A$、$B$ 的作用与 **pdf** 和 **cdf** 函数相同，参数 sz1~szN 用于指定产生的随机数数组的维数。如果只有一个参数，则产生一个随机数方阵。

例如，如下命令

```
>> A = random('Normal',1,0.5,1,10)
```

产生参数为 0 和 1 的标准正态分布随机数向量,向量的长度为 10。执行结果为:

```
A = - 0.0531    0.7959    1.0964    0.1447    1.1812
       1.3973    0.1566    0.9755    0.6026    1.4451
```

### 3. 直方图

调用 **rand**、**randi**、**randn** 和 **random** 函数得到的一组指定分布随机数可以用直方图(Histogram)来描述其分布情况。直方图又称为质量分布图,是一种统计报告图,由一系列高度不等的纵向条纹或线段表示数据的分布情况。

在直方图中,一般用横轴表示数据类型,纵轴表示分布情况。为了构建直方图,第一步是将数值的取值范围划分为一系列间隔,然后计算每个间隔中有多少个数值需要取值。每个间隔必须相邻,并且通常是相等的大小。每个间隔用一个纵向条纹表示,条纹的高度表示该间隔内数值取值的个数或者该范围内数值取值个数所占的比例。

在 MATLAB 中,绘制数据的直方图可以调用 **histogram** 函数实现,其基本调用格式如下:

```
histogram(X,nbins)
```

其中,X 为需要绘制直方图的随机数据,可以是向量或者多维数组;参数 nbins 指定直方图中纵向条纹的个数,即数值间隔的个数。

一般情况下,无须给定 nbins 参数,此时会自动划分间隔,以便使直方图中显示的所有条纹宽度均匀,并涵盖 X 中的元素范围且显示数据所服从的概率分布的基本形状。

此外,**histogram** 函数也可以附加若干名-值对参数,以设置绘制直方图的一些附加属性,例如纵向条纹的颜色(FaceColor)及其边界颜色(EdgeColor)等。

---

**实例 12-7 随机数据的产生与直方图的绘制。**

分别产生参数为 0,2 和 0,5 的正态分布随机数向量,并绘制直方图。程序代码如下:

```
% 文件名: ex12_7.m
clc
clear
close all
y1 = random('Normal',0,2,1,1000)        % 标准差为 2 的正态分布随机数据
y2 = random('Normal',0,5,1,1000)        % 标准差为 5 的正态分布随机数据
y = [y1;y2]
ymin = min(y,[],'all');
ymax = max(y,[],'all');                  % 确定随机数据的最小值和最大值
subplot(211);                            % 绘制两种情况下的直方图
histogram(y1,'EdgeColor','r','FaceColor','b')
title('正态分布随机数据的直方图(标准差 = 2)')
axis([ymin,ymax,0,inf]);grid on
subplot(212);
histogram(y2,'EdgeColor','r','FaceColor','b')
```

```
title('正态分布随机数据的直方图(标准差 = 5)')
axis([ymin,ymax,0,inf]);grid on
```

程序运行结果如图 12-3 所示。

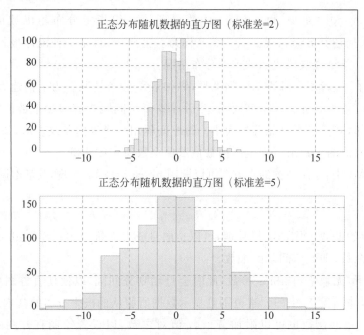

图 12-3　正态分布随机数据的直方图

在上述程序中,两次调用 **random** 函数,分别产生具有两种不同参数的正态分布随机数据。参数 1 和 1000 指定返回 $1 \times 1000$ 列向量 $\boldsymbol{y}_1$ 和 $\boldsymbol{y}_2$,两个向量分别含有 1000 个随机数据。

程序中还利用 **min** 和 **max** 函数获取两个向量中共 2000 个数据的最大值和最小值,在程序后面的 **axis** 函数中,将利用这两个参数设置两个直方图中 $X$ 轴绘制的范围相同,以便进行比较。之后,两次调用 **histogram** 函数,绘制出随机数向量 $y_1$ 和 $y_2$ 的直方图,并设置条纹颜色为红色,条纹边界颜色为蓝色。

同步练习

12-3　编程实现如下功能:

(1) 绘制瑞利分布的概率密度和概率分布函数曲线(假设位置参数 $b = 2$);

(2) 求 $1 < x \leqslant 2$ 的概率 $P$。

12-4　编程实现如下功能:

(1) 产生 10000 个均值为 10 的指数分布随机数据;

(2) 绘制这些数据的直方图,要求条纹宽度为 1。

## 12.3　随机变量的数字特征

随机变量的分布函数、概率分布和概率密度完整地描述了随机变量的统计规律性,但在实际工程中,随机变量的分布往往不容易确定,有些问题也并不需要知道其分布规律的全貌,只需要知道其某些特征即可。例如,灯泡的平均寿命,考试成绩的集中或分散程度等。这些描述随机变量某种特征的定量指标称为随机变量的数字特征。

常用的数字特征有数学期望、方差、协方差和相关系数。这里主要介绍数学期望和方差及其 MATLAB 求解方法。

### 12.3.1　数学期望

数学期望反映了随机变量所有可能取值的平均值。对离散型随机变量 $X$,假设其概率分布为 $P\{X=x_k\}=p_k$,$k=1,2,3,\cdots$,若级数 $\sum\limits_{k=1}^{\infty} x_k p_k$ 绝对收敛,则称其和为随机变量 $X$ 的数学期望,简称为期望或者平均值,表示为 $E(X)$ 或 $\mu_X$,即

$$E(X)=\mu_X=\sum_{k=1}^{\infty} x_k p_k \tag{12-16}$$

例如,对 0-1 分布的离散型随机变量 $X$,其概率分布为 $P\{X=1\}=p$,$P\{X=0\}=1-p$,则其数学期望为

$$E(X)=0\times(1-p)+1\times p=p$$

而对于泊松分布,其数学期望为

$$E(X)=\sum_{k=0}^{\infty} k\frac{\lambda^k}{k!}\mathrm{e}^{-\lambda}=\sum_{k=1}^{\infty}\frac{\lambda^k}{(k-1)!}\mathrm{e}^{-\lambda}=\lambda\mathrm{e}^{-\lambda}\sum_{k=1}^{\infty}\frac{\lambda^{k-1}}{(k-1)!}=\lambda\mathrm{e}^{-\lambda}\sum_{k=0}^{\infty}\frac{\lambda^k}{k!}=\lambda$$

类似地,对连续型随机变量 $X$,假设其概率密度为 $f(x)$,若积分 $\int_{-\infty}^{+\infty} x f(x)\mathrm{d}x$ 绝对收敛,则称积分结果为 $X$ 的数学期望,即

$$E(X)=\mu_X=\int_{-\infty}^{+\infty} x f(x)\mathrm{d}x \tag{12-17}$$

例如,在区间 $(a,b)$ 上服从均匀分布的连续型随机变量 $X$,其数学期望为

$$E(X)=\int_{-\infty}^{+\infty} x f(x)\mathrm{d}x=\int_a^b x\,\frac{1}{b-a}\mathrm{d}x=\frac{a+b}{2}$$

### 12.3.2　方差

方差反映了随机变量所有可能取值的波动程度,即随机变量的各取值与其数学期望的偏离程度。方差越小,则 $X$ 的取值越集中;反之,方差越大,说明 $X$ 的取值越分散。

设随机变量为 $X$,若 $E\{[X-E(X)]^2\}$ 存在,则将其称为该随机变量的方差,表示为 $D(X)$ 或 $\sigma_X^2$,即

$$D(X)=\sigma_X^2=E\{[X-E(X)]^2\} \tag{12-18}$$

而方差的开方 $\sigma_X$ 称为 $X$ 的标准差或者均方差。

由上述定义可以进一步得到,对离散型随机变量有

$$D(X) = \sum_{k=1}^{\infty} [x_k - E(x)]^2 p_k \tag{12-19}$$

而对连续型随机变量有

$$D(X) = \int_{-\infty}^{+\infty} [x - E(X)]^2 f(x) \mathrm{d}x \tag{12-20}$$

此外,根据定义可以得到

$$D(X) = E[X^2] - [E(X)]^2 \tag{12-21}$$

利用该结论可以简化方差的计算。

例如,对服从 0-1 分布的离散型随机变量,其方差为

$$D(X) = E[X^2] - [E(X)]^2 = [1^2 \times p + 0^2 \times (1-p)] - p^2 = p - p^2$$

而对服从均匀分布的连续型随机变量,其方差为

$$D(X) = E[X^2] - [E(X)]^2 = \int_a^b x^2 \mathrm{d}x - \left(\frac{a+b}{2}\right)^2 = \frac{(b-a)^2}{12}$$

### 12.3.3　数字特征的 MATLAB 求解

在统计与机器学习工具箱中,以 stat 结尾的函数用于计算给定分布的均值和方差,常用的函数如表 12-2 所示。

表 12-2　常用的数字特征求解函数

| 概率分布 | 函数名及调用格式 | 说　　明 |
|---|---|---|
| 正态分布 | $[m,v] = \mathrm{normstat}(M,S)$ | 返回均值为 $M$,标准差为 $S$ 的正态分布的数学期望 $m = M$ 和方差 $v = S^2$ |
| 指数分布 | $[m,v] = \mathrm{expstat}(M)$ | 返回参数为 $M$ 的指数分布的数学期望 $m = M$ 和方差 $v = M^2$ |
| 二项分布 | $[m,v] = \mathrm{binostat}(N,P)$ | 返回参数为 $N$ 和 $P$ 的二项分布的数学期望 $m = NP$ 和方差 $v = NP(1-P)$ |
| 几何分布 | $[m,v] = \mathrm{geostat}(P)$ | 返回参数为 $P$ 的几何分布的数学期望 $m$ 和方差 $v$ |
| 泊松分布 | $[m,v] = \mathrm{poisstat}(\lambda)$ | 返回参数为 $\lambda$ 的泊松分布的数学期望 $m = \lambda$ 和方差 $v = \lambda$ |
| 瑞利分布 | $[m,v] = \mathrm{raylstat}(B)$ | 返回参数为 $B$ 的瑞利分布的数学期望 $m = \lambda$ 和方差 $v = \lambda$ |
| 均匀分布 | $[m,v] = \mathrm{unifstat}(A,B)$ | 返回参数为 $A$ 和 $B$ 的均匀分布的数学期望 $m = (A+B)/2$ 和方差 $v = (A-B)^2/12$ |

下面举例说明这些函数的用法。

**实例 12-8　随机变量数字特征的求解**。

已知某批电子元件有 100 个样品,其中一级品率为 $20\%$,求该批样品中一级样品数的数学期望和方差。

分析可知该样品中一级品元件数服从参数为 100 和 0.2 的二项分布,则可用如下命令求得其数学期望和方差:

```
>> [m,v] = binostat(100,0.2)
```

执行结果为:

```
m = 20
v = 16
```

需要注意的是,利用表 12-2 中的函数只能求解已知的标准分布的数学期望和方差,对于实际工程中服从其他分布的随机变量,可以根据数学期望和方差的定义自行编制程序实现求解。下面举例说明。

**实例 12-9　离散随机变量数字特征的求解。**
设某随机变量 $X$ 的分布律为:

| $X$ | $-1$ | $0$ | $1$ |
|---|---|---|---|
| $p$ | 0.5 | 0.3 | 0.2 |

求其数学期望 $m$ 和方差 $v$。

根据定义可知,$X$ 的数学期望和方差分别为

$$m = \sum_{k=1}^{3} x_k p_k, \quad v = \sum_{k=1}^{3} (x_k - m)^2 p_k$$

据此编制如下 MATLAB 程序:

```
% 文件名: ex12_9.m
clc
clear
X = [-1,0,1];
p = [0.5,0.3,0.2];
m = sum(X.*p)
v = sum((X-m).^2.*p)
```

上述程序的执行结果为:

```
m = -0.3000
v = 0.6100
```

**实例 12-10　连续随机变量数字特征的求解。**
设某连续型随机变量 $X$ 的概率密度为

$$f(x) = \begin{cases} x, & 0 < x \leqslant 1 \\ 2-x, & 1 < x \leqslant 2 \\ 0, & \text{其他} \end{cases}$$

求其数学期望和方差。

连续型随机变量的数学期望和方差的计算需要用到积分,为此可以调用符号数学工具箱中的 **int** 函数实现。程序代码如下:

```
% 文件名: ex12_10.m
clc
clear
syms x
f1 = x;f2 = 2 - x;
m = int(x * f1,0,1) + int(x * f2,1,2)
v = int((x - m)^2 * f1,0,1) + int((x - m)^2 * f2,1,2)
```

上述程序的执行结果如下:

```
m = 1
v = 1/6
```

同步练习

12-5 对均值为 1、标准差为 0.5 的正态分布,分别用两种方法编程求其数学期望和方差(提示:直接调用 **normstat** 函数、根据定义利用符号运算编程实现)。

12-6 两种动物的平均寿命分别为随机变量 $X_1$ 和 $X_2$,其概率分布如下:

| $X_1, X_2$ | 10 | 20 | 30 | 40 | 50 | 60 | 70 |
|---|---|---|---|---|---|---|---|
| $P(X_1)$ | 0.1 | 0.2 | 0.2 | 0.2 | 0.1 | 0.1 | 0.1 |
| $P(X_2)$ | 0.0 | 0.0 | 0.3 | 0.4 | 0.3 | 0.0 | 0.0 |

问哪种动物的平均寿命长?

## 12.4 随机过程与噪声

在通信和各种信息传输系统中,大量存在各种各样的噪声,影响信息传输的可靠性和准确性。噪声属于随机信号,其出现没有规律,也是事先不可能预测的,但是可以借助于概率论和随机过程的相关理论对其统计规律性进行定量研究和分析,从而进一步分析其对通信系统传输性能的影响。

### 12.4.1 随机过程

随机过程的概念与随机变量类似。随机变量的取值是一组整数或实数,而随机过程兼有随机变量和时间函数的特点,是一组以时间 $t$ 为自变量的函数的集合,集合中的每个函数称为随机过程的一个样本,各样本在给定某个时刻的取值构成一个随机变量。

利用 MATLAB 程序可以模拟一个随机过程,下面举例说明。

**实例 12-11　随机过程的模拟。**

利用 **rand** 函数模拟随机过程及其中各样本函数。MATLAB 程序如下:

```
% 文件名: ex12_11.m
clc
clear
close all
N = 100;t = 1:N;
x1 = rand(1,N);                          % 产生随机过程样本
x2 = rand(1,N);
x3 = rand(1,N);
x4 = rand(1,N);
subplot(411);                            % 绘制各样本的时间波形
plot(t,x1,'Marker','o', 'Markersize',4, 'MarkerIndices',[10,50]);
ylabel('X1');axis([1,N, - 0.2,1.2])
subplot(412);
plot(t,x2,'Marker','o', 'Markersize',4, 'MarkerIndices',[10,50]);
ylabel('X2');axis([1,N, - 0.2,1.2])
subplot(413);
plot(t,x3,'Marker','o', 'Markersize',4,'MarkerIndices',[10,50]);
ylabel('X3');axis([1,N, - 0.2,1.2])
subplot(414);
plot(t,x4,'Marker','o', 'Markersize',4, 'MarkerIndices',[10,50]);
ylabel('X4');xlabel('t/s');axis([1,N, - 0.2,1.2])
[x1(10) x2(10) x3(10) x4(10)]
[x1(50) x2(50) x3(50) x4(50)]
```

在上述程序中,调用 rand 函数产生随机过程的 4 个样本函数,并利用 **plot** 函数绘制出各样本函数的时间波形如图 12-4 所示。

在 **plot** 函数中,参数'**Marker**'、'**Markersize**'和'**MarkerIndices**'用于在各样本函数的时间波形上添加标注点,如图 12-4 中 $t = 10s$ 和 $t = 50s$ 处的小圆圈所示。程序中最后两条语句可以在 MATLAB 命令行窗口显示出这些标注点的具体函数值如下:

```
ans =
    0.0280    0.4696    0.3925    0.6240
ans =
    0.6477    0.9123    0.7258    0.3702
```

由此可见,在给定的一个时刻,各样本函数的取值构成一个随机变量。例如,在 $t = 10s$ 时刻 4 个样本函数的取值构成一个随机变量,而在 $t = 50s$ 时刻的取值构成另一个随机变量。

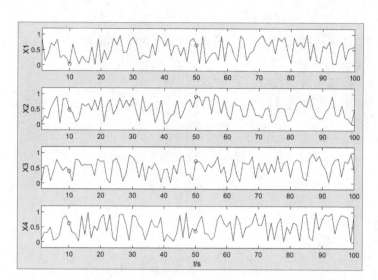

图 12-4 随机过程的模拟（时间波形）

### 1. 随机过程的统计特性

与随机变量一样，在大多数情况下并不需要知道随机过程的整个统计特性，而只需获知其某些数字特征。由于随机过程在每个时刻的取值构成随机变量，因此其数字特征也可以由随机变量推广得到，常用的是数学期望和方差。

（1）数学期望。

设随机过程 $X(t)$ 在给定时刻 $t_1$ 的值为 $X(t_1)$。$X(t_1)$ 的所有可能取值构成一个随机变量，设其概率密度为 $p_1(x_1;t_1)$，则数学期望为

$$E[X(t_1)] = \int_{-\infty}^{+\infty} x_1 p(x_1;t_1) dx_1$$

由于 $t_1$ 的值是任取的，因此可以将其直接写为 $t$，则上式就成为随机过程在任意瞬间的数学期望，称为随机过程的数学期望 $a(t)$，即

$$a(t) = E[X(t)] = \int_{-\infty}^{+\infty} x p(x;t) dx \tag{12-22}$$

显然，与随机过程中的每个样本函数一样，$a(t)$ 也是一个时间函数，反映了随机过程的数学期望随时间变化的规律。

（2）方差。

随机过程 $X(t)$ 的方差定义为

$$\sigma^2(t) = E\{[X(t) - a(t)]^2\} = \int_{-\infty}^{+\infty} [x - a(t)]^2 p(x;t) dx \tag{12-23}$$

显然，随机过程的方差也是一个时间函数，反映了随机过程在任意瞬间 $t$ 偏离其数学期望的程度。

用 MALTAB 程序可以模拟随机过程，并计算其数学期望和方差。

**实例 12-12　随机过程统计特性分析。**

产生一个随机过程中的若干样本函数,并计算该随机过程的数学期望和方差。MATLAB程序如下:

```
%文件名:ex12_12.m
clc
clear
close all
t = 0:0.01:1;N = length(t);
Y = rand(3,N);
a = mean(Y,1);d = var(Y,1);
plot(t,Y(1,:),t,Y(2,:),t,Y(3,:))
hold on;
plot(t,a,'-',t,d,'-.','linewidth',1)
legend('','','','数学期望','方差')
xlabel('t/s')
```

程序中,调用 **rand** 函数产生 3 行 $N$ 列随机数矩阵 $Y$,每行对应随机过程中的一个样本。函数 **mean** 和 **var** 对矩阵 $Y$ 中的每一列 3 个数据计算其平均值和方差,返回长度为 $N$ 的行向量 $a$ 和 $d$ 分别就是该随机过程的数学期望和方差。

某次运行后,得到各样本函数和随机过程的数学期望和方差波形如图 12-5 所示。其中,3 条虚线分别为 3 个样本函数的波形,粗实线和点画线分别为数学期望和方差的波形。

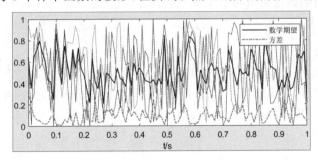

图 12-5　随机过程的数学期望和方差波形

2. 平稳随机过程

平稳随机过程在通信系统的研究中有着极其重要的意义,因为通信系统中遇到的随机过程有很多都是平稳的。

简单地说,如果一个随机过程的统计特性不随时间而变化,数学期望和方差都是与时间 $t$ 无关的常数,则该随机过程是平稳随机过程。

在实例 12-12 中,随机过程只有 3 个样本函数。如果将程序第二条语句中的 3 修改为足够大,例如设为 10000,意味着此时随机过程的样本函数有 10000 个。重新运行程序,得到该随机过程的数学期望和方差波形如图 12-6 所示。此时,两个数字特征的波形都近似为一条水平线,意味着都是与时间无关的常数。因此,该随机过程可以认为是平稳随机过程。

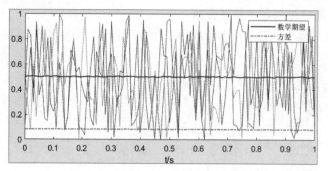

图 12-6　平稳随机过程的数学期望和方差波形

平稳随机过程一个重要的特性是：随机过程的各个统计平均值等于其中一个样本的相应时间平均值。例如,前面定义的数学期望 $a(t)$ 和方差 $\sigma^2(t)$ 都是随机过程中所有样本在任取的某个瞬间 $t$ 的统计平均值。假设该随机过程中的一个样本为 $x(t)$,则其时间平均值就是对该样本进行如下运算得到的结果：

$$\bar{a} = \overline{x(t)} = \lim \frac{1}{T}\int_{-T/2}^{+T/2} x(t)\mathrm{d}t \tag{12-24}$$

而时间平均的方差为

$$\overline{\sigma^2} = \overline{\left[x(t) - \overline{x(t)}\right]^2} = \lim \frac{1}{T}\int_{-T/2}^{+T/2}\left[x(t) - \bar{a}\right]^2 \mathrm{d}t \tag{12-25}$$

则根据上述特性,对平稳随机过程有如下结论：

$$\left. \begin{array}{l} a(t) = \bar{a} = a \\ \sigma^2(t) = \overline{\sigma^2} = \sigma^2 \end{array} \right\} \tag{12-26}$$

具有上述特性的平稳随机过程称为具有各态历经性的随机过程。"各态历经"表示的含义是随机过程中的任何一个样本都经历了随机过程所有可能的状态,因此,可以通过对随机过程中的一个样本函数取时间平均来研究其统计特性,而无须在无限多次观测后再取统计平均。

**实例 12-13　平稳随机过程的各态历经性。**

通过 MATLAB 程序仿真验证平稳随机过程的各态历经性。MATLAB 程序如下：

```
% 文件名: ex12_13.m
clc
clear
t = 0:0.001:1;N = length(t);
Y = rand(10000,N);                    % 产生随机过程,每行对应一个样本
a = mean(Y,1);d = var(Y,1);           % 统计平均求数学期望和方差
ap = mean(Y,2);dp = var(Y,0,2);       % 时间平均求数学期望和方差
```

程序中首先产生一个 $10000 \times N$ 的随机过程数组 $Y$，其中的每一行代表一个样本在各时刻的取值。之后，两次调用 **mean** 函数，分别对 $Y$ 按列和按行取平均值，也就是实现求统计平均值和时间平均值。同理，在两次调用 **var** 函数中，参数"1"和"2"分别指定对 $Y$ 按列和按行取方差，也就是实现求统计平均方差和时间平均方差。

执行上述程序后，在命令行窗口输入如下命令：

```
>> a
>> ap'
```

立即得到如下结果：

```
ans = 0.4977  0.4981  0.4996  0.5010  0.5041  0.5007  0.4994 …
ans = 0.5046  0.4923  0.5135  0.4975  0.5165  0.4974  0.5030 …
```

在上述结果中，第一行共有 1001 个数据，各数据都近似等于 0.5，对应随机过程在 $t=0 \sim 1\mathrm{s}$ 范围内共 1001 个时刻的数学期望。第二行是向量 ap 的转置（之所以取转置主要是为了便于观察结果），共有 10000 个数据，各数据分别对应随机过程中 10000 个样本的时间平均值，也都近似等于 0.5。随着样本个数和时间采样点个数 $N$ 的增大，上述数据的波动会进一步减小，从而都趋向于常数 0.5。

## 12.4.2　噪声

通信系统中的某些噪声（例如热噪声、散弹噪声）是一种高斯随机过程，又称为正态随机过程。这种噪声通常称为高斯噪声。

所谓高斯随机过程，指的是其在任何时刻的取值是一个服从正态分布的随机变量，其一维概率密度函数为

$$f(x) = \frac{1}{\sqrt{2\pi}\sigma} e^{-\frac{(x-\mu)^2}{2\sigma^2}} \tag{12-27}$$

式中，$\mu$ 和 $\sigma^2$ 分别为其数学期望和方差。对于平稳高斯过程，其数学期望和方差都是与时间无关的常数。

在通信系统性能分析中，通常需要计算高斯噪声 $X$ 幅度大于或者小于给定值 $C$ 的概率。显然，大于 $C$ 的概率为

$$P(X>C) = \int_C^{+\infty} f(x)\mathrm{d}x = \int_C^{+\infty} \frac{1}{\sqrt{2\pi}\sigma} e^{-\frac{(x-\mu)^2}{2\sigma^2}} \mathrm{d}x$$

注意该式与分布函数之间的区别。对上式令

$$y = \frac{x-\mu}{\sqrt{2}\sigma}$$

得到

$$P(X>C) = \frac{1}{2} \cdot \frac{2}{\sqrt{\pi}} \int_{\frac{C-\mu}{\sqrt{2}\sigma}}^{+\infty} e^{-y^2} \mathrm{d}y = \frac{1}{2}\mathrm{erfc}\left(\frac{C-\mu}{\sqrt{2}\sigma}\right) \tag{12-28}$$

式中的 $\mathbf{erfc}(\boldsymbol{\alpha})$ 称为互补误差函数,其定义为

$$\mathrm{erfc}(\alpha) = \frac{2}{\sqrt{\pi}}\int_{\alpha}^{+\infty} \mathrm{e}^{-y^2/2}\mathrm{d}y \tag{12-29}$$

对正态分布的高斯噪声,有

$$P(X<C)+P(X>C)=\int_{-\infty}^{C} f(x)\mathrm{d}x + \int_{C}^{+\infty} f(x)\mathrm{d}x = \int_{-\infty}^{+\infty} f(x)\mathrm{d}x = 1$$

因此高斯噪声 $X$ 幅度小于给定值 $C$ 的概率

$$P(X<C)=1-P(X>C)=1-\frac{1}{2}\mathrm{erfc}\left(\frac{C-\mu}{\sqrt{2}\,\sigma}\right) \tag{12-30}$$

对于给定的高斯过程,其 $\mu$ 和 $\sigma$ 为常数,因此 $P(X>C)$ 和 $P(X<C)$ 都是关于 $C$ 的函数。互补误差函数 $\mathrm{erfc}(x)$ 是 $x$ 的单调递减函数,因此 $P(X>C)$ 随着 $C$ 的增大而单调递减,而 $P(X<C)$ 随着 $C$ 的增大而单调递增。

在 MATLAB 中,提供了内置函数 erfc 可用于计算互补误差函数值。

---

**实例 12-14　高斯噪声分析。**

已知某数字通信系统接收到含有高斯噪声的信号,其数学期望和标准差分别为 0V 和 0.5V,求信号幅度大于 1V 的概率 $P$。MATLAB 程序如下:

```
% 文件名: ex12_14.m
clc
clear
close all
mu = 0;delta = 0.5;                      % 设置高斯噪声的数学期望和方差
x = - 2:0.01:2;
f = 1/sqrt(2 * pi)/delta * exp( - (x - mu).^2/2/delta^2);
plot(x,f)                               % 绘制概率密度函数曲线
xlabel('x/V');ylabel('正态分布概率密度')
grid on
C = 1;
P = 1/2 * erfc((C - mu)/sqrt(2)/delta)        % 计算概率 P(X>C)
```

---

程序运行后,绘制出高斯噪声的概率密度函数曲线如图 12-7 所示,所求概率为:

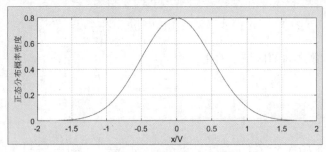

图 12-7　高斯噪声的概率密度函数曲线

```
P = 0.0228
```

显然,该概率 $P$ 也就是图 12-7 中在 $x=1$ 右侧概率密度函数曲线与横轴包围的面积。

同步练习

12-7 产生 1s 时间范围内均值为 1、标准差为 0.5 的高斯噪声 1000 个样本,并对其统计特性进行分析(绘制出均值和方差曲线)。

12-8 利用 MATLAB 程序求同步练习 12-7 中高斯噪声幅度分别小于 $-1$V 和大于 3V 的概率。

# 参 考 文 献

[1]  王赫然.MATLAB 程序设计——重新定义科学计算工具学习方法[M].北京：清华大学出版社,2020.

[2]  向万里,安美清.MATLAB 程序设计[M].北京：化学工业出版社,2020.

[3]  Chapman S J.MATLAB 程序设计[M].费选,余仁萍,黄伟,译.北京：机械工业出版社,2020.

[4]  凌云,张志涌.MATLAB 面向对象和 C/C++编程[M].北京：北京航空航天大学出版社,2018.

[5]  Chapman S J.MATLAB 编程[M].4 版.北京：科学出版社,2011.

[6]  王志新.MATLAB 程序设计及其数学建模应用[M].北京：科学出版社,2018.

[7]  向军.MATLAB/Simulink 系统建模与仿真[M].北京：清华大学出版社,2021.

[8]  向军.通信原理实用教程——使用 MATLAB 仿真与分析[M].北京：清华大学出版社,2022.

[9]  Attaway S.MATLAB 编程与工程应用[M].鱼滨,赵元哲,宋立,李孟鸽,译.3 版.北京：电子工业出版社,2019.

[10]  Palm III W J.MATLAB 编程和工程应用[M].张鼎,译.4 版.北京：清华大学出版社,2019.

[11]  徐保国,张冰,石丽梅,等.MATLAB/Simulink 权威指南[M].北京：清华大学出版社,2019.

[12]  薛定宇,陈阳泉.基于 MATLAB/Simulink 的系统仿真技术与应用[M].2 版.北京：清华大学出版社,2011.

[13]  李献,骆志伟,于晋臣.MATLAB/SIMULINK 系统仿真[M].北京：清华大学出版社,2017.

[14]  张德峰.MATLAB/Simulink 电子信息工程建模与仿真[M].北京：电子工业出版社,2017.

[15]  徐国保,赵黎明,吴凡,等.MATLAB/SIMULINK 实用教程：编程、仿真及电子信息学科应用[M].北京：清华大学出版社,2017.

[16]  刘卫国.MATLAB 程序设计与应用[M].2 版.北京：高等教育出版社,2006.